Die Hochgebirgsseen Tirols aus fischereilicher Sicht

Dr. Volker Steiner
Dr. Bernd Stampfer

Die Hochgebirgsseen Tirols aus fischereilicher Sicht

Bestandsaufnahme und Kartierung

Im Auftrag des Amtes der Tiroler Landesregierung

AquaTech
Publications

IMPRESSUM

1. Auflage, 1987: Amt der Tiroler Landesregierung, Innsbruck.
2. Auflage, 2012: AquaTech Publications, Kitzbühel.

Titelbild: Finstertaler Speicher mit Seesaibling und Bachforelle
Fotos: Volker Steiner und Martin Hochleithner

AquaTech Publications
Unterbrunnweg 3
6370 Kitzbühel, Österreich

http://www.start.at/aqua
http://www.aqua-tech.eu
http://www.aquatech.8m.com

Hergestellt in Deutschland:
Books on Demand GmbH
ISBN 978-3-902855-10-7

VORWORT

Die Hochgebirgsseen zählen zu den besonderen Schönheiten unserer Heimat. In ihrer großen Zahl und Vielfalt sind sie Anziehungspunkte für Einheimische und Gäste, die gerne zu diesen Seen wandern.

Mit dem steigenden Interesse an einer fischereilichen Nutzung von Hochgebirgsseen ergab und ergibt sich die Notwendigkeit, über die derzeit vorhandenen Fischbestände sowie über die Möglichkeiten und Grenzen weiterer Fischeinsätze Bescheid zu wissen.

Das Land Tirol hat daher Untersuchungen in Auftrag gegeben, um eine Übersicht über die Zahl und Beschaffenheit jener Hochgebirgsseen, die als Fischwässer in Frage kommen, zu erhalten. Es sollten damit fachliche Grundlagen geschaffen werden, die den zuständigen Abteilungen des Amtes der Tiroler Landesregierung, den Gemeinden und sonstigen Interessenten als Beurteilungs- und Entscheidungshilfen für die Nutzung und den Schutz unserer Hochgebirgsseen dienen.

Nach allem, was bisher bekannt ist, gibt es in keinem einzigen der Tiroler Hochgebirgsseen Fische, die von der Natur aus dorthin gekommen wären. Es war der Mensch, der die Fische in diese Seen eingesetzt hat, und wir wissen vor allem durch Aufzeichnungen aus den im Land Tirol verwahrten Archiven gut darüber Bescheid, wie bereits im ausgehenden Mittelalter von Erzherzog Sigismund sowie Kaiser Maximilian I eine erhebliche Zahl von Hochgebirgsseen zu Fischwässern gemacht und als solche genutzt wurden.

Zu diesen Ergebnissen von Historikern kommen aber auch die Befunde der Gewässerökologen, die aufzeigen, dass der Einsatz von Fischen in Hochgebirgsseen einen Eingriff darstellt, der zugleich mit der vom Fischbestand herrührenden Bereicherung der Nutzungsmöglichkeiten eine gewisse Verarmung der Organismenvielfalt und damit eine Änderung des ökologischen Wirkungsgefüges bedingt. In der Verantwortung für das uns anvertraute naturräumliche Erbe ist es notwendig, die Interessen an der fischereilichen Nutzung von Hochgebirgsseen mit den Erfordernissen des bewahrenden Naturschutzes abzustimmen, und abzuwägen, ob bzw. in welcher Weise bisher fischlose Seen in Fischwässer verwandelt werden können und dürfen.

Die vorliegende Broschüre ist das Ergebnis einer mehrjährigen Bestandsaufnahme, die bereits so viel an Informationen ergeben hat, dass die gesammelten Erkenntnisse nun einem breiten Interessentenkreis zur Verfügung gestellt werden sollen. Ich danke dem Verfasser dieses Ergebnisberichtes, Dr. Volker Steiner, sowie Dr. Bernd Stampfer als Autor des Beitrages über die in Tirol für die Fischerei gültigen Rechtsgrundlagen, danke dem Kulturbauamt für die federführende Betreuung dieser Erhebungen sowie den Abteilungen für Jagd und Fischerei sowie für Umweltschutz für ihre Mithilfe. Dankbar zu erwähnen ist auch, dass es durch die Mitarbeit von Univ.-Prof. Dr. R. Pechlaner möglich wurde, vor der Drucklegung dieses Berichtes noch zusätzliche Informationen einzuarbeiten.

Die gewässerökologische Erforschung der Hochgebirgsseen Tirols durch die Universität Innsbruck und andere Forschungsstellen wird zweifellos laufend neue Ergebnisse bringen, aber auch die durch das Land Tirol veranlasste Bestandserhebung wird weitergeführt, um möglichst von allen Hochgebirgsseen Tirols neben gewissen geographischen Kenngrößen auch über das eventuelle Vorkommen von Fischen und den Zustand des Fischbestandes Bescheid zu wissen. Aus diesem Grund kann die vorliegende Broschüre als wichtiger Auftakt, aber keineswegs als Abschluss einer verstärkten Bemühung um ausreichende Beurteilungsgrundlagen für den Schutz und die Nutzung unserer Hochgebirgsseen gesehen werden.

Landeshauptmann Dipl.-Ing. Dr. Partl

INHALTSVERZEICHNIS

Seite

1. EINLEITUNG ---------- 9

2. ARBEITSMETHODEN ---------- 10
   2.1. Auswahlkriterien, Bearbeitungs- und Darstellungsweise 10
   2.2. Vermessung der Seen 12
   2.3. Methodik fischereilicher Untersuchungen 13
   2.4. Mitarbeiterkreis, Dank 13

3. HOCHGEBIRGSSEEN ALS LEBENSRAUM FÜR FISCHE ---------- 14
   3.1. Lage und Größe der Seen 14
   3.2. Zu- und Abflussverhältnisse, Einzugsgebiet 17
   3.3. Entstehungsweise und Alter von Hochgebirgsseen 19
   3.4. Temperatur, thermische Schichtung und Eisbedeckung 19
   3.5. Chemismus 20
   3.6. Fischnährtiere 21
   3.7. Fische 21
      3.7.1. Geschichtliche Entwicklung der fischereilichen Nutzung 21
      3.7.2. Derzeitige Fischbestandssituation 22
      3.7.3. Möglichkeiten künftiger fischereilicher Nutzung 26

4. RECHTSGRUNDLAGEN FÜR FISCHEREILICHE HEGE UND NUTZUNG IN TIROL ---------- 27
   4.1. Grundlegung 27
   4.2. Fischereigesetz 1952 28
      4.2.1. Einleitung 28
      4.2.2. Fischereirecht 28
      4.2.3. Ausübung des Fischereirechtes 29
   4.3. Wasserrechtsgesetz 1959 33
   4.4. Tiroler Naturschutzgesetz 34
   4.5. Zusammenfassung und Beurteilung 35
   4.6. Anmerkungen 36

5. VERZEICHNIS DER ERFASSTEN HOCHGEBIRGSSEEN TIROLS ---------- 38
   5.1. Bezirk Reutte 38
      5.1.1. Gemeinde Weißenbach am Lech 38
      5.1.2. Gemeinde Elmen 38
      5.1.3. Gemeinde Namlos 38
      5.1.4. Gemeinde Elbigenalp 38
      5.1.5. Gemeinde Kaisers 38
   5.2. Bezirk Landeck 38
      5.2.1. Gemeinde Kaunertal 38
      5.2.2. Gemeinde Ried im Oberinntal 38
      5.2.3. Gemeinde Nauders 38
      5.2.4. Gemeinde Pfunds 38
      5.2.5. Gemeinde Serfaus 38
      5.2.6. Gemeinde Tobadill 38
      5.2.7. Gemeinde Fiss 38
      5.2.8. Gemeinde Zams 39
      5.2.9. Gemeinde See 39
      5.2.10. Gemeinde Kappl 39
      5.2.11. Gemeinde Ischgl 39
      5.2.12. Gemeinde Galtür 39
      5.2.13. Gemeinde Pettneu am Arlberg 39
      5.2.14. Gemeinde St. Anton am Arlberg 39
   5.3. Bezirk Imst 40
      5.3.1. Gemeinde Sölden 40
      5.3.2. Gemeinde Längenfeld 40
      5.3.3. Gemeinde Mieming 40
      5.3.4. Gemeinde Imst 40
      5.3.5. Gemeinde Umhausen 40
      5.3.6. Gemeinde Silz 41

5.3.7. Gemeinde St. Leonhard im Pitztal 41
5.3.8. Gemeinde Jerzens 41
5.4. Bezirk Innsbruck-Land 41
5.4.1. Gemeinde Wattenberg 41
5.4.2. Gemeinde Schmirn 41
5.4.3. Gemeinde Gries am Brenner 41
5.4.4. Gemeinde Obernberg am Brenner 41
5.4.5. Gemeinde Gschnitz 42
5.4.6. Gemeinde Neustift im Stubaital 42
5.4.7. Gemeinde Sellrain 42
5.4.8. Gemeinde St. Sigmund im Sellrain 42
5.4.9. Gemeinde Flaurling 42
5.4.10. Gemeinde Inzing 42
5.5. Bezirk Schwaz 42
5.5.1. Gemeinde Stummerberg 42
5.5.2. Gemeinde Gerlosberg 42
5.5.3. Gemeinde Gerlos 42
5.5.4. Gemeinde Brandberg 42
5.5.5. Gemeinde Mayrhofen 42
5.5.6. Gemeinde Finkenberg 42
5.5.7. Gemeinde Tux 43
5.6. Bezirk Kitzbühel 43
5.6.1. Gemeinde Hopfgarten im Brixental 43
5.6.2. Gemeinde Westendorf 43
5.6.3. Gemeinde Fieberbrunn 43
5.7. Bezirk Kufstein 43
5.7.1. Gemeinde Münster 43
5.8. Bezirk Lienz 43
5.8.1. Gemeinde Matrei in Osttirol 43
5.8.2. Gemeinde Prägraten 44
5.8.3. Gemeinde Virgen 44
5.8.4. Gemeinde St. Jakob im Defereggen 44
5.8.5. Gemeinde St. Veit im Defereggen 44
5.8.6. Gemeinde Hopfgarten im Defereggen 44
5.8.7. Gemeinde Kals am Großglockner 44
5.8.8. Gemeinde Schlaiten 44
5.8.9. Gemeinde Ainet 44
5.8.10. Gemeinde Nußdorf-Debant 44
5.8.11. Gemeinde Innervillgraten 45
5.8.12. Gemeinde Ausservillgraten 45
5.8.13. Gemeinde Anras 45
5.8.14. Gemeinde Assling 45
5.8.15. Gemeinde Tristach 45
5.8.16. Gemeinde Kartitsch 45

6. EINZELDARSTELLUNG DER UNTERSUCHTEN HOCHGEBIRGSSEEN TIROLS 46
6.1. Bezirk Reutte 46
6.1.1. Hintersee 46
6.2. Bezirk Landeck 48
6.2.1. Weißsee im Kaunertal 48
6.2.2. Hexensee 50
6.2.3. Oberer Spinnsee 52
6.2.4. Unterer Spinnsee 54
6.2.5. Wasensee 56
6.2.6. Steinsee 58
6.2.7. Oberer Seewiessee 60
6.2.8. Mittlerer Seewiessee 62
6.2.9. Unterer Seewiessee 64
6.2.10. Oberer Blankasee 66
6.2.11. Unterer Blankasee 68
6.2.12. Vordersee 70
6.2.13. Hinterer Oberer Faselfadsee 72
6.2.14. Hinterer Unterer Faselfadsee 74

6.2.15. Vorderer Oberer Faselfadsee 76
6.2.16. Vorderer Unterer Faselfadsee 78
6.3. Bezirk Imst 80
6.3.1. Wannenkarsee 80
6.3.2. Unterer Seekarsee 82
6.3.3. Laubkarsee 84
6.3.4. Gaislacher See 86
6.3.5. Schwarzsee ob Sölden 88
6.3.6. Berglersee 90
6.3.7. Winnebachsee 92
6.3.8. Drachensee 94
6.3.9. Grastalsee 96
6.3.10. Finstertaler Speicher 98
6.3.11. Oberer Plenderlesee 100
6.3.12. Mittlerer Plenderlesee 102
6.3.13. Unterer Plenderlesee 104
6.3.14. Hirschebensee 106
6.3.15. Rotfelssee 108
6.3.16. Gossenköllesee 110
6.3.17. Rifflsee 112
6.3.18. Mittelberglessee 114
6.3.19. Moalandlsee 116
6.3.20. Großer Drei-Seen-See 118
6.3.21. Krummer See 120
6.3.22. Kugleter See 122
6.3.23. Brechsee 124
6.4. Bezirk Innsbruck-Land 126
6.4.1. Mölser See 126
6.4.2. Lichtsee 128
6.4.3. Grünausee 130
6.4.4. Kraspessee 132
6.4.5. Hundstalsee 134
6.5. Bezirk Schwaz 136
6.5.1. Langer See 136
6.5.2. Junssee 138
6.6. Bezirk Kitzbühel 140
6.6.1. Mittlerer Wildalpensee 140
6.6.2. Unterer Wildalpensee 142
6.7. Bezirk Kufstein 144
6.7.1. Zireiner See 144
6.8. Bezirk Lienz 146
6.8.1. Grauer See 146
6.8.2. Schwarzer See 148
6.8.3. Grüner See 150
6.8.4. Löbbensee 152
6.8.5. Wildensee 154
6.8.6. Obersee am Staller Sattel 156
6.8.7. Mondsee 158
6.8.8. Schwarzsee bei Hopfgarten 160
6.8.9. Ochsensee 162
6.8.10. Dorfer See 164
6.8.11. Barrenlesee 166
6.8.12. Alkuser See 168
6.8.13. Gartlsee 170
6.8.14. Thurner See 172
6.8.15. Nußdorfer See 174

7. ZITIERTE LITERATUR ---------- 176

8. FARBBILDER VON FISCHEN UND SEEN ---------- 179

9. ANHANG ---------- 200

1. EINLEITUNG

Das Hochgebirge Nord- und Osttirols weist eine sehr große Anzahl stehender Gewässer auf, die zu einem erheblichen Teil fischereilich genutzt werden können. Die Frage, ob und in welcher Weise sich stehende Gewässer des Hochgebirges – darunter verstehen wir die Region oberhalb der Waldgrenze – fischereilich nutzen lassen, ist nicht generell, sondern nur unter Berücksichtigung der ökologischen Verhältnisse und der Zugänglichkeit des jeweiligen Sees zu beantworten.

Aber neben diesem Blick auf die Besonderheit jedes einzelnen Sees bedarf es auch der Übersicht über die Gesamtzahl stehender Gewässer im Hochgebirge Tirols, um einerseits die Summe von Erfahrungen, die aus Fischseen vorliegen, auswerten zu können und um andererseits sowohl bei der Sanierung bestehender Fischbestände als auch bei Fischeinsätzen in bisher fischlose Seen die Prioritäten richtig zu setzen. Eine gründliche Erfassung und Beschreibung aller fischereilich interessanten Seen in der Hochgebirgsregion Tirols stellt eine Grundvoraussetzung für diesen Überblick dar.

Oberhalb der Waldgrenze sind in den Österreichischen Karten 1:50.000 mehr als 1000 stehende Gewässer angeführt, ein großer Teil allerdings in einer Größe bei der eine fischereiliche Bewirtschaftung nicht mehr in Frage kommen dürfte. Immerhin verbleiben noch mehr als 200 Seen, die auf Grund ihres Areals für die Fischerei in Betracht zu ziehen wären.

Vor Beginn der Bestandsaufnahme lagen nur über 26 Seen Informationen vor, und diese waren teilweise sehr lückenhaft. Durch die nun vorliegende Bearbeitung sind gegenwärtig 65 Hochgebirgsseen relativ gut erfasst. Von diesen Seen weist heute rund die Hälfte einen Fischbestand auf. In vielen Fällen sind diese Fische aber in einem Zustand, der keinen Anreiz für eine fischereiliche Nutzung bietet. Auf Grund von Erfahrungen, die aus Forschung und Praxis vorliegen, besteht jedoch die Möglichkeit, Fischgewässer mit verwahrlosten Beständen durch gezielte Befischung, eventuell auch durch zusätzlichen Besatz zu sanieren und aufzuwerten. Auch lassen sich fischleere Gewässer erfolgreich mit hochwertigen Fischen besetzen und langfristig nutzen, wenn Einsatz und Hege richtig geplant und durchgeführt werden.

In letzter Zeit ist die Nachfrage nach Fischereimöglichkeiten im Bereich der Sport- bzw. Erholungsfischerei stark angewachsen, das Potential an Fischwässern in Tallagen jedoch weitgehend ausgeschöpft, ja durch Umwelteinflüsse in seinem Wert zunehmend eingeschränkt.

Eine Bewirtschaftung von Hochgebirgsseen käme dem Interesse an vermehrten Gelegenheiten zur Sportfischerei entgegen, sie würde aber auch insofern Bedürfnissen der heimischen Fischereiwirtschaft gerecht, als Hochgebirgsseen die Versorgung von Fischzuchten mit gesundem und genetisch hochwertigem Fischmaterial gewährleisten könnten bzw. hierfür konsequenter herangezogen werden sollten. Die Nutzung von Hochgebirgsseen als Fischwässer dient jedoch nicht nur der Fischereiwirtschaft, sie bietet auch gute Chancen für Gemeinden, Fremdenverkehrsverbände, Bergbauern und andere Interessenten, mit fischereilich gut bewirtschafteten Seen ein zugkräftiges Argument für die Verbesserung der touristischen Situation zu gewinnen.

2. ARBEITSMETHODEN

2.1. Auswahlkriterien, Bearbeitungs- und Darstellungsweise

Die Erhebungsarbeiten wurden bereits durch eine im Jahr 1979 durchgeführte „Vorerhebung“ vorbereitet. Für diese Vorerhebung wurden sämtliche stehenden Gewässer aus der Österreichischen Karte 1:50.000 entnommen und nach der geographischen Lage sowie ihrer aus den Karten festgestellten Größe definiert.

Aus dieser Zusammenstellung von weit über 1000 stehenden Gewässern im Hochgebirge Nord- und Osttirols ergab sich eine Liste von 213 Seen, die oberhalb 1750 Meter Meereshöhe liegen und deren aus den Karten entnommenes Areal mindestens 0,7 Hektar betrug. In Abb. 1 sind alle diese Seen in eine Übersichtskarte eingetragen, sie sind aber auch – nach Bezirken und Gemeinden geordnet – in einer Liste mit Angabe ihrer Größe (Areal) und ihrer geographischen Lage verzeichnet (Abschnitt 5). Hierbei wurde für mehrere Seen, für welche in den Karten kein Name aufscheint, die bei der einheimischen Bevölkerung übliche Bezeichnung erfragt und im Verzeichnis eingetragen.

Im Seenverzeichnis durchnumeriert und in der Bestandsaufnahme vorrangig behandelt (Abschnitt 6) wurden nur Seen, die über der aktuellen Waldgrenze liegen und in diesem Sinne als Hochgebirgsseen angesprochen werden können, sowie – mit Ausnahme eines Sees – ein Areal von mindestens 0,8 Hektar aufweisen. In Abschnitt 5 eingearbeitet wurden auch gewisse spätere Ergänzungen und Streichungen im Seenverzeichnis, die sich aus der Feststellung ergaben, dass einzelne Seen (Nr. 61, 138 und 140) zwar in der Alpenvereinskarte 1:25.000 in beachtlicher Größe eingetragen sind, nicht aber in der entsprechenden Österreich-Karte 1:50.000 (wo die betreffenden Stellen durch Gletschereis bedeckt erscheinen), und dass andere Seen nach der genaueren AV-Karte offensichtlich eine geringere, unter 0,7 bzw. 0,8 Hektar liegende Fläche besitzen.

Im Frühjahr 1980 wurde in Zusammenarbeit mit dem Kulturbauamt der Tiroler Landesregierung ein Fragebogen entworfen, in welcher die für die Bestandsaufnahme wesentlichen Detailfragen, vor allem die Fischerei betreffend, berücksichtigt wurden. Diese Fragebögen wurden dem Gemeindeamt aller Gemeinden, in deren Gebiet ein oder mehrere für die Erhebung in Frage kommende Seen liegen, zur Beantwortung übersandt. Ein Großteil der Beantwortung dieser Fragebögen lag bereits im Sommer 1980 vor, gegen Ende des Jahres 1980 wurde diese Aktion nach fast hundertprozentiger Beantwortung der ausgeschickten Fragebögen abgeschlossen.

Die im Seenverzeichnis in Abschnitt 5 durchnummerierten Seen lasses sich bezüglich der über sie vorliegenden wissenschaftlichen Daten einem der folgenden drei "Informationstypen" zuordnen:

Typ A: Seen, über welche aus wissenschaftlichen Publikationen oder aus unveröffentlichten Angaben von Wissenschaftlern Daten verfügbar waren bzw. für die vorliegende Bestandsaufnahme zusammengetragen wurden. Der aktuelle Kenntnisstand über Seen dieses Kategorie ist teils sehr gut, teils aber auch lückenhaft.

Typ B: Seen, über welche keine Informationen vorlagen und an denen erstmals vom Autor des vorliegenden Berichtes und seinen Mitarbeitern Erhebungen durchgeführt wurden. Diese Erhebungen erfolgten in den Jahren 1980 - 1984 und ermöglichten die im Bericht wiedergegebenen Beobachtungen. Der Kenntnisstand ist zufolge der nach einem bestimmten Plan durchgeführten Untersuchungen relativ einheitlich und entspricht dem Erhebungsziel.

Typ C: Seen, über welche bis heute keine wissenschaftlichen Untersuchungen über das Vorhandensein oder Fehlen eines Fischbestandes vorliegen.

Seen der Typen A und B sind in Abschnitt 6 des vorliegenden Ergebnisberichtes in der Reihenfolge ihrer Nummerierung besprochen.

Die Einzeldarstellungen bringen bei Seen des Typs A nur kurze Zusammenfassungen der aus fischereilicher Sicht wichtigen Befunde unter Angabe der Quellen für diese Information bzw. unter Hinweis auf Publikationen, in denen Interessierte über weitere Einzelheiten nachlesen können.

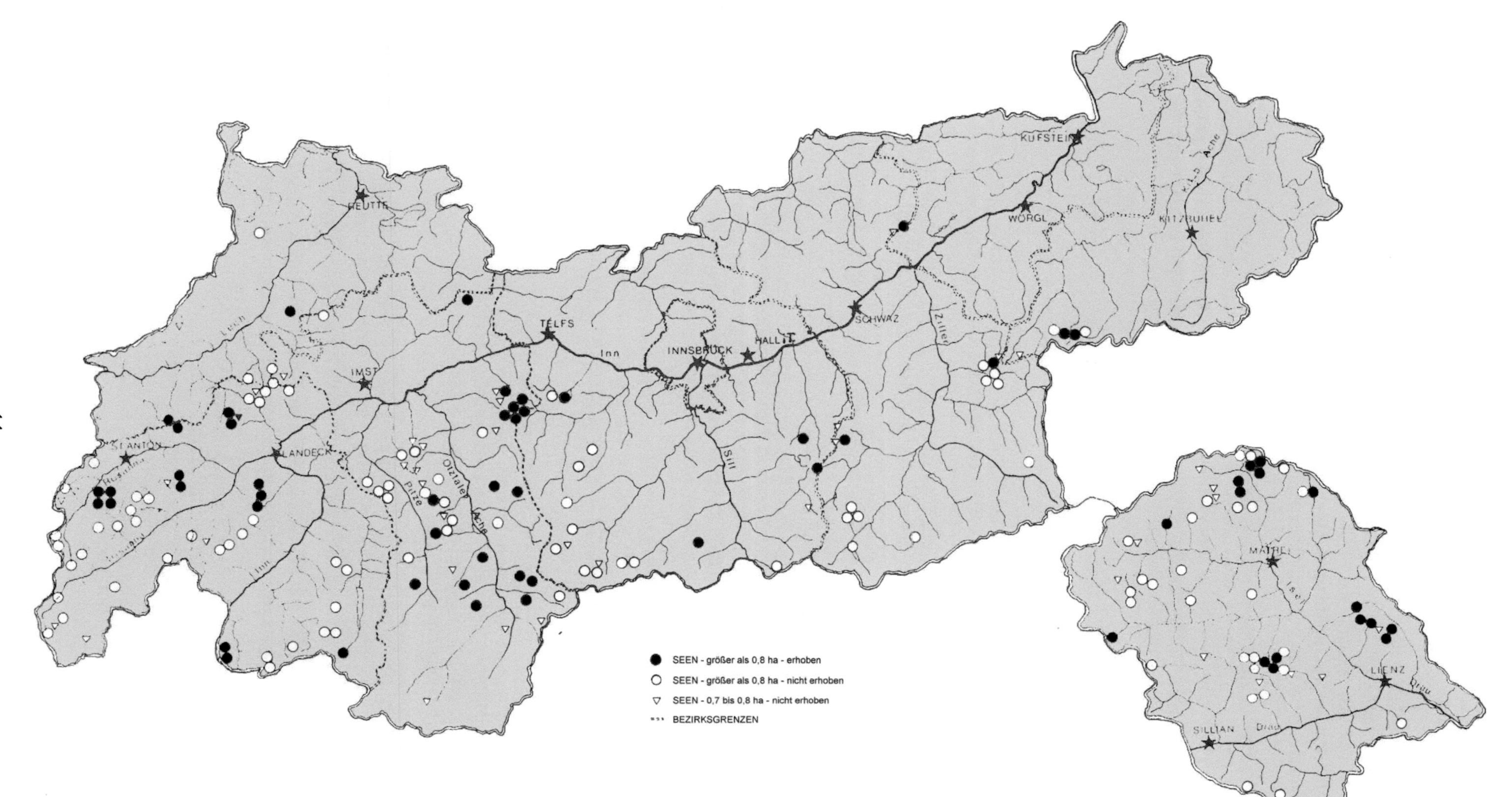

Abb. 1: Lage der erfassten Hochgebirgsseen Nord- und Osttirols.

Bei den mit eigenen Untersuchungen im Freiland verbundenen Erhebungen (Seen des Typs B) wurden für alle diese Seen in weitgehend einheitlicher Weise folgende Arbeitsschritte durchgeführt und die dabei gewonnenen Ergebnisse dargestellt:

- Erfassung und Beschreibung von Lage und Zugänglichkeit des betreffenden Sees
- Feststellungen über Wassernutzung und Abwasserbelastung
- Klärung von Grundbesitz und Fischereirecht
- Durchführung morphometrischer Messungen, Erfassung der Zu- und Abflussverhältnisse
- Durchführung fischereilicher Untersuchungen

Für diese eigenen Untersuchungen war die Begehung der einzelnen Seen erforderlich. Diese konnte nur in der eisfreien Saison (Juli bis September/Oktober) durchgeführt werden und erforderte zur Abwicklung des vorgesehenen Arbeitsprogramms einen Aufenthalt von durchschnittlich zwei Tagen am See. Diese Begehungen wurden kurz vorher bei den zuständigen Gemeindeämtern angemeldet, für die Befischung der Seen wurden die erforderlichen Genehmigungen eingeholt.

2.2. Vermessung der Seen

Der Uferverlauf sowie die Oberfläche (Areal) der Seen wurden durch direkte Vermessung (Messung der Uferdistanz entlang von Peillinien in 5, 10, selten 20° Abstand) und Luftbildauswertung bestimmt. Bei der Vermessung wurde mit einem genauen Peilkompass und einer Messleine gearbeitet, Kontrollpeilungen über markante und identifizierbare Punkte (Felsen, Buchten, Zu- und Abflüsse usw.) ermöglichten eine zuverlässige Ausrichtung der Profile. Alle Peilungen wurden mehrfach kontrolliert. Länge und Breite der Seen wurden bei Gewässern mit einer Länge von maximal 300 Metern im Feld mit der Messleine festgestellt, bei anderen Seen wurden diese Maße aus der Karte entnommen. Bei Messungen im Feld lässt sich zwar die Länge (definiert als der Abstand der voneinander am weitesten entfernten Uferpunkte, zu messen entlang der Wasserlinie) eindeutig feststellen, schwieriger ist dies für die Breite, da diese in einem Winkel von 90° zur (größten) Länge des Sees gemessen werden musste. Die angegebenen Breiten beziehen sich daher durchwegs auf Messungen bzw. Nachmessungen anhand von Karten.

Die Tiefenmessungen wurden mit elektronischen Echoloten herkömmlicher Bauart und (im seichten Bereich) mit Messlatten durchgeführt. Im Interesse einer möglichst genauen Tiefenkarte erfolgten die Tiefenmessungen entlang einer Messleine in Abständen von mindestens vier Metern, selten acht Metern, und zwar entlang von Profilen, welche je nach der Oberflächenform des Sees von einem oder mehreren Punkten ausgehend radial mit Winkelabständen von 5°, 10° oder 20° ausgerichtet wurden. Bei Seen mit extrem länglicher Form wurden die Profile auch in Zickzackanordnung gelegt, in einem Fall wurde entlang paralleler Profile gelotet. Die Genauigkeit der mit dem Echolot erfassten Tiefen dürfte sich im Bereich von einem halben Meter bewegen; Seichtwasserbereiche wurden auf etwa 10 cm genau gelotet (mit Messlatte).

Bei den Tiefenlinien großer Seen (über 5 Hektar) sind durch die Windversetzung des Messbootes und der Messleine größere Abweichungen anzunehmen. Die Dehnung der Messleine wurde bei der Auswertung der Felddaten bestmöglich berücksichtigt. Pro Hektar Seefläche wurden durchschnittlich etwa 200 bis 400 Lotungen verarbeitet; für die Feststellung der Maximaltiefe wurden zusätzliche "Suchfahrten" mittels Echolot durchgeführt.

Aus der Erfassung von Uferverlauf und Tiefe ergaben sich Tiefenkarten die bei den Detaildarstellungen der untersuchten Seen jeweils unter Angabe des Vermessungsdatums abgebildet sind. Wo Beobachtungen über größere Wasserstandsschwankungen vorliegen, finden sich im Textteil entsprechende Hinweise.

Aus der Tiefenkarte wurden – zusätzlich zu Länge und Breite – folgende morphometrische Parameter abgeleitet:

Areal (Oberfläche): Durch Planimetrierung der in der Tiefenkarte dargestellten Oberfläche.
Volumen: Nach Planimetrierung der einzelnen Isobathenflächen mit Hilfe der Simpsonschen Summenformel oder durch Planimetrierung der hypsographischen Kurve ermittelt.
Maximale Tiefe: Als tiefster Lotungspunkt entlang der erfassten Profile oder als Ergebnis zusätzlicher Suche nach noch tieferen Punkten.
Mittlere Tiefe: Berechnet nach der Formel

$$(m) = \frac{\text{Volumen } (m^3)}{\text{Areal } (m^2)}$$

2.3. Methodik fischereilicher Untersuchungen

Zur Feststellung, ob im betreffenden See Fische vorkommen, zu welcher Art (welchen Arten) sie gehören und welche Größen sie erreichen, war der Einsatz von Stellnetzen erforderlich. Es wurden monofile Nylonstellnetze verwendet, vor allem solche mit Maschenweiten zwischen 20 und 40 mm. Für die im Rahmen der Erhebung durchgeführte Befischung wurden je nach Seegröße Stellnetze mit einer Gesamtfläche von 200 bis 600 m^2 eingesetzt.

Die besten Fangergebnisse wurden in ufernahen Bereichen, besonders in der Nähe von Zu- und Abfluss erzielt, zur Erfassung größerer bzw. ausgesprochen kapitaler Fische mussten Netze aber auch an tieferen Stellen oder in Seemitte ausgelegt werden. Die durchschnittliche Einhängdauer der Stellnetze betrug 24 Stunden. Bei Einhängzeiten von nur wenigen Stunden kann der Fischfang trotz Einsatz großer Netzflächen erfolglos bleiben; diese Erfahrung ließ sich immer wieder bei früheren Kontrollen der untertags eingehängten Netze machen. Offensichtlich waren die Fische durch die Unruhe, welche vor allem durch die Fangvorbereitungen am und im See entsteht, verscheucht; aber auch die optische Wahrnehmung der Netze durch die Fische spielt eine Rolle.

Außer der Netzbefischung wurden auch direkte Beobachtungen über Fischvorkommen in Zu- und Abflüssen sowie im See selbst durchgeführt.

Gefangene Fische wurden bis zum Abtransport kühl gelagert und nach Möglichkeit in noch frischem Zustand untersucht. Die als L_t (Longitudo totalis) angeführten Fischlängen beziehen sich auf die Gesamtlänge des Fisches von der Maulspitze bis zum Ende der zusammengebogenen Schwanzflosse.

2.4. Mitarbeiterkreis, Dank

Bei den Vorerhebungen, Freilandarbeiten sowie bei der Erstellung des Ergebnisberichtes zur nun vorliegenden Bestandsaufnahme haben vor allem die folgenden Personen mitgearbeitet:

Siegfried Baumgartner, Josef Deiser, Franz Koch, Hansjörg Kraus, Nikolaus Medgyesy, Herbert Müller, Klaus Perl, Liselotte Pöder, Veronika Steiner, Nikolaus Schotzko, Martin Hochleithner.

Ihnen sowie dem Kulturbauamt und dem Photogrammetrischen Institut der Tiroler Landesregierung, aber auch den Gemeindesekretären, Bürgermeistern und sonstigen Personen und Institutionen, die diese Bearbeitung der Hochgebirgsseen Tirols mit Rat und Tat unterstützten, möchte ich an dieser Stelle herzlich danken.

Weiters gilt mein Dank auch der Geschäftsführung und den Hubschrauberpiloten der ehemaligen Firma AIRCRAFT und der Firma HELIAIR, der Firma WUCHER, der Flugeinsatzstelle Innsbruck des Bundesministeriums für Inneres und der Firma KOHLA, für ihre großzügige Hilfe.

Mein abschließender Dank gilt Herrn Univ.-Prof. Dr. R. Pechlaner für seine wertvolle Mitarbeit bei der Manuskriptbearbeitung und Herrn Hofrat Dr. B. Stampfer für die Beistellung seines Beitrages.

3. HOCHGEBIRGSSEEN ALS LEBENSRAUM FÜR FISCHE

3.1. Lage und Größe der Seen

Bedingt durch die geologischen Gegebenheiten liegen in Nordtirol die meisten Hochgebirgsseen südlich des Stanzer- und Inntales, in Osttirol nördlich des Drautales. In Karbonatgestein sind nur sehr wenige Hochgebirgsseen entstanden bzw. erhalten geblieben.

Die überwiegende Zahl der Nordtiroler Hochgebirgsseen verteilen sich mit einem deutlichen Dichtegefälle von West nach Ost auf die Bergmassive der Verwall- und Samnaungruppe, der Stubaier und Ötztaler Alpen sowie auf die Tuxer, Zillertaler und Kitzbühler Alpen (Abb. 1). Die Kitzbühler Alpen weisen eine außerordentlich hohe Zahl sehr kleiner, in die vorliegende Bestandsaufnahme nicht mehr aufzunehmender Tümpel auf. Diese meist weniger als 5000 m^2 großen Gewässer zeigen oft starke Anhäufung auf engem Raum. Es ist nicht auszuschließen, dass sich gewisse Gruppen solcher Gewässer (vor allem durch Fließgewässer verbundene Ketten von Kleinseen) als Bewirtschaftungskomplex fischereilich nutzen ließen.

Der politischen Zugehörigkeit nach verteilen sich die im Abschnitt 5 durchnummerierten 181 Hochgebirgsseen auf insgesamt 8 Tiroler Bezirke. Im Bezirk Innsbruck-Stadt befindet sich kein einziger für diese Erhebung wichtiger See. Für die übrigen 8 Bezirke ergeben sich die in Tabelle 1 aufgeführten Prozentzahlen:

Tabelle 1: Verteilung der Hochgebirgsseen Nord- und Osttirols auf politische Bezirke (nach Abschnitt 5):

Bezirk	**Anzahl**	**Prozent**
Landeck	54	29,8
Lienz	50	27,6
Imst	36	19,9
Innsbruck-Land	16	8,8
Schwaz	13	7,2
Reutte	6	3,3
Kitzbühel	5	2,8
Kufstein	1	0,6
Gesamt	**181**	**100,0**

Diese 181 Seen verteilen sich auf insgesamt 63 Gemeinden, wobei der Großteil der Gemeinden nicht mehr als ein bis vier Seen zu verzeichnen hat. Eine größere Zahl fischereilich interessanter Seen scheint für die folgenden Gemeinden Tirols auf:

Im Bezirk Landeck:	Gemeinde St. Anton a. A.	17 Seen
	Gemeinde Zams	8 Seen
	Gemeinde Kaunertal	5 Seen
Im Bezirk Lienz:	Gemeinde Matrei i. O.	15 Seen
	Gemeinde St. Jakob i. D.	6 Seen
	Gemeinde Hopfgarten i. D.	5 Seen
Im Bezirk Imst:	Gemeinde St. Leonhard i. P.	9 Seen
	Gemeinde Silz	8 Seen
	Gemeinde Sölden	7 Seen
	Gemeinde Längenfeld	6 Seen
Im Bezirk Innsbruck-Land:	Gemeinde Neustift i. St.	6 Seen

In Abbildung 2 ist die Höhenverteilung der in Abschnitt 5 durchnummerierten Seen (jeweils für Höhenstufen von 100 Meter summiert) nach Zahl und Flächenausmaß aufgetragen. Hierbei fällt der in 1799 Meter Meereshöhe gelegene Zireiner See durch seine Lage oberhalb der Waldgrenze bereits unter die Definition eines Hochgebirgssees, während der Grünsee (1830 Meter ü. A.), Gemeinde Nauders, deutlich unter der in den Zentralalpen generell höher reichenden Waldgrenze liegt, also nicht mehr zu den Hochgebirgsseen zählt.

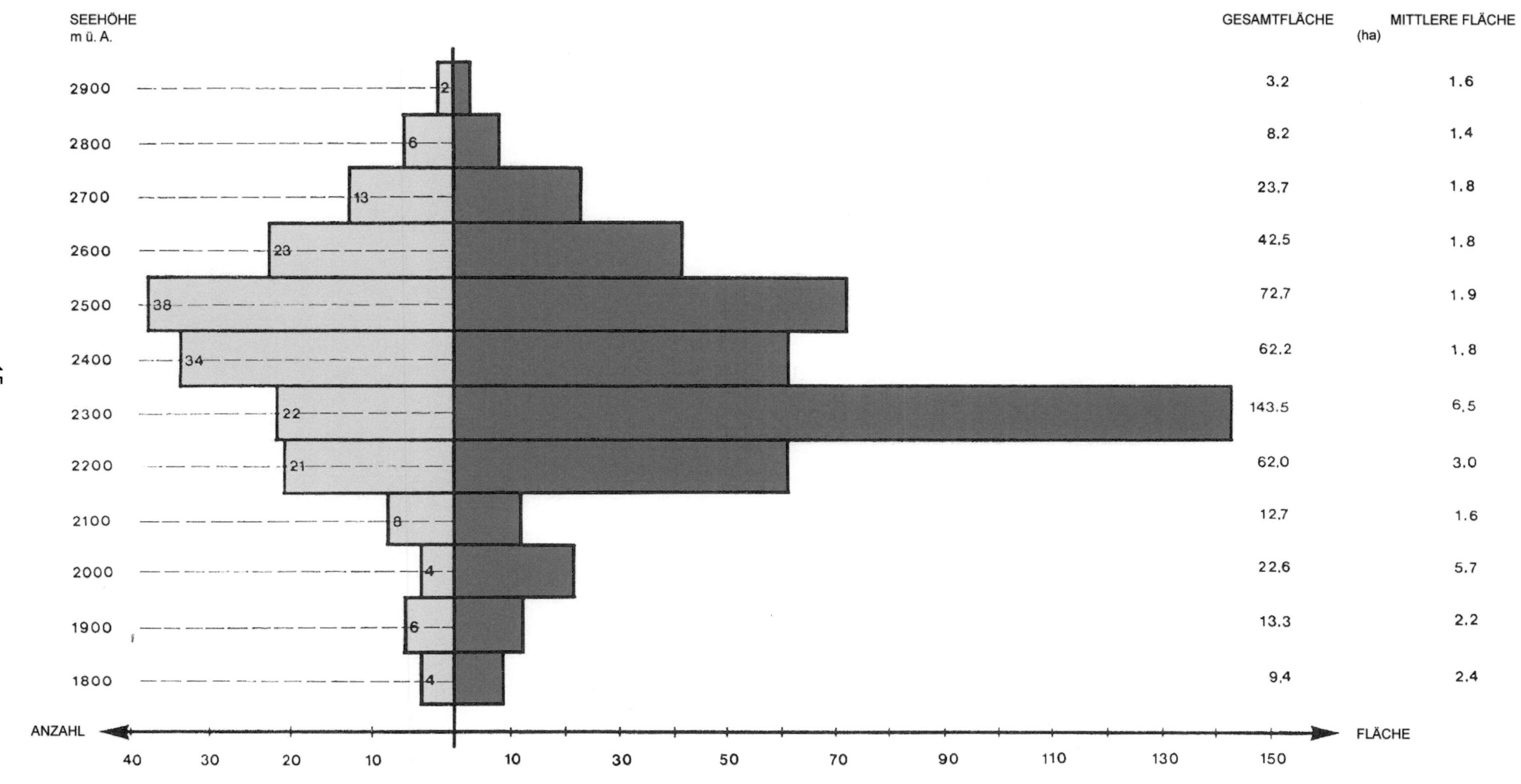

Abb. 2: Vertikalverteilung der Hochgebirgsseen >0,8 ha (inkl. Finstertaler Speicher) in Nord- und Osttirol.

Der mit ca. 2880 Meter ü. A. höchst gelegene Hochgebirgssee Tirols ist der Obere Glockturmsee (Nr. 8) am Glockturmkamm in den Ötztaler Alpen, Gemeinde Kaunertal. Höchster Fischsee ist der 3,5 ha große Schwarzsee ob Sölden im Ötztal (2799 Meter ü. A.). Die größte Zahl von Hochgebirgsseen ergibt sich im Höhenbereich zwischen 2400 und 2500 Meter ü. A. (siehe Abbildung 2).

Die Beckengestalt der Seen, eine wichtige Beurteilungsgrundlage für die fischereiliche Nutzbarkeit, ist derzeit für rund 50 Hochgebirgsseen durch vorliegende Tiefenkarten bekannt. Die Lotungen ergaben in vielen Fällen eine Form des Seebeckens, die sich zumindest hinsichtlich der Neigung der Uferhalde aus dem Verlauf des umliegenden Geländes erschließen ließe. Eine solche Beurteilung der Beckengestalt eines Sees aus den Neigungsverhältnissen in seiner unmittelbaren Umgebung kann aber vor allem dann zu groben Fehleinschätzungen führen, wenn Sedimentation durch Zuflüsse, Erdrutsche, Lawinenabgänge oder andere Naturereignisse stärker modifizierend gewirkt haben, als sich dies oberhalb des Wasserspiegels erkennen lässt.

So weist der Moalandlsee in den Ötztaler Alpen (2626 Meter ü. A.) eine extrem starke Profiländerung durch Felsstürze und Lawinenabgänge auf. Durch diese Einflüsse ist der See bis auf eine enge Verbindung in zwei Becken, ein tiefes Hauptbecken und ein sehr seichtes Nebenbecken, aufgetrennt. Eine vollständige Abtrennung der beiden Becken kann unter Umständen schon sehr bald eintreten.
Der Alkuser See in der Schobergruppe (2432 Meter ü. A.) ist an seinem Nordufer durch einen steilen bis überhängenden Felsabsturz gekennzeichnet. Dieser Absturz setzt sich unterhalb der Wasserlinie bis nahe an die Maximaltiefe des Sees (49 m) fort.
Der Riffelsee im Pitztal (2250 Meter ü. A.) weist ein mächtiges Verlandungsplateau im Einrinnbereich auf, welches sich nach flachem Uferverlauf unter Wasser in einen steilen Abhang fortsetzt.
Der westufrig am Unteren Blankasee (Verwallgruppe, 2460 Meter ü. A.) ins Wasser steil abstürzende Fels geht wenige Meter unterhalb der Wasserlinie in einen flachen Seeboden über, während man aus dem Geländeverlauf an dieser Stelle die maximale Tiefe erwarten würde. Der Obere Blankasee (Verwallgruppe, 2470 Meter ü. A.) wiederum weist eine Seebeckengestalt auf, welche äußerst stark von spontanen, dynamischen Einflüssen (Felsstürze, Lawinenabgängen usw.) geprägt ist; eine Einschätzung der Seebeckenform aus den Geländelinien wäre in diesem Fall besonders irreführend.

Die Tiefenverhältnisse eins Hochgebirgssees sind für die Beurteilung der fischereilichen Nutzbarkeit von größter Bedeutung. Für das Überleben von Fischen ist in der Regel eine Maximaltiefe von mindestens zwei Metern erforderlich. Eine unter Umständen mehr als drei Meter Dicke erreichende Winterdecke oder starke Sauerstoffzehrung in der langen Zeit der Eisbedeckung können es aber bedingen, dass nur erheblich größere Tiefen den Aufbau bzw. die Erhaltung eines guten Fischbestandes ermöglichen. Andererseits kann zum Beispiel starke Durchströmung auch sehr seichte Seen für Fische bewohnbar machen.

Die Tiefe von Hochgebirgsseen wird von jemandem, der keine Lotungsergebnisse kennt, in der Regel erheblich überschätzt. Tabelle 2 gibt an Hand der bisher vorliegenden Tiefenkarten eine Übersicht über die Verteilung der Maximaltiefen an Tiroler Hochgebirgsseen.

Tabelle 2: Verteilung der Maximaltiefen von Hochgebirgsseen Tirols (von denen Tiefenkarten vorliegen):

Maximaltiefe	**Anzahl – Prozent**	**Mittelwert**
< 2,5 m	2 – 3,9	2,1 m
2,5 – 5,0 m	8 – 15,7	3,6 m
5,1 – 10,0 m	21 – 41,2	7,9 m
10,1 – 15,0 m	8 – 15,7	12,5 m
15,1 – 20,0 m	8 – 15,7	17,5 m
20,1 – 30,0 m	3 – 5,9	23,3 m
30,1 – 40,0 m	0 – 0,0	-
40,1 – 50,0 m	1 – 2,0	49,0 m

Der Durchschnittswert für die Maximaltiefen der in Tab. 2 berücksichtigten Seen beträgt 10,9 Meter. Besonders seicht sind der Winnebachsee in den Stubaier Alpen (2361 Meter, Nr. 70) und der Untere Seewiessee in den Lechtaler Alpen (2240 Meter, Nr. 31) mit nur zwei Metern Tiefe. Der tiefste natürliche Hochgebirgssee Tirols ist – nach bisheriger Kenntnis – der Alkuser See in der Schobergruppe (2432 Meter, Nr. 168) mit 49 Metern. An Speicherseen gibt es in Tirol oberhalb der Waldgrenze nur den Finstertaler Speicher, dessen maximale Tiefe 112 Meter erreicht. Die mittlere Tiefe (siehe Tabelle 2) beträgt nach den vorliegenden Daten meist 30 bis 55 Prozent der maximalen Tiefe. Die Kenntnis der mittleren Tiefe ist für die Beurteilung der räumlichen Verhältnisse im Seebecken (vor allem für die Abschätzung des unter der Winterdecke verbleibenden Lebensraumes für Fische) wichtig.

3.2. Zu- und Abflussverhältnisse, Einzugsgebiet

Im Zusammenhang mit der fischereilichen Bewirtschaftung von Hochgebirgsseen stellen die hydrographischen Verhältnisse für die Beurteilung der Nutzbarkeit einen sehr wesentlichen Faktor dar. Zuflüsse sind für die Beurteilung der Wassererneuerung im See und deren jahreszeitliche Veränderung wichtig, das Vorkommen und die Beschaffenheit der oberirdischen Zuflüsse interessiert unter anderem im Hinblick auf die Eindrift von Fischnährtieren aus dem Einzugsgebiet sowie wegen ihrer möglichen Beurteilung als Laichplätze für Salmoniden. Die Abflussverhältnisse können unter anderem für die Frage entscheidend sein, ob ein Hochgebirgssee eine für Fische in beiden Richtungen überwindbare Verbindung zu unterhalb liegenden Fischgewässern hat, ob er also im Sinn des Tiroler Fischereigesetzes als Teil eines bestehenden Fischereireviers anzusehen ist oder nicht (vergleiche Abschnitt 4).

Die Größe des Einzugsgebietes lässt sich als Maß für die Frischwasserversorgung eines Sees heranziehen. In Tabelle 3 sind für die Hochgebirgsseen Tirols, von denen entsprechende Daten verfügbar waren, die Flächen der Einzugsgebiete (nach Größe gereiht) und das Verhältnis zwischen dem Einzugsgebiet und der Oberfläche des Sees angeführt.

Nach herkömmlichen Erfahrungswerten kann im Hochgebirge im Jahresdurchschnitt mit einem Wasserabfluss von ein bis zwei Liter pro Sekunde und km^2 gerechnet werden, wobei es je nach Höhenlage und Exposition, Geologie des Geländes, der Witterung und anderen Gegebenheiten im Einzugsgebiet erhebliche örtliche Unterschiede gibt. Außerdem treten natürlich im Jahresverlauf große Schwankungen auf.

Wegen der langen Eisbedeckung und der im Winter im Hochgebirge der Ostalpen generell stark abnehmenden Wasserführung in Abflüssen lassen sich aus der hydrographischen Situation bereits gewisse Anhaltspunkte dafür gewinnen, ob in einem See zufolge seines kleinen Einzugsgebietes im Winter bzw. Frühjahr Probleme mit der Sauerstoffversorgung zu erwarten sind. Seen mit Einzugsgebieten von weniger als 50 Hektar sind als „Risikoseen" einzustufen, es hängt jedoch von einer Reihe weiterer Faktoren ab – Relation zwischen dem Wasservolumen des Sees und der Zuflussmenge, Art der Durchströmung des Sees, Sauerstoffgehalt des Zuflusswassers, Sauerstoffverbrauch im See (abhängig von der Menge organischer Substanzen im Freiwasser und Sediment bzw. von den biologischen Umsätzen) usw. – ob in einem See eine für Salmoniden gefährliche Sauerstoffsituation eintritt bzw. unter besonderen Konstellationen eintreten kann (vergleiche auch Abschnitt 3.5).

Die bisher erhobenen Zu- und Abflussverhältnisse an Tiroler Hochgebirgsseen weisen eine sehr große Vielfalt auf. Meist sind mehrere Zuflüsse vorhanden, aber nur ein einziger Abfluss. Oberirdisch als Bach oder als „Sickerzufluss" aus Geröll und Blockwerk erkennbare Zuflüsse fehlen oft bzw. sind auf die Periode erhöhten Wasserflusses zur Zeit der Schneeschmelze beschränkt.

Viel Seen haben nur unterirdische Zuflüsse, aber auch bei jenen mit erkennbaren oberflächlichen Zuflüssen ist die Abflussmenge meist deutlich größer als der oberirdische Zufluss, woraus sich auf unterirdische Quellen bzw. Sickerzuflüsse schließen lässt. Fallweise treten unterirdische Seeabflüsse auf, meistens erscheinen diese jedoch in geringer Entfernung unterhalb des Sees an der Oberfläche. Von den bisher erfassten Seen hatten nur 17 Prozent unterirdische Zuflüsse.

Seen mit Sickerzuflüssen oder gänzlich unterirdischen Zuflüssen sind durch besonders klares Wasser gekennzeichnet. Von Seen mit oberflächlichem Zufluss werden jene mit vergletschertem Einzugsgebiet im Sommer durch mineralische Schwebstoffe mehr oder weniger stark getrübt, was sowohl die Entwicklung von Organismen als auch die Erbeutung von Nährtieren durch Fische negativ beeinflussen könnte.

Tabelle 3: Verteilung der Hochgebirgsseen nach deren Größe des Einzugsgebietes (nach Abschnitt 6):

See	Nr.	Einzugsgebiet (ha)	Einzugsgebiet : Seeoberfläche
Rifflsee	87	1600	59
Dorfer See	163	800	105
Winnebachsee	70	630	220
Grüner See	137	258	103
Löbbensee	142	230	77
Vorderer Unterer Faselfadsee	47	220	170
Mondsee	160	211	105
Obersee	156	210	16
Grastalsee	75	190	29
Drachensee	74	188	38
Hinterer Unterer Faselfadsee	45	160	123
Schwarzer See	136	155	103
Weißsee	7	154	67
Unterer Blankasee	35	140	108
Oberer Blankasee	34	140	100
Kraspessee	110	137	94
Brechsee	94	126	93
Alkuser See	168	116	18
Unterer Seewiessee	31	106	59
Hundstalsee	112	106	88
Oberer Plenderlesee	79	97	46
Hinterer Oberer Faselfadsee	44	90	90
Grünausee	105	87	19
Gaislacher See	65	87	23
Wannenkarsee	62	83	20
Großer Drei-Seen-See	91	83	69
Grauer See	134	83	83
Steinsee	24	76	42
Vordersee	43	70	35
Wildensee	143	70	14
Unterer Plenderlesee	81	67	48
Hintersee	6	60	20
Mittelberglessee	88	57	22
Wasensee	23	50	20
Ochsensee	162	50	83
Thurner See	172	50	28
Berglersee	68	40	51
Unterer Seekarsee	63	37	19
Barrenlesee	167	33	14
Vorderer Oberer Faselfadsee	46	33	41
Rotfelssee	83	33	37
Gartlsee	170	30	30
Gossenköllesee	84	30	18
Krummer See	92	27	9
Mölser See	97	25	30
Moalandlsee	89	24	14
Mittlerer Wildalpensee	127	22	9
Langer See	116	20	6
Oberer Seewiessee	29	20	14
Nußdorfer See	172	20	10
Schwarzsee ob Sölden	66	18	5
Oberer Spinnsee	21	18	15
Laubkarsee	64	18	14
Junssee	125	16	9
Hirschebensee	82	13	13
Zireiner See	131	12	3
Unterer Spinnsee	22	12	10
Lichtsee	99	11	14
Mittlerer Plenderlesee	80	8	5
Schwarzsee bei Hopfgarten	161	8	4

3.3. Entstehungsweise und Alter von Hochgebirgsseen

Das Alter der Seebecken ist sehr unterschiedlich und vielfach nicht feststellbar. Die ältesten Seen sind sicher jene, welche durch tektonische Formen wie zum Beispiel Gesteinsfalten, Mulden oder durch große Störungen und im Zuge der Bildung der Alpen – vor etwa 30 Millionen Jahren – entstanden sind. Ihre letzte Ausformung haben diese Seebecken jedoch durch die Dynamik der Eiszeitgletscher erhalten.

Die größte Zahl der Hochgebirgsseen entstand erst durch die Gletscherbewegung der Eiszeiten und deren Ablagerungen (Moränen). Eine Reihe von Seen entstand jedoch nacheiszeitlich, bis vor wenigen Jahren – wobei Felsabstürze, Talzuschübe, Muren- und Lawinenabgänge im Wesentlichen zur Bildung führten.

Für das Alter der Fischfauna kann davon ausgegangen werden, dass eine durchgehende Wasserfüllung auch für die ältesten Seen seit maximal 10.000-12.000 Jahren besteht und durch die letzten Gletschervorstöße im 19. Jahrhundert eine große Anzahl höher gelegener Hochgebirgsseen voraussichtlich vereist war. Das Alter der in diesen Seen befindlichen Fischbeständen ist auf etwa 100 bis 150 Jahre begrenzt (H. Müller mündliche Mitteilung).

Nach diesen Ausführungen ist das Alter von Fischbeständen in Hochgebirgsseen mit maximal 10.000-12.000 Jahren einzugrenzen und die Existenz der Fische – soweit keine Einwanderungsmöglichkeiten bestehen oder bestanden – durch Besatzmaßnahmen zu erklären.

3.4. Temperatur, thermische Schichtung und Eisbedeckung

Es geht hier und in den folgenden Unterkapiteln nicht darum, die verfügbare Information über physikalische und chemische Milieufaktoren sowie über die Lebewelt von Hochgebirgsseen zusammenfassend darzustellen oder gar auf die Befunde für die einzelnen Seen einzugehen. Einige grundsätzliche Feststellungen über die Umweltbedingungen, unter denen Fische in Hochgebirgsseen leben, sind aber doch erforderlich und werden im Folgenden in Anlehnung an eine diesbezügliche Darstellung bei Pechlaner (1979) gebracht.

Zum Unterschied von den seichten, nicht ganzjährig mit Wasser gefüllten Kleinseen (von Steinböck (1938) als „temporäre Tümpel“ bezeichnet) gilt für stehende Gewässer des Hochgebirges, in denen Fische leben oder leben können, dass sie ganzjährig durch zwar niedrige, aber eher ausgeglichene Temperaturen gekennzeichnet sind. Es gibt nicht wenige Hochgebirgsseen, die in der eisfreien Zeit eine Temperaturschichtung zeigen, die im Prinzip der von Niederungsseen entspricht. Es bildet sich durch den Wärmegewinn aus direkter Sonneneinstrahlung und erwärmten Zuflusswässern eine relativ warme, vom Wind häufig umgewälzte Oberflächenschicht, die durchaus 12 oder 15, kaum aber 20 °C, erreichen kann. Diese in der gewässerökologischen Fachsprache „Epilimnion“ genannte Schicht reicht in kleinen und windgeschützten Gewässern nur drei bis fünf Meter tief, in größeren und/oder stark windexponierten Seen bis 10 oder 15 Meter Tiefe. Nach unten folgt die so genannte Temperatursprungschicht, in der die Temperatur innerhalb weniger Meter stark abfällt, und darunter liegt ein kalter Wasserkörper, dessen Temperatur zum Unterschied von Niederungsseen meist einige Grade über 4 °C (Dichtemaximum) liegt, der aber den ganzen Sommer über von jedem Kontakt mit der Luft über dem See ausgeschlossen bleibt. Streng genommen wird ein stehendes Gewässer nur dann als „See“ bezeichnet, wenn es in ihm Jahr für Jahr und für längere Zeit zu einer solchen Temperaturschichtung kommt. Kann der Wind dagegen im Sommer das Gewässer immer wieder bis zum Grund umwälzen, so dass sich bis zur Maximaltiefe Temperaturschwankungen ergeben, die mit dem Tagesgang der Sonneneinstrahlung zusammenhängen, so spricht man von einem „perennierenden Tümpel“ (Steinböck, 1938; Turnowsky, 1946). Die von Steinböck (1951, 1955) vertretene Ansicht, Seesaiblinge könnten nur in Seen (im Sinne der limnologischen Fachsprache) vorkommen, da sie Temperaturen von mehr als 15 °C, wie sie sich in einem perennierenden Tümpel in wärmeren Jahren im gesamten Wasserkörper einstellen können, nicht aushalten, ist durch experimentelle Untersuchungen an Seesaiblingen widerlegt worden. Die hohe Temperaturempfindlichkeit des Seesaiblings gilt nur für die Eier; Jungfische sind bereits deutlich weniger empfindlich, erwachsene Tiere tolerieren durchaus Temperaturen von 21 °C auf Dauer (Steiner, 1972).

In der vorliegenden Bestandsaufnahme wird ohne Rücksicht auf die Temperaturschichtungssituation generell von Hochgebirgsseen gesprochen, wie dies der allgemeine Sprachgebrauch nahe legt, zumal eine ausreichende Zahl von Temperaturmessungen, die eine eindeutige Unterscheidung von Seen und perennierenden Tümpeln erlauben würde, für die meisten hier zu besprechenden stehenden Gewässer fehlt.

Wenig Tiefe sowie schattig und/oder sehr hoch gelegene Seen frieren schon im September oder Anfang Oktober zu, bei tieferen Seen kann es Mitte November werden, bis die Eislegung erfolgt. Der Hauptgrund für diese zeitlichen Unterschiede liegen in der Größe des Wasserkörpers bzw. im der Relation zwischen dem Volumen und der Oberfläche der Wassermasse, die der Wind erst dann in der so genannten „Herbstzirkulation" bis zum Grund durchmischen kann, wenn sich die Oberflächenschicht so weit abgekühlt hat, dass die Dichteunterschiede zum tiefsten Wasser nur noch gering sind. Da die Wärmeabgabe nur an der Oberfläche erfolgen kann, dauert die dem Zufrieren vorangehende Abkühlung bei tiefen Seen entsprechend länger. Tiefe Seen frieren nicht nur später zu, sie bleiben auch unter Eis insofern wärmer, als sich nur die obersten Wasserschichten auf 0 °C abkühlen, ehe sich eine Eishaut darüber legt, die Temperatur unter Eis aber mit zunehmendem Abstand von der Eisdecke zunimmt und in der Regel auch in Hochgebirgsseen in zehn und mehr Metern Tiefe den Winter über 4 °C beträgt. Die Eisbedeckung währt in Hochgebirgsseen bis Juni, Juli, eventuell sogar bis in den August. Die Zeit des Eisbruches hängt nicht von der Tiefe des Sees ab, sondern von der Höhenlage, Sonneneinstrahlung und den Zuflussverhältnissen. Schmelzwässer, die in denn eisbedeckten See einströmen, schichten sich nämlich entsprechend ihrer niedrigen Temperatur und Dichte knapp unter der Eisdecke ein und fördern das Abschmelzen umso mehr, je stärker der See durchflossen ist.

Entstehungsweise und Aufbau der aus Klareis, Trübeis, dazwischenliegenden Schneematschlagen und einer mehr oder weniger starken Schneeauflage bestehenden Winterdecke wurden von Pechlaner (1966a) ausführlich beschrieben und vor dem Hintergrund der bis dahin vorliegenden Literatur diskutiert, eine kürzere Darstellung findet sich in der oben erwähnten Publikation (Pechlaner, 1979). Aus fischereilicher Sicht ist wichtig, dass die Dicke der Winterdecke sehr stark mit der Schneehöhe zusammenhängt. Die Winterdecke erreicht in der Regel im April ihre größte Dicke; sie kann für denselben See im einen Jahr 1,0 bis 1,5 Meter, in einem schneereichen Winter hingegen drei Meter und mehr betragen.

3.5. Chemismus

Hier kann und muss nicht auf viele Aspekte im Chemismus von Hochgebirgsseen, die gewässerökologisch wichtig sind, eingegangen werden; für näher Interessierte sei auf diesbezügliche Daten und Erörterungen bei Eppacher (1968), Leutelt-Kipke (1934), Pechlaner (1966a), Pechlaner et al. (1972a) und Turnowsky (1946) verwiesen.

Für die fischereiliche Nutzung von Hochgebirgsseen besonders wichtig ist die Frage der Sauerstoffversorgung, die vor allem in wenig tiefen und schwach durchströmten Seen zum Problem werden kann, weil selbst ein mäßig intensiver Sauerstoffverbrauch durch heterotrophe Mikro- und Makroorganismen zufolge der langen, sieben bis neun Monate währenden Eisbedeckung den vorhandenen Sauerstoffvorrat mehr oder weniger weitgehend aufzehren kann. Seichte „Bachseen" im Sinne von Turnowsky (1946) sind wegen ihrer relativ starken Wassererneuerung diesbezüglich weniger gefährdet als Karseen, Schürfseen oder tektonische Becken mit geringem Durchfluss. Der Schwarzsee ob Sölden (2799 Meter, Nr. 66) scheint unter Eis in tiefen Wasserschichten nicht nur regelmäßig sauerstofffrei zu werden, sondern fallweise Schwefelwasserstoff zu bilden (Pechlaner in Vorbereitung), Psenner & Zapf in Vorbereitung), für die dort lebenden Seesaiblinge verbleibt aber in dem 18 Meter tiefen See ein genügend großer Wasserkörper mit mehr als 50 Prozent Sauerstoffsättigung. Ähnliches gilt für die Bachforellen im Gossenköllesee (2413 Meter, Nr. 84; Eppacher, 1968) und die Seesaiblinge im Mölser See (2238 Meter, Nr. 97; Gutmann, 1962). Während für die in den Hirschebensee eingesetzten Regenbogenforellen Jahr für Jahr das Risiko besteht, ob im dünnen Freiwasserkörper, der in diesem nur 2,9 Meter tiefen See unter der Winterdecke verbleibt, der Sauerstoffgehalt für das Überleben der Fische bis zum Eisbruch ausreicht (Pechlaner, 1966b).

Die Gewässerversauerung, die in Skandinavien und Nordamerika in vielen Seen, vereinzelt aber auch in Gewässern des Bayerischen Waldes zu starkem Abfall des pH-Wertes geführt hat, so dass die Fische zugrunde gingen oder sich zumindest nicht mehr vermehren konnten, scheint für die Hochgebirgsseen der Alpen noch nicht jenes Problem geworden zu sein, das wegen der geringen Pufferkapazität dieser Gewässer zu befürchten war. Es gibt zwar einzelne Seen, deren Säurebindungsvermögen zu gewissen Zeiten im Jahr vollständig erschöpft ist, so dass die pH-Werte auf 5,0 absinken. Für den Schwarzsee ob Sölden (2799 Meter, Nr. 66), aus welchem solche Beobachtungen vorliegen, scheint dies ein zumindest seit vielen Jahrzehnten gegebener Dauerzustand zu sein (Arzet in Vorbereitung), aber kein Hindernis zu bilden, dass sich die Seesaiblinge so stark vermehren, dass es zu einer Übervölkerung bzw. einer durch zu hohe Fischbestandsdichte bedingte Entwicklung extremer „Kümmerformen" kommt.

Im Mutterberger See (2483 Meter, Nr. 103) kommt es als Folge stark erniedrigter pH-Werte zu außergewöhnlich hohen Konzentrationen an gelöstem Aluminium, die zeitweise bereits den für Fischen als toxisch erkannten Grenzwert von 50 mg/m^3 überschreiten. Welche Rückwirkung dies auf den Fischbestand hat – der See ist nach Stolz (1936) im Jahre 1699 mit Fischen besetzt worden, wahrscheinlich mit Bachforellen, wie Heller (1869, 1871) anführt – soll in naher Zukunft untersucht werden.

3.6. Fischnährtiere

Bei Hochgebirgsseen ist hinsichtlich des Angebotes an Fischnährtieren mit sehr großen Unterschieden zu rechnen. Wichtig für die Ernährungssituation sind einerseits die Voraussetzungen für autochthone, im See selbst ablaufende Nährtierproduktion, andererseits die Gegebenheit für allochthonen, von außen stammenden Nährtiereintrag (Anflugnahrung sowie Eindrift von Insektenlarven und anderen wirbellosen Tieren durch Zuflüsse). Über die Produktion von Zooplankton und Bodenfauna lassen sich nur nach entsprechenden Untersuchungen am jeweiligen See fundierte Aussagen machen. An Allgemeingültigem sei immerhin festgehalten, dass in Hochgebirgsseen vor allem die Bodenfauna ihre Hauptentwicklung im Herbst und Winter durchmacht (Bretschko, 1975; Pechlaner et al. 1972a; Wagner, 1975) und daher zu einer Zeit, da Anflug vollständig fehlt und die Eindrift von Fließgewässerorganismen stark eingeschränkt ist, als Fischnährtiere besonders wichtig werden können. Ähnliches gilt für den Kleinkrebs *Cyclops abyssorum tatricus*, der in Hochgebirgsseen meist als einziger Zooplankter vorkommt und der im Spätwinter oder Frühjahr geschlechtsreif wird und von den Fischen als Nahrung genutzt wird (Eppacher, 1968; Pechlaner, 1969; Praptokardiyo, 1979).

Steinböck (1949a) hatte angenommen, dass Fische unter der Winterdecke im wesentlichen hungern, und im Experiment bewiesen, dass Seesaiblinge tatsächlich bis zu 9 ½ Monate hungern können. Schon Steinböck (1955) hatte bald danach diese Ansicht auf Grund späterer Untersuchungen am Schwarzsee ob Sölden revidiert, und neuere Untersuchungen haben klar gezeigt, dass Salmoniden unter Eis sehr wohl Nahrung finden und aufnehmen (Pechlaner, 1969; Pechlaner et al. 1972a; Reimer, 1984, 1985).

3.7. Fische

3.7.1. Geschichtliche Entwicklung der fischereilichen Nutzung

Es liegen aus Tirol nicht nur viele Dokumente vor, die über Besatz und Nutzung von Hochgebirgsseen Aufschluss geben, es gibt auch eine Reihe von Autoren, die sich mit der Aufarbeitung dieser Unterlagen und der Interpretation der gefundenen Aussagen beschäftigt haben (Diem, 1964; Mayr, 1901; Niederwolfsgruber, 1966; Pechlaner, 1966b, 1984b; Stolz, 1936; Unterkircher, 1967). Der interessierte Leser sei auf diese Quellen verwiesen, außerdem wird im Abschnitt 6 auf historische Daten, die über die einzelnen Seen vorliegen, eingegangen.

Erste Dokumente über die Existenz von Fischbeständen in Hochgebirgsseen liegen aus dem späten Mittelalter vor. Unter Erzherzog Sigismund von Tirol („Der Münzreiche“, gestorben 1496) und Kaiser Maximilian I (gestorben 1519) kam es zu intensiven Bemühungen um Einsätze von Bachforellen und Seesaiblingen in Hochgebirgsseen sowie um die Überwachung und Nutzung der sich daraus entwickelnden Fischbestände. Motiv für diese Besatz- und Hegemaßnahmen war einerseits die Freude am Angeln, andererseits eine ziemlich intensive Nutzung der Fischbestände für die Verpflegung der Landesherren und ihres Gefolges bei Jagden in entlegenen Tälern.

Aus den rund 400 Jahren seither gibt es den einen oder anderen Hinweis auf Fischeinsätze in Hochgebirgsseen, auf die Gesamtzahl der Fischseen bezogen war das Interesse an der Pflege und Nutzung solcher Seen jedoch offensichtlich sehr gering. Gründe hiefür dürften einerseits die schwierige Zugänglichkeit der meisten Hochgebirgsseen (bzw. die fehlende Bereitschaft, für Jagd und Fischerei im Hochgebirge größere Strapazen auf sich zu nehmen) gewesen sein, andererseits der Umstand, dass sich in den meisten der Fischseen – wegen des Fehlens natürlicher Feinde bzw. als Folge einer zu geringen Nutzung – Fische zwar in großer Zahl, aber von unattraktiver Größe und Kondition entwickelten. Es fehlte (und fehlt in vielen Fällen bis heute) der Anreiz, in diesen Seen zu fischen, und es war und ist zu wenig bekannt, dass eine für die fischereiliche Nutzung attraktive Bestandsentwicklung durch geeignete Hegemaßnahmen sehr wohl erreichbar ist.

In der allerletzten Zeit ist nicht nur das Interesse an der fischereilichen Nutzung von – vor allem von leicht zugänglichen – Hochgebirgsseen im Zunehmen, es mehren sich auch die Bestrebungen, das fischereiliche Potential solcher Seen unter Berücksichtigung wissenschaftlicher und praktischer Erfahrungen nutzbar zu machen und zu hegen. Die vorliegende Arbeit sollte dazu beitragen, Bemühungen um eine sinnvolle und geordnete fischereiliche Nutzung von Hochgebirgsseen in Tirol zu fördern.

Dieses Bemühen um eine auf adäquate Beurteilungsgrundlagen aufbauende und gut geregelte fischereiliche Nutzung von Hochgebirgsseen Tirols steht erst am Anfang. Dies sei anhand der Bildung und Überwachung von Eigenrevieren von Hochgebirgsseen aufgezeigt.

Nach dem Fischereigesetz für das Land Tirol müsste jeder Hochgebirgssee, der mit dem unterhalb liegenden Fließgewässersystem nicht in einer wenigstens zeitweise zum Ein- und Ausschwimmen von Fischen geeigneten Verbindung steht, zum Eigenrevier erklärt werden, ehe er fischereilich genutzt werden darf. Ein großer Teil der bisher erfassten Seen kommt dafür in Frage.

Nach unseren Erhebungen, wurden aber nur für neun Seen bzw. Seengruppen Eigenreviere gebildet:

1.	Rifflsee (2234 m – Ötztaler Alpen)	ER 8b	Bezirk Imst
2.	Lichtsee (2104 m – Stubaier Alpen)	ER 46b	Bezirk Innsbruck-Land
3.	Wildalpenseen (2028 m – Kitzbühler Alpen)	ER 30	Bezirk Kitzbühel
4.	Alkuser See (2432 m – Schobergruppe)	ER 29	Bezirk Lienz
5.	Neualpl-Seen (2437 m – Schobergruppe)	ER 31	Bezirk Lienz
6.	Obersee (2016 m – Defereggер Gebirge)	ER 33	Bezirk Lienz
7.	Berger See (2182 m – Lasörlinggruppe)	ER 12b	Bezirk Lienz
8.	Gutenbrunner See (2316 m – Schobergruppe)	ER 30	Bezirk Lienz
9.	Raneburger See (2273 m – Venedigergruppe)	ER 32	Bezirk Lienz

3.7.2. Derzeitige Fischbestandssituation

Von den in Tirols Hochgebirgsseen angetroffenen Fischarten gehören 5 (vielleicht 6) Arten der heimischen Fauna an:

- Seesaibling (*Salvelinus alpinus* (Linnaeus, 1758))
- Bachforelle (*Salmo trutta fario* (Linnaeus, 1758))
- Marmorierte Forelle (*Salmo trutta marmoratus* (Cuvier, 1829))
- Rutte (*Lota lota* (Linnaeus, 1758))
- Elritze (*Phoxinus phoxinus* (Linnaeus, 1758))
- Koppe (*Cottus gobio* (Linnaeus, 1758))

Außerdem wurden folgende Salmonidenarten amerikanischer Abstammung registriert:

- Regenbogenforelle (*Salmo gairdnerii* (Richardson, 1836))
- Bachsaibling (*Salvelinus fontinalis* (Mitchill, 1815))
- Kanadasaibling (*Salvelinus namaycush* (Walbaum, 1792))

Hinsichtlich der Fischarten und -bestände werden in den folgenden Unterkapiteln nähere Hinweise gegeben; auf spezifische Verhältnisse in einzelnen Seen wird im Abschnitt 6 eingegangen.

3.7.2.1. SEESAIBLING (*Salvelinus alpinus*) (Abb. F1, F2, F3, F12, F89, F98, F99)

Der Seesaibling ist der hochwertigste Fisch innerhalb unserer Fischfauna. Er ist eine heimische Fischart; seine wirtschaftliche Nutzung war in früherer Zeit (bis vor wenigen Jahrzehnten) hoch entwickelt. Heute sind die ehemals reichen Bestände durch Umwelteinflüsse, aber auch durch fehlerhafte Hege stark reduziert und zum Teil ausgesprochen gefährdet. Der Seesaibling ist ein Schwarmfisch des freien Wassers und findet in Gebirgsseen, aber auch in kalten Niederungsseen normalerweise günstige Lebensräume vor. Auf Grund seiner Anpassung an tiefe Temperaturen, bei welchen diese Fischart noch hervorragend abwachsen kann, seiner Resistenz gegenüber niedrigen Sauerstoffkonzentrationen sowie der Toleranz gegenüber sauren Gewässern hält sich der Seesaibling auch in kleinsten und höchstgelegenen Gebirgsseen ausgesprochen gut. Für Fischeinsätze in Hochgebirgsseen ist er grundsätzlich der prädestinierte Fisch.

Der Seesaibling kommt in verschiedenen Erscheinungsformen vor, welche sich gestaltsmäßig und größenmäßig erheblich unterscheiden. Im Wesentlichen können drei Formen gegeneinander abgegrenzt werden:

- Kleinwüchsige Form: „Kümmersaibling“ oder „Schwarzreuter“ (Abb. F2, F12)
  Typisch für Hochgebirgsseen, aber auch in Niederungsseen teilweise häufig vorkommend; geschlechtsreif bereits ab einer Fischlänge von ca. 12 cm, selten größer als 22 cm; gutes Erkennungsmerkmal: verhältnismäßig großer Kopf.

- Normalwüchsige Form: „Normalsaibling“ (Abb. F1, F98, F99)
  Typische Form der Niederungsseen, teilweise aber auch in Hochgebirgsseen vorkommend; geschlechtsreif ab etwa 22 cm Fischlänge, durchschnittliche Länge erwachsener Fische ca. 30 cm; bildet zumeist sehr starke Schwärme aus.

- Großwüchsige Form: „Wildfangsaibling“ (Abb. F3)
  Vorkommen nur vereinzelt, sowohl in Hochgebirgs- als auch in Niederungsseen; erreicht in unseren Seen Längen bis über 60 cm und ein Gewicht von mehr als sechs Kilogramm. Diese kapitalen Fische bevorzugen die kalten tiefen Regionen der Seen und werden selten gefangen. Über die Lebensweise dieser Seesaiblingsform ist wenig bekannt, es gilt jedoch als sicher, dass der Kapitalwuchs nur auf einzelne, auf Fischnahrung (auch auf Kannibalismus) übergegangene Individuen beschränkt ist.

Die in der Literatur und in Fachkreisen immer wieder diskutierte Frage nach der Entstehung der verschiedenen Wuchsformen wurde vor wenigen Jahren von einem norwegischen Seesaiblingsforscher, Nordeng (1984), dahingehend beantwortet, dass sich die Wuchsformen aus den jeweiligen Entwicklungsbedingungen (vor allem den Ernährungsmöglichkeiten), unter welchen die einzelnen Tiere aufwachsen, ergeben, dass also die Wuchsform nicht genetisch verankert ist. Dies bedeutet, dass kleinwüchsige Formen genauso gut großwüchsige Fische hervorbringen, wie kapitale Formen „Kümmersaiblinge“ in ihrer Nachkommenschaft aufweisen können.

Eine Reihe von Experimenten, unter anderem auch in Hochgebirgsseen durchgeführt, bestärken diese Erkenntnis. Die Frage, welche Umstände spezifisch zur Ausbildung der unterschiedlichen Wuchsformen führen, bedarf jedoch noch einer eingehenden Klärung. Eine elementare Ursache für den verbreiteten Kleinwuchs von Seesaiblingen in Hochgebirgsseen ist sicher das beschränkte Nahrungsangebot, nicht nur im Hinblick auf seine Qualität, sondern auch bezüglich der eingeschränkten Vielfalt der Nährtierarten, gewiss aber auch die Fähigkeit der Seesaiblinge, durch Kleinwuchs auf Mangelsituationen rasch und ökonomisch zu reagieren.

Die Seesaiblingsbestände eines Großteils der bisher erfassten Populationen stellen „alte“ Bestände dar; Einmischungen ausländischer Formen dürften bisher noch nicht erfolgt sein. Es bestehen daher noch gute Aussichten, wenigstens diese Bestände der in den Alpen entstandenen Unterart *Salvelinus alpinus salvelinus* (L.) weiterhin rein zu erhalten und dadurch gutes genetisches Material für die heimische Fischereiwirtschaft bereitzustellen, was in Anbetracht der Gefährdung der Bestände in Niederungsseen für die nächste Zukunft bereits Bedeutung gewinnen kann.

Nach dem gegenwärtigen Erhebungsbestand weisen 24 Hochgebirgsseen Seesaiblingsbestände auf. 21 davon werden von „alten“ Beständen besiedelt, in drei Seen erfolgten Besatzmaßnahmen in den letzten 20 Jahren, wobei die Besatzfische österreichischen Gewässern entstammen. In 18 der 24 bisher erfassten Seesaiblingsseen kommen ausschließlich „Kümmerformen“ vor. Nur in sechs Hochgebirgsseen treten Seesaiblinge auch in anderen Wuchsformen („Normalsaibling“ und „Wildfangsaibling“) auf.

3.7.2.2. BACHFORELLE (*Salmo trutta* f. *fario*) und SEEFORELLE (*Salmo trutta* f. *lacustris*) (Abb. F5, F6)

Bestände reiner heimischer Bach- und Seeforellen sind nur mehr vereinzelt anzutreffen; die Restbestände sind nur mehr in entlegenen Gewässern zu finden.

Für Tiroler Hochgebirgsseen ist nach bisherigem Erhebungsstand nur ein Fall eines nachweislich reinen Bachforellenbestandes bekannt – aus dem Gossenköllesee oberhalb von Kühtai.

Seeforellenbestände heimischen Ursprungs waren bisher nicht eindeutig nachweisbar. Eine einzelne Seeforelle wurde im Rahmen dieser Erhebung aus dem Rifflsee gefangen, ihre Herkunft ist ungeklärt.

Die Bachforelle ist der typische Sportfisch der Gebirgsbäche und kommt dort bis in die höchstgelegenen Regionen vor. Das Vorkommen von Bachforellen in Hochgebirgsseen ist auf Besatzmaßnahmen zurückzuführen. Die bisher in einzelnen Seen angetroffenen Bachforellenbestände sind – von einer Ausnahme abgesehen – „neue" Bestände, ihr Einsatz erfolgte innerhalb der letzten 30 Jahre. Das sich Bachforellen in Hochgebirgsseen gut entwickeln können und kapitale Größen erreichen, beweisen Fänge mehrerer Kilogramm schwerer Bachforellen durch Sportfischer, unter anderem der Fang einer Bachforelle mit 3,7 Kilogramm aus dem ehemaligen Vorderen Finstertaler See (durch Klaus Steiner im Jahre 1970).

Für den Gossenköllesee im Kühtai (2413 Meter, Nr. 84) ist seit langem bekannt, dass dort zwar sehr schön gefärbte, aber relativ kleine Bachforellen vorkommen. Eine gezielte Reduktion des Fischbestandes dieses Sees auf etwa 40 Prozent der Gesamtzahl geschlechtsreifer Bachforellen wirkte sich auf die Weiterentwicklung des Bestandes im Hinblick auf eine fischereiliche Nutzung sehr günstig aus: die sonst kleinwüchsigen Fische wuchsen in relativ kurzer Zeit auf Größen bis zu 35 cm Länge heran und wiesen bald einen guten Ernährungszustand auf (Pechlaner mündliche Mitteilung). Für diesen Bestand ist also bewiesen, dass, ähnlich wie bei den Seesaiblingen, der Kleinwuchs genetisch nicht festgelegt ist und verkümmerte Bestände durch entsprechende Hegemaßnahmen (vor allem ausreichende Befischung) aufgewertet und für fischereiliche Nutzung durchaus wieder attraktiv werden können.

Was beim Seesaibling bezüglich der Erhaltung einer selten gewordenen Unterart in isolierten, nicht durch Nachbesatz mit genetisch fremdem Material „verunreinigten" Hochgebirgsseen gesagt wurde, gilt auch für die Bachforelle. Die dem Schwarzmeer-Einzugsgebiet zugeordnete Bachforellen-Unterart *Salmo trutta labrax* f. *fario* (L.) ist heute in Mitteleuropa schon so stark mit Forellen anderer Herkunft durchmischt, dass jenen Gewässern, in welchen sich diese Unterart der Bachforelle erhalten konnte, besondere Bedeutung zukommt. Hochgebirgsseen eignen sich durch ihre Entlegenheit und Isoliertheit in hervorragender Weise zum Schutz und für die Wiederverbreitung, nachdem sich zeigt, dass die Entwicklungsvoraussetzungen in diesen Lebensräumen gegeben sind.

3.7.2.3. MARMORIERTE FORELLE (*Salmo trutta marmoratus*)

Die marmorierte Forelle ist eine in Etsch und Eisack heimische Unterart aus dem Formenkreis der als Bach-, See-, und Meerforelle auftretenden *Salmo trutta*. Sie wird im Zusammenhang mit dieser Erhebung nur am Rande erwähnt, da ihr Vorkommen in Hochgebirgsseen Tirols bisher nur für den Obersee am Staller Sattel (2016 Meter, Nr. 156) in Betracht zu ziehen wäre – ein gesicherter Nachweis ist jedoch bislang nicht erbracht.

3.7.2.4. RUTTE (*Lota lota*) (Abb. F8)

Die Rutte (auch Trüsche oder Quappe genannt) ist ein dorschartiger Fisch, als solcher ein starker Räuber, der vor allem als „Laichräuber" in unseren Gewässern berüchtigt ist und aus diesem Grund oft als Schädling der Fischerei betrachtet wird. Dieser Fisch besiedelt stehende und fließende Gewässer bis in alpine Regionen.

In Hochgebirgsseen Tirols ist die Rutte bisher nur im Zireiner See nachgewiesen und scheint dort eine bestandsregulierende Funktion auszuüben. Pechlaner (1979) vertritt jedenfalls die Ansicht, dass der Ruttenbestand im Zireiner See die Vermehrung der dort lebenden Fische in einem Gleichgewicht zum Nahrungsangebot hält. Ob die Rutte tatsächlich ein nützlicher Besatzfisch für Hochgebirgsseen ist, muss erst durch entsprechende Experimente geklärt werden. Aus dem Vorkommen in einem einzigen Hochgebirgssee lassen sich keine verlässlichen Aussagen ableiten.

3.7.2.5. ELRITZE (*Phoxinus phoxinus*) (Abb. F9)

Die Elritze (auch Pfrille genannt) ist ein kleiner karpfenartiger Fisch, der in unserem Gewässersystem häufig verbreitet ist und in einigen Niederungsseen überaus starke Schwärme ausbildet. Elritzen können einerseits als Fischnahrung für Salmoniden dienen, andererseits aber auch eine starke Nahrungskonkurrenz für diese darstellen, besonders in Hochgebirgssee, deren Nährtierproduktion ohnehin eingeschränkt ist.

Elritzenbestände sind bisher in etwa einem Dutzend Tiroler Hochgebirgsseen nachgewiesen. Die Herkunft dieser Bestände erklärt sich höchst wahrscheinlich durch die Fischerei mit Elritzen als

Lebendköder. Ein Elritzenbesatz in Hochgebirgsseen ist als Bewirtschaftungsmaßnahme zugunsten einer verbesserten Fischproduktion von Fall zu Fall eingehend zu überlegen, wobei das Risiko möglicher nachteiliger Folgen für die fischereiliche Nutzung einkalkuliert werden muss. Es gibt jedoch Beispiele für eine nützliche Auswirkung von Elritzenbeständen auf die Fischproduktion in drei kleineren Hochgebirgsseen Tirols, dem Lichtsee im Obernbergtal (2104 Meter ü. A.) und den Neualplseen im Debanttal in Osttirol (2438 Meter ü. A.).

3.7.2.6. KOPPE (*Cottus gobio*) (Abb. F10)

Die Koppe (auch Groppe oder Dolm genannt) ist ein kleinwüchsiger stationärer Fisch kälterer Gewässer, der bis in die hochalpinen Regionen vorkommt. Die Koppe ist trotz der geringen Größe (max. 15 cm) ein starker Räuber, besonders in Bezug auf Fischbrut. Andererseits wird dieser Fisch als Beute von Forellen und Saiblingen bevorzugt und stellt in einigen Gewässern die Grundlage für den Kapitalwuchs von Salmoniden dar. In Tiroler Hochgebirgsseen wurde die Koppe bisher nur im Zireiner See (1799 Meter ü. A.) nachgewiesen. Ob ein Einsatz von Koppen in Hochgebirgsseen wünschenswert ist, muss wiederum spezifisch für den einzelnen See entschieden werden.

3.7.2.7. REGENBOGENFORELLE (*Salmo gairdnerii*) (Abb. F7, F11, F91)

Die Regenbogenforelle wurde gegen Ende des 19. Jahrhunderts aus Amerika nach Europa eingeführt und erfolgreich eingebürgert. Gefräßigkeit und schnelles Wachstum prädestinieren diesen Fisch für die Zucht. Nach einer rasanten Entwicklung der Produktion von Besatz- und Speisefischen in zahlreichen Fischzuchten erfuhr die Regenbogenforelle eine überaus starke Verbreitung in unseren Gewässern.

Wie einige in Hochgebirgsseen durchgeführte Besatzexperimente zeigten, wächst die Regenbogenforelle auch in diesen Lebensräumen unerwartet gut ab und kann in relativ kurzer Zeit ein Stückgewicht von drei Kilogramm (Rifflsee 1982) erreichen. Bisher wurden Regenbogenforellenbestände in zwölf Hochgebirgsseen Tirols nachgewiesen. Für all diese Bestände liegen gute bis sehr gute Zuwachsergebnisse vor – eine Vermehrung wurde jedoch bisher nicht festgestellt. Regenbogenforellen treten in starke und erfolgreiche Konkurrenz mit anderen Salmonidenarten, ein Mischbestand wird daher voraussichtlich keine günstigen Bewirtschaftungsergebnisse bringen. Eine Bewirtschaftung von Hochgebirgsseen mit Regenbogenforellen allein kann zu sehr guten Erfolgen führen und auf Grund der voraussichtlich ausbleibenden Vermehrung die Hege erheblich vereinfachen. Der Bestand kann auf das vorhandene Nahrungspotential des jeweiligen Sees abgestimmt werden, und eine Bestandsregulierung kann unschwer erfolgen, da Regenbogenforellen sehr leicht fangbar sind.

3.7.2.8. BACHSAIBLING (*Salvelinus fontinalis*) (Abb. F4, F93)

Der Bachsaibling wurde zum selben Zeitpunkt wie die Regenbogenforelle aus Nordamerika nach Europa eingeführt und in unsere Gewässer eingebürgert, jedoch bei weitem nicht im selben Ausmaß. Bachsaiblinge sind überaus starke Räuber und ähnlich wie Regenbogenforellen starke Konkurrenten für andere Salmonidenarten.

Bisher sind in Tirol drei Hochgebirgsseen mit Bachsaiblingsbeständen bekannt. Diese Vorkommen sind auf wenige Jahre zurückliegende Besatzaktivitäten zurückführbar. Das beste Zuwachsergebnis liegt aus dem Rifflsee im Pitztal (2232 Meter, Nr. 87) vor, wo nach zwei Jahren ein Fischzuwachs bis zu einem Kilogramm erreicht wurde. Dieses Zuwachsergebnis sowie der außerordentlich gute Ernährungszustand finden nur schwer einen Vergleich, auch aus produktiven Niederungsgewässern sind derartige Wachstumsleistungen nicht bekannt.

Obwohl eine Vermehrung der Bachsaiblinge in diesen drei Hochgebirgsseen bisher nicht nachweisbar war, kann diese nicht ausgeschlossen werden. Pechlaner berichtet (mündliche Mitteilung) über eine sehr starke Vermehrung von kleinwüchsigen Bachsaiblingen im Kapellersee im Montafon. In Einzelfällen wird im Falle einer Bewirtschaftung von Hochgebirgsseen mit Bachsaiblingen von Zeit zu Zeit eine Bestandsreduzierung notwendig sein, um eine Bestandsverkümmerung zu vermeiden. Die übrigen guten Ergebnisse, welche mit einem Bachsaiblingsbesatz in Hochgebirgsseen erzielt wurden, lassen diesen Fisch jedenfalls als viel versprechenden Besatzfisch für Hochgebirgsseen erscheinen.

3.7.2.9. KANADASAIBLING (*Salvelinus namaycush*)

Der Kanadasaibling kann – wie Regenbogenforelle und Bachsaibling – nicht zur heimischen Fischfauna gezählt werden. Seine Einfuhr und Einbürgerung aus Amerika nach Europa erfolgte erst vor etwa 30 Jahren, und seine Verbreitung ist vorläufig sehr begrenzt.

Der Einsatz dieser Fische in einem Tiroler Hochgebirgssee, dem Drachensee in der Mieminger Kette (1874 Meter, Nr. 74), erfolgte durch Pechlaner (im Jahr 1976) zu Versuchszwecken. Bisher liegen nur Erfahrungswerte aus diesem einzelnen See vor. Auf diese Erfahrung wird in Abschnitt 6 näher eingegangen.

3.7.3. Möglichkeiten künftiger fischereilicher Nutzung

Von den 65 Hochgebirgsseen, die in Abschnitt 6 näher behandelt sind, weisen 34, also etwa die Hälfte, bereits einen Fischbestand auf. Von den restlichen 116 der durchnummerierten Seen lässt sich teils aus publizierten, teils aus mündlich erfragten Informationen sagen, dass 25 von ihnen sicher einen Fischbestand aufweisen, und 9 sehr wahrscheinlich fischlos sind (siehe Abschnitt 5). Insgesamt ergibt sich daraus das Bild, dass derzeit für 94 (52 %) der Hochgebirgsseen, die eine Fläche von 0,8 Hektar oder mehr aufweisen, Aussagen über das Vorkommen oder Fehlen eines Fischbestandes gemacht werden können, wobei fast zwei Drittel dieser Seen (59 %) bereits einen Fischbestand aufweisen.

Genauere Angaben darüber, wann die betreffenden Fische eingesetzt wurden, lassen sich nur für einen Teil dieser Fischbestände machen, doch kann als grobe Schätzung gelten, dass je ein Drittel der bisher nachgewiesenen Fischbestände aus Einsätzen im ausgehenden Mittelalter, aus neuzeitlichen Einsätzen vor mehr als 30 Jahren und aus Einsätzen innerhalb der letzten 30 Jahre zurückzuführen sind.

Von den „alten", auf Einsätze im Mittelalter (vor allem im 14. und 15. Jahrhundert) zurückliegenden Fischbeständen werden die meisten von Seesaiblingen gebildet, einzig der Gossenköllesee ist aus dieser Zeit mit Bachforellen bestockt. Fast alle dieser Salmonidenbestände sind durch Übervölkerung verkümmert und erfordern zu ihrer Sanierung eine drastische Bestandsregulierung durch intensive Befischung, und laufende Hegemaßnahmen, die einer weiteren Überbevölkerung entgegenwirken.

Von den Fischbeständen, die auf Einsätze innerhalb der letzten 30 Jahre zurückgehen, weisen einige gute bis hervorragende Entwicklungen auf und beweisen, dass eine fischereiliche Bewirtschaftung von Hochgebirgsseen bis in die höchsten Regionen viel versprechend ist. Aber auch bei neueren Fischbeständen kam es teilweise in relativ kurzer Zeit zu Überbevölkerung, denen es entgegenzuwirken gilt.

Eine fischereiliche Nutzung von Hochgebirgsseen soll sich jedoch nicht nur auf die Ausübung der Sport- und Erholungsfischerei beschränken. Einen sehr hohen Stellenwert sollte auch eine fischereiwirtschaftliche Nutzung im Sinne einer Gewinnung von Eimaterial für die Fischzucht einnehmen. Eine Reihe von Seen kann für die Laichfischbewirtschaftung herangezogen werden. Dies würde bedeuten, dass ein wesentlicher und stetig zunehmender Bedarf an hochwertigstem genetischem Material für die Aufzucht wichtiger Wirtschaftsfische abgedeckt werden kann.

Es bestehen im Hochgebirge einzigartige Möglichkeiten selten gewordene, oder der Gefahr des Ausstrebens preisgegebene heimische Fischformen wiederzuvermehren, die Bestände zu hegen und ein bedeutendes Reservoir an Material für die Fischzucht verfügbar zu haben. Ein besondere Attraktion und Chance für die allgemeine Fischereiwirtschaft ergibt sich aus Beobachtungen über Sommerlaichzeiten in Hochgebirgsseen. Der Bezug von Eimaterial aus Hochgebirgsseen von mehr oder weniger einheitlichen sommerlaichenden Forellen und Saiblingen wäre fischzüchterisch von großer Bedeutung. Dieses Laichverhalten wurde bereits im mehreren Hochgebirgsseen nachgewiesen und aktualisiert eine künftige Nutzung von Hochgebirgsseen in besonderem Maße.

Im Wasensee (2402 Meter, Nr. 23) wurde bei Regenbogenforellen eine „Laichrückhaltung" festgestellt. Die Beobachtungen zeigten, dass durch dieses Phänomen ein Fischsterben ausgelöst wurde, dem nahezu alle Rogner zum Opfer fielen. Durch rechtzeitige Laichgewinnung könnten einerseits die Rogner am Leben erhalten und in den See zurückgesetzt werden, andererseits kann eine beträchtliche Menge an hochwertigstem Eimaterial für Fischzuchten und den Besatz für dieses und andere Gewässer gewonnen werden.

Schließlich sei noch festgehalten, dass die „Speisefischqualität" der sich in Hochgebirgsseen entwickelnden Fische außerordentlich hoch ist als Folge des sauberen Wassers, der hochwertigen, durch Schadstoffe unbelasteten Naturnahrung, des weitgehenden Fehlens von Parasiten und Krankheiten sowie eines ausgeglichenen Wachstumsverlaufes bei den relativ tiefen Temperaturen.

4. RECHTSGRUNDLAGEN FÜR FISCHEREILICHE HEGE UND NUTZUNG IN TIROL

(Beitrag von Dr. Bernd Stampfer)

4.1. Grundlegung

In der österreichischen Rechtsordnung findet sich eine Reihe von Bundes- und Landesrechtsvorschriften, die mehr oder weniger Bezug zur Fischerei haben. Es handelt sich dabei sowohl um zivilrechtliche als auch um strafrechtliche und vor allem um verwaltungsrechtliche Vorschriften. Selbst dann, wenn man noch keine rechtspolitischen Überlegungen anstellt, sondern nur die Rechtslage darstellen will, dürfen auch die verfassungsrechtlichen Vorschriften zumindest nicht außer Acht gelassen werden. In erster Linie kommen dabei die Bestimmungen über die Verteilung der Gesetzgebungs- und Vollzugskompetenzen auf Bund und Länder und die Bestimmungen über die Grundrechte, insbesondere das Recht auf Unverletzlichkeit des Eigentums und das Recht auf Freiheit der Erwerbstätigkeit in Frage.

Im vorliegenden Zusammenhang geht es nicht um eine umfassende Darstellung möglichst aller relevanten Rechtsvorschriften. Zweck der folgenden Ausführung ist die Untersuchung inwieweit die geltenden Rechtsvorschriften eine den Untersuchungsergebnissen und Bewirtschaftungsvorschlägen entsprechende Fischereiwirtschaft in Hochgebirgsseen gewährleisten können. Durch diese Zweckrichtung wird der Umfang der zu untersuchenden Rechtsvorschriften wesentlich eingeengt. Im Hinblick auf die Art der vorliegenden Studie erscheint auch eine Beschränkung auf die wichtigsten und – soweit es um landesrechtliche Vorschriften geht – auf Tiroler Rechtsvorschriften gerechtfertigt. Im Mittelpunkt des Interesses stehen dabei die Vorschriften betreffend die Fischereiwirtschaft als gezielte Bewirtschaftung der Fischgewässer. Es geht somit um das zentrale Problem einer Ordnung der Fischereiwirtschaft, schon im Hinblick auf den Bestand als auch im Hinblick auf die Nutzung der Fische[1)].

Schwergewichtig finden sich die diesbezüglichen Regelungen in den Fischereigesetzen der Länder – in Tirol im Fischereigesetz 1952 (FiG 1952)[2)] und der Durchführung zu diesem Gesetz erlassenen Durchführungsverordnung zum Fischereigesetz 1952 (DVzFiG 1952)[3)].

Die Fischerei (Fischfang) ist an sich eine Gewässernutzung, wie zum Beispiel auch die Schifffahrt, die Wasserkraftnutzung, die Wasserversorgungsnutzung und andere. Ähnlich wie bei der Schifffahrt erfolgt die Regelung der Fischerei in der österreichischen Rechtstradition außerhalb des die Nutzung der Gewässer sonst regelnden Wasserrechtes. Nichtsdestotrotz enthält das (Bundes-) Wasserrechtsgesetz 1959 (WRG 1959)[4)] für die Fischerei bedeutsame Bestimmungen, insbesondere auch über die Konkurrenz von fischereiwirtschaftlicher und sonstiger Gewässernutzung.

Die Fischereiwirtschaft ist eine unmittelbare Nutzung der natürlichen Umwelt. Die hier als Fischgewässer speziell interessierenden Hochgebirgsseen stellen gegen menschliche Eingriffe empfindliche Ökosysteme dar. Eine fischereiwirtschaftliche Nutzung muss sich daher der ökologischen Rahmenbedingungen und der natur- und umweltschützerischen Bedeutung der Hochgebirgsseen sehr wohl bewusst sein. Einschlägige Rechtsvorschriften zum Schutze der Gewässer und damit auch der Hochgebirgsseen beinhalten – neben dem bereits erwähnten Wasserrechtsgesetz 1959 – vor allem die Natur- und Landschaftsschutzgesetze der Länder – in Tirol das Tiroler Naturschutzgesetz (TNatSchG)[5)].

Da die fischereiwirtschaftliche Nutzung der Hochgebirgsseen doch auch volkswirtschaftliche Bedeutung in Richtung Ernährungssicherung haben kann, sei noch auf diesbezügliche Rechtsvorschriften hingewiesen. Nicht besonders betont werden muss, dass dafür schon die Regelung des Fischereiwesens durch das FiG 1952 von grundlegendem Einfluss ist. Soweit die Ernährungssicherung angesprochen ist, stellt das Lebensmittelrecht, insbesondere das Lebensmittelgesetz 1975, Anforderungen zum Schutze der menschlichen Gesundheit an die Qualität der Fische als Lebensmittel. Vorschriften betreffend die Bewirtschaftung der Fischprodukte, wie sie etwa für bestimmte landwirtschaftliche Pflanzen- und Tierprodukte mit den (Agrar-) Marktordnungsgesetzen oder dem Lebensmittelbewirtschaftungsgesetz getroffen worden sind, gibt es allerdings nicht.

Auf das Fischereiwesen und die Fischereiwirtschaft nicht anwendbar sind die Bestimmungen der Gewerbeordnung 1973 (GewO 1973); selbst dann nicht, wenn die Fischproduktion ansonsten alle Merkmale einer gewerblichen Tätigkeit aufweist. Dies deshalb, weil die Fischerei zur landwirtschaftlichen Urproduktion zählt und diese schon kompetenzrechtlich nicht von den „Angelegenheiten des Gewerbes und der Industrie“ (Art. 10 Abs. 1 Z. 8 Bundes-Verfassungsgesetz) erfasst wird. Wohl aber ist etwa der nicht mehr zur Fischereiwirtschaft gehörende Handel mit Fischprodukten den Bestimmungen der GewO 1973 unterworfen.

In der Folge sollen die für die Fischereiwirtschaft in Hochgebirgsseen wichtigsten Rechtsvorschriften näher dargestellt werden, und zwar das (Tiroler) Fischereigesetz 1952 (FiG 1952), das (Bundes-) Wasserrechtsgesetz 1959 (WRG 1959) und das Tiroler Naturschutzgesetz (TNatSchG).

4.2. Fischereigesetz 1952

4.2.1. Einleitung

Die zentrale Bedeutung des Fischereigesetzes 1952 drückt sich nicht nur in der Bezeichnung aus, es regelt auch die grundlegenden Bereiche der Fischereiwirtschaft.

4.2.2. Fischereirecht

Das „Fischereirecht" ist nach § 1 Abs. 1 FiG 1952 „die ausschließliche Berechtigung, in jenem Wasser auf welches sich das Recht räumlich erstreckt (Fischwasser), Fische (Klasse Pisces), Krebse (Klasse Crustacea), Muscheln (Klasse Lamellibranchiata) zu fangen und zu hegen". Die für die Fischerei und die Fische im Allgemeinen geltenden Vorschriften des Fischereigesetzes 1952 gelten daher auch sinngemäß für die anderen genannten Wassertiere[6)]. In einem eingeschränkten Ausmaß umfasst das Fischereirecht auch die ausschließliche Berechtigung zum Fang von Fröschen in Fischwässern[7)8)].

Für die Ordnung der fischerei(wirtschaft)lichen Nutzung der Gewässer ganz allgemein und der Hochgebirgsseen im speziellen von Bedeutung ist die Frage nach dem Fischereiberechtigten – umgangssprachlich dem Eigentümer der Fischerei. § 2 Abs. 1 FiG 1952 bestimmt, dass das Fischereirecht an einem nicht im Eigentum des Fischereiberechtigten stehenden Gewässers als Grunddienstbarkeit zu behandeln ist, wenn es mit dem Eigentum an einer Liegenschaft verbunden ist, sonst als unregelmäßige, allenfalls veräußerliche und vererbliche Grunddienstbarkeit.

Diese Bestimmung geht grundsätzlich davon aus, dass das Recht zu fischen ein aus dem Eigentum(srecht) an einem Gewässer erfließendes Recht ist. Die Bestimmungen über das Eigentum(srecht) an den Gewässern enthalten die §§ 1 bis 3 WRG 1959. Danach sind die Gewässer entweder öffentliche oder private. Die öffentlichen Gewässer bilden einen Teil des öffentlichen Gutes im Sinne des § 287 Allgemeines Bürgerliches Gesetzbuch und stehen daher dem Gemeingebrauch offen[9)]. In den erwähnten Paragraphen des Wasserrechtsgesetzes 1959 finden sich auch Bestimmungen darüber, wann ein öffentliches Gewässer vorliegt und wann ein privates Gewässer gegeben ist, und über den Eigentümer[10)].

Ansonsten ist das Fischereirecht eine Dienstbarkeit, das heißt der – ursprünglich fischereiberechtigte – Gewässereigentümer ist verbunden, das Fischen durch eine andere – nunmehr fischereiberechtigte – Person zu dulden. Beim Fischereirecht als Grunddienstbarkeit sind die zwei im Gesetz selbst erwähnten Arten zu unterscheiden, auf die hier nicht näher eingegangen zu werden braucht.

Das Fischereirecht ist ein privates Recht. § 2 Abs. 2 FiG 1952 bestimmt daher, dass „zur Entscheidung von Streitigkeiten über den Erwerb und Besitz ... die ordentlichen Gerichte" – also die Zivilgerichte – zuständig sind. Das hindert das Fischereigesetz 1952 aber nicht aus Gründen des öffentlichen Interesses am Fischereiwesen auch Bestimmungen über die Zuweisung von Fischgewässern und über die Gestaltung der Zerlegung von Fischereirechten zu treffen. Die Zuweisung von Fischereirechten, wie sie § 4 FiG 1952 im Zusammenhang mit der Aufhebung des freien Fischfanges vornimmt, hat heute wohl keine praktische Bedeutung mehr. Anders ist dies bei den Bestimmungen des § 5 FiG 1952 über die „Folgen der Änderung eines Wasserlaufes", worunter natürliche und künstliche Änderungen zu verstehen sind. Diese sehen eine rechtsgestaltende Zuweisung durch die Bezirksverwaltungsbehörde vor, das heißt das Fischereirecht wird erst durch diese behördliche Zuweisung erworben. Diese Zuweisung hat an die Fischereiberechtigten vor der Änderung des Wasserlaufes zu erfolgen. Fischereirechte dürfen gemäß § 7 FiG 1952 ohne Bewilligung der Landesregierung nicht weiter zerlegt werden. Dieses Aufsichtsinstrument ist allerdings auf die Zerlegung von Fischereirechten an den in Fischereireviere einbezogenen Gewässern beschränkt.

Gemäß § 1 Abs. 1 FiG 1952 können Fischereirechte nur durch Eintragung in das Grundbuch übertragen und erworben werden. Diese Bestimmung dient der Klarstellung der für die Begründung von dinglichen Rechten – und dazu zählen das Eigentum und die Dienstbarkeit – an Liegenschaften durch das Allgemeine Bürgerliche Gesetzbuch aufgestellten Vorschriften[12)].

Nach der Formulierung des Fischereigesetzes müsste auch dann das Fischereirecht ausdrücklich im Grundbuch eingetragen sein, wenn es dem Gewässereigentümer zusteht. Das ist aber sicherlich nicht zutreffend, da das Fischereirecht sich in diesem Falle als Ausfluss des Eigentum(srechtes) und nicht als selbständiges – vom Eigentumsrecht abgespaltenes – Recht, wie die (Grund-) Dienstbarkeit, darstellt.

4.2.3. Ausübung des Fischereirechtes

4.2.3.1. EINLEITUNG

Die Regelungen über die Ausübung der Fischerei können grob in drei große Maßnahmenbereiche eingeteilt werden:

- Bewirtschaftungsmaßnahmen
- Fischereipolizeiliche Vorschriften
- Aufsichtsmaßnahmen

Die Bewirtschaftungsmaßnahmen zählen zu den Maßnahmen staatlicher (Wirtschafts-) Lenkung. Charakteristisch ist das Anknüpfen an den vom einzelnen Fischereiausübungsberechtigten gestalteten Ablauf der Fischereiwirtschaft. Das Verhalten der Fischereiausübungsberechtigten soll in einem bestimmten Sinne – etwa im Sinne einer ordnungsgemäßen fischereiwirtschaftlichen Bewirtschaftung – gesteuert werden. Lenkungsgegenstand ist das Wirtschaftsgut „Fisch", vor allem hinsichtlich Art und Menge.

Polizeiliche Maßnahmen dienen dem Schutz des Allgemeinwohls vor Gefahren; fischereipolizeiliche Maßnahmen der Abwehr von speziell dem Fischereiwesen drohenden Gefahren. Das setzt voraus, dass der Schutz des Fischereiwesens als im öffentlichen Interesse gelegenen angesehen wird. Veraltungspolizeiliche und damit auch fischereipolizeiliche Maßnahmen können nach der Rechtssprechung des Verfassungsgerichtshofes über die reine Gefahrenabwehr (prohibitive Polizei) hinausgehen und sogar vorzugsweise den Zweck der Förderung des einzelnen und des Gemeinschaftslebens verfolgen (konstruktive Polizei). Im Gegensatz zu den Lenkungs-(Bewirtschaftungs-)Maßnahmen überlassen sie den fischereibetrieblichen Ablauf grundsätzlich der freien Disposition des Fischerei(ausübungs)berechtigten.

Nicht nur um die Abwehr fischereibetriebsspezifischer Gefahren, sondern auch um die Erhaltung der Funktionsfähigkeit des Fischereibetriebes im Hinblick auf die volkswirtschaftliche Bedeutung der Fischereiwirtschaft geht es bei der fischereibehördlichen (Wirtschafts-)Aufsicht. Die betrieblichen Entscheidungen verbleiben bei dieser gleichfalls grundsätzlich dem Fischerei(ausübungs)berechtigten.

Die eindeutige Abgrenzung der einzelnen Maßnahmenbereiche ist allerdings nicht immer möglich, da sie sich weitgehend derselben Instrumente, wie Ge- oder Verboten, Genehmigungs-(Bewilligungs-)Vorbehalten, Kontrollbefugnissen usw., bedienen. Oft ist daher nur eine schwergewichtige (überwiegende) Zuordnung erreichbar. Dieser Vorbehalt gilt ausdrücklich auch für die folgende Systematik in der Darstellung der hier interessierenden Rechtsvorschriften des Fischereigesetzes 1952.

4.2.3.2. BEWIRTSCHAFTUNGSMAßNAHMEN

Bewirtschaftungs-(Lenkungs-)Maßnahmen beinhalten vor allem die Vorschriften über die „Einrichtung des Fischereibetriebes in den Gewässern". Angesprochen sind dabei insbesondere die Bestimmungen betreffend die Revierbildung und betreffend die Revierbewirtschaftung.

Von der Landesregierung sind gemäß § 9 FiG 1952 „die Gewässer, einschließlich der im Zuge derselben befindlichen Mühlgänge und sonstigen künstlichen Gerinne, Altwässer und Ausstände, welche mit den ersteren auch nur periodisch in einer zum Wechsel der Fische geeigneten Verbindung stehen, nach Anhörung der Fischereiberechtigten in Fischereireviere (Eigen- oder Pachtreviere) nach Maßgabe der nachfolgenden näheren Bestimmungen einzuteilen". Jedes (Fischerei-) Revier „soll eine ununterbrochene Wasserstrecke oder Wasserfläche samt den etwaigen Altwässern und Ausständen umfassen, welche die nachhaltige Hege eines der Beschaffenheit des Gewässers angemessenen Fischbestandes und eine ordentliche Bewirtschaftung des Reviers überhaupt zulässt. Zu unterbleiben hat die Revierbildung für jene Gewässer, „welche nach ihrer ständigen Beschaffenheit für keinen Zweig der Fischerei von Belang sind". Nicht in Reviere einzubeziehen sind gleichfalls „Teiche", das heißt „Anlagen, ... in denen das Wasser aus den Niederschlägen oder Zuflüssen in einem hiezu hergestellten Behälter gesammelt ist". Damit unterliegen diese auch nicht den weiteren Bestimmungen des FiG 1952[13)].

Die Gewässer (Fischgewässer) zerfallen somit in drei Arten und zwar in:

- Fischereireviergewässer (Eigen- oder Pachtreviere)
- Fischereiwirtschaftlich belanglose Gewässer
- Teiche

Im Zentrum der Regelungen des Fischereigesetzes 1952 steht die Regelung der Fischerei in den Fischereireviergewässern. Die Errichtung eines Fischereibetriebes in den nicht in ein Fischereirevier einbezogenen Gewässern bleibt dem Fischereiberechtigten „unter Beachtung der allgemeinen fischereipolizeilichen Vorschriften" lediglich „anheimgestellt" – so ausdrücklich § 30 FiG 1952. Ein Bewirtschaftungsgebot besteht für diese Fischwässer somit nicht.

Die Vorschriften über die Bildung von Fischereirevieren sind vom Grundsatz der nachhaltigen Hege eines der Beschaffenheit des Gewässers angemessenen Fischbestandes und der ordentlichen Bewirtschaftung getragen. Wagt man eine – zweifellos grobe – Zuordnung zu den in der Umweltschutzdiskussion weithin als „Gegner" angesehenen Bereichen Ökonomie und Ökologie, so könnte man den ersten als ökologischen Grundsatz und den zweiten als ökonomischen Grundsatz bezeichnen. Bemerkenswert ist, dass der Gesetzgeber und zwar bereits der Landesgesetzgeber des Jahres 1925[14)], zwischen beiden Grundsätzen zumindest keinen generell-abstrakten Gegensatz gesehen hat[15)]. Vielmehr ging er davon aus, dass nur die Nachhaltigkeit[16)] der Hege auch eine ordentliche Bewirtschaftung ermögliche, oder andersrum, dass eine ordentliche Bewirtschaftung eine nachhaltige Hege voraussetze. In der Folge soll daher vom ökologisch-ökonomischen Grundsatz als einem Grundsatz gesprochen werden.

Der ökologische Grundgedanke zeigt sich übrigens noch in einer Detailregelung, nämlich darin, dass die Hege eines der Beschaffenheit des Gewässers angemessenen Fischbestandes möglich sein muß[17)], womit das Gewässer als Umwelt des Fisches angesprochen ist. Dies in zweierlei Hinsicht: Einerseits sind damit die Fischarten, die gehegt werden dürfen, gemeint. Das schließt nicht unbedingt den Besatz mit nicht-einheimischen (landesfremden) Fischarten aus, wohl aber den Besatz mit im Hinblick auf die Beschaffenheit des Gewässers ungeeigneten Fischen. Andererseits ist darunter auch die Besatzdichte des Fischbestandes zu verstehen, etwa im Sinne des Verbotes einer Über- oder Unterhege.

Den ökologisch-ökonomischen Grundsatz hat die Landesregierung ausdrücklich zwar nur bei der Bildung von Fischereirevieren zu beachten. Wie noch gezeigt wird, ist er jedoch für die gesamte Regelung des Fischereiwesens von grundlegender Bedeutung.

Die Fischereireviere sollen eine ununterbrochene Wasserstrecke oder Wasserfläche umfassen. Ob diese Formulierung auch die Zusammenfassung nicht zusammenhängender Wasserstrecken oder Wasserflächen zu einem Revier zulässt, ist zumindest fraglich. Es sollte dies aber auf alle Fälle wohl doch die Ausnahme sein. Zu klären gilt es noch, wann eine ununterbrochene Wasserstrecke oder Wasserfläche vorliegt. Im selben Paragraphen spricht das Fischereigesetz 1952 von bestimmten Gewässer(Type)n, welche mit den (eigentlichen) Gewässern „auch nur periodisch in einer zum Wechsel der Fische geeigneten Verbindung stehen". Das ist aber zweifellos auch der Sinngehalt des Ununterbrochenseins im Sinne der gegenständlichen Bestimmung. Auch entspricht dies dem bei der Bildung eines Fischereireviers in erster Linie zu beachtenden ökologisch-ökonomischen Grundsatz. Die Unterbrechung kann aber auch rechtlicher Natur sein. Wenn etwa in einer faktisch ununterbrochenen Wasserstrecke, für die ansonsten ein (genossenschaftliches) Pachtrevier gebildet würde, ein Eigenrevier „eingeschoben" ist, womit dann zwei Pachtreviere zu bilden sind.

Das Fischereigesetz 1952 unterscheidet einerseits Eigenreviere und andererseits Pachtreviere. Unterscheidungskriterium sind die (Besitz-) Verhältnisse hinsichtlich des Fischereirechtes an einem Gewässer mit Reviereignung. Steht das Fischereirecht an einem Gewässer mit Reviereignung einer Person oder ungeteilt mehreren Personen zu, so ist dieses Fischwasser als Eigenrevier anzuerkennen, andernfalls ist ein Pachtrevier zu bilden.

Eigenreviere sind genauso genommen von der Landesregierung nicht zu bilden, sondern gemäß § 11 Abs. 1 FiG 1952 auf Antrag des Fischereiberechtigten „anzuerkennen", wenn ein fließendes oder stehendes Gewässer, hinsichtlich dessen nur ein Fischereirevier besteht, vorliegt und die allgemeinen Voraussetzungen für die Revierbildung gegeben sind. Ist das Gewässer hierzu geeignet, so kann der Fischereiberechtigte auch dessen Unterteilung in mehrere Eigenreviere beanspruchen. Das Bewirtschaftungsgebot für Fischereireviere wird besonders auch in der Bestimmung über die Einbeziehung von Gewässer(strecke)n in Eigenrevieren deutlich. Gemäß § 12 Abs. 1 FiG 1952 ist der Besitzer eines Eigenreviers verpflichtet, „über Auftrag der Landesregierung auch jene benachbarter Fischwässer in sein Revier aufzunehmen und mit demselben zu bewirtschaften, welche für sich allein weder ein Eigenrevier noch mit Rücksicht auf ihre Lage den Bestandteil eines zusammengelegten (Pacht-) Reviers (§ 14) zu bilden geeignet sind[18].

Aus den übrigen Wasserstrecken sind „zusammengelegte Reviere (Pachtreviere)" zu bilden. Der Ausdruck Pachtrevier deutet daraufhin, dass diese Reviere regelmäßig zu verpachten sind. Ansonsten ist diese Bezeichnung nicht glücklich; besser sollte vom Genossenschaftsrevier[19] gesprochen werden, da es sich hinsichtlich der betroffenen Fischereiberechtigten – und damit auch des Unterscheidungskriteriums – um eine gesetzliche Zwangsgenossenschaft handelt. Wie bereits angedeutet, sind die (genossenschaftlichen) Pachtreviere zu verpachten und zwar interessanterweise durch die Bezirksverwaltungsbehörde. Das Pachtrevier hat „tunlichst" den allgemeinen Anforderungen an ein Fischereirevier zu entsprechen. Tunlichst deshalb, weil es zwar rechtlich den allgemeinen Anforderungen zu entsprechen hätte, dies tatsächlich aber nicht immer möglich ist. Das heißt ein „Gewässerrest" einer tatsächlich ununterbrochenen Gewässerstrecke – also etwa nach Abzug der Eigenreviere – ist auch dann zu einem Pachtrevier zusammenzufassen, wenn er zwar die allgemeinen Erfordernisse im Sinne des ökologisch-ökonomischen Grundsatzes nicht erfüllt, aber auch nach seiner ständigen Beschaffenheit noch nicht für den Zweig der Fischerei ohne Belang ist. Im Zusammenhang mit den hier besonders interessierenden Hochgebirgsseen, ist noch die Vorschrift des § 14 Abs. 2 FiG 1952 zu erwähnen. Wonach von der Einbeziehung in Pachtreviere jene Gewässerstrecken ausgenommen sind, „welche in ein als Eigenrevier anerkanntes stehendes Gewässer münden" – allerdings nur insoweit, „als deren Bewirtschaftung auf die Bewirtschaftung des Sees ... selbst von Einfluss ist und die Besitzer der Fischereirechte in diesen Strecken zugleich auch in dem stehenden Gewässer ein Fischereirecht haben".

Bei der Landesregierung und bei den Bezirksverwaltungsbehörden werden so genannte Fischereirevierkataster geführt[20]. Aus ihnen sind „sämtliche Eigen- und Pachtreviere und die betreffenden Fischereiberechtigten" ersichtlich[20]. Die „Evidenthaltung der jeweilig bestehenden Fischereirechte, der Besitzer bzw. Pächter, ..." obliegt den Fischereirevierausschüssen[21]. Aus diesen Verzeichnissen sind somit die Rahmen der gegenständlichen Studie interessierenden privatrechtlichen und öffentlich-rechtlichen Rechtsverhältnisse betreffend die Fischerei an Hochgebirgsseen ersichtlich.

Das Fischereigesetz 1952 bestimmt aber nicht nur, nach welchen Grundsätzen Fischereireviere als Grundlage der Bewirtschaftung zu bilden sind, sondern auch wie die Bewirtschaftung selbst zu erfolgen hat. Die Grundrichtung für diese Regelungen ergibt sich bereits aus den dargelegten Bestimmungen über die Bildung der Fischereireviere – deren Zweck ja gerade die Ermöglichung einer ökologisch und ökonomisch entsprechenden Bewirtschaftung ist. Auffallend ist, dass eigenen Vorschriften über die Revierbewirtschaftung bezüglich der Eigenreviere und bezüglich der Pachtreviere bestehen. Ob und allenfalls welche unterschiedlichen Folgen sich daraus ergeben, bleibt noch zu klären.

Der Besitzer eines Eigenreviers – gleiches gilt für den Pächter – ist gemäß § 13 FiG 1952 jedenfalls „verpflichtet, beim Fischereibetrieb nicht nur die Verbote des Fischereigesetztes und der Vollzugsvorschriften einzuhalten, sondern auch den unbedingten Erfordernissen einer ordentlichen Bewirtschaftung zu entsprechen und insbesondere jene unstatthafte Verunreinigung des Fischwassers zu vermeiden", „insbesondere sind die Vorschriften der Landesregierung hinsichtlich des Besatzes der Gewässer genau einzuhalten". Unter einer ordentlichen Bewirtschaftung im Sinne dieser Gesetzesstelle kann aber nur eine dem ökologisch-ökonomischen Grundsatz entsprechende Bewirtschaftung verstanden werden. Diese Verpflichtung richtet sich unmittelbar an den Besitzer eines Eigenreviers und bedarf keines weiteren Verwaltungsaktes (Bescheid) und keines weiteren Rechtsgeschäftes (Vertrag).

Anders ist dies bei Pachtrevieren. Bei diesen gibt es keine unmittelbare gesetzliche Verpflichtung dieser Art. Gemäß § 16 Abs. 1 FiG 1952 ist aber eine entsprechende Verpflichtung in die – von der die Pachtreviere öffentlich versteigernden Bezirksverwaltungsbehörde festzusetzenden – „Pachtbefugnisse" aufzunehmen, nämlich „dass beim Fischereibetrieb nicht nur die Verbote des Fischereigesetzes streng zu beachten sind, sondern auch den unbedingten Erfordernissen einer geordneten Bewirtschaftung, insbesondere bezüglich des Besatzes der Gewässer, zu entsprechen ist" (siehe § 13[22]) sowie für die Hintanhaltung der Verunreinigungen durch dritte Personen nach Möglichkeit zu sorgen ist[23].

Trotz der unterschiedlichen rechtlichen Konstruktion der an den Revierinhaber eines Eigenreviers und der an den Revierinhaber eines Pachtreviers gerichteten Bewirtschaftungsverpflichtungen kann festgehalten werden, dass inhaltlich in gleicher Weise dem ökologisch-ökonomischen Grundsatz der nachhaltigen Hege eines der Beschaffenheit des Gewässers angemessenen Fischbestandes und der ordentlichen Bewirtschaftung Rechnung getragen wird.

Ein besonders organisatorisches Bewirtschaftungs-, aber auch Aufsichtsinstrument stellt der bereits vorhin erwähnte Fischereirevierausschuss („Revierausschuss") dar[24]. Zuständig für die Bildung desselben ist die Landesregierung. Ein Fischereirevierausschuss kann für das ganze Flussgebiet oder für Teile eines solchen oder aber für mehrere Flussgebiete zusammen eingesetzt werden. Der Revierausschuss ist nicht für ein Revier sondern durchwegs für mehrere Reviere zuständig. Er ist daher auch kein Organ (Ausschuss, Vorstand) der organisierten Fischereiberechtigten eines Reviers, auch wenn seine Mitglieder von den Fischereiberechtigten der Reviere des ihm zugewiesenen Gebietes gewählt werden.

Den Fischereirevierausschüssen obliegt ganz allgemein „die Besorgung der aus dem Zusammenhang der Fischereireviere sich ergebenden gemeinsamen Geschäfte und wirtschaftlichen Maßnahmen". Zu den besonderen Aufgaben zählen vor allem auch „die Inanspruchnahme der zuständigen Behörden gegen eine unstatthafte Verunreinigung usw. oder gegen eine sonstige unstatthafte fischereischädliche Benützung des Wassers, die Anzucht und Aussetzung von Fischbrut, die Überwachung des Zwangsbesatzes und die Herstellung von Schonstätten und Fischstegen" und „die Besichtigung der Reviergewässer zur Ermittlung des Standes der Fischerei in denselben, der Hindernisse einer angemessenen Entwicklung dieser Nutzung und der hiernach erforderlichen gemeinsamen Maßnahmen". Die Entwicklung einer fischereiwirtschaftlichen Nutzung in dazu geeigneten Hochgebirgsseen gehört damit zweifellos auch zum Aufgabenkreis des jeweiligen Fischereirevierausschusses.

4.2.3.3. FISCHEREIPOLIZEILICHE VORSCHRIFTEN

Die in der Folge dargelegten Vorschriften bezeichnet das Fischereigesetz 1952 selbst als „polizeiliche Vorschriften". Es handelt sich dabei um Vorschriften über die Kennzeichnung der Fischzeuge, die Legitimation der Fischer[25] und den Fischereischutz[26] sowie die im Rahmen dieser Studie interessierenden Vorschriften über Ge- und Verbote bei der Ausübung des Fischfanges. In der Folge soll nur auf die letzte Kategorie von fischereipolizeilichen Vorschriften näher eingegangen werden. Einzelne dieser fischereipolizeilichen Ge- und Verbote reichen über die prohibitive Verwaltungspolizei[27] hinaus bis in die konstruktive Verwaltungspolizei[27] und entfalten wohl auch Auswirkungen in Richtung Bewirtschaftung.

Sehr wichtige fischereipolizeiliche Vorschriften enthält nicht das Fischereigesetz 1952 selbst, sondern es beauftragt mit der Erfassung die Landesregierung[28]. Es handelt sich dabei um Bestimmungen „über die Zeit und Art des Fischfanges, über die Minimalmaße der Fische, besondere Fangbeschränkungen, über Vorrichtungen welche den Freizug der Fische verhindern oder beeinträchtigen, sowie über Markt- und Verkehrsverbote für Fische, über Fangarten, Fanggeräte und Fangvorrichtungen sowie über das Einlassen von Haustieren in Fischwässer". Die Tiroler Landesregierung hat auch mit verschiedenen Bestimmungen in der Durchführungsverordnung zum Fischereigesetz 1952 diesen Auftrag Folge geleistet. Bevor jedoch auf die wichtigsten dieser Bestimmungen eingegangen wird, noch eine Bemerkung über die bei der Ausübung dieser Ermächtigung zu beachtenden Zielsetzungen.

Der gegenständliche Verordnungsauftrag würde für sich genommen zweifellos nicht dem verfassungsrechtlichen Legalitätsprinzip (Prinzip der Gesetzmäßigkeit der Verwaltung) und dem daraus abgeleiteten Gebot ausreichender Determinierung einer gesetzlichen Regelung entsprechen. Welchen inhaltlichen Kriterien die Verordnungsbestimmungen genügen müssen, kann aber in einwandfreier Weise dem Fischereigesetz 1952 entnommen werden – nämlich vor allem dem erwähnten ökologisch-ökonomischen Grundsatz der nachhaltigen Hege eines der Beschaffenheit des Gewässers angemessenen Fischbestandes und der ordentlichen Bewirtschaftung.

Die Landesregierung hat mit der erwähnten Durchführungsverordnung zum Fischereigesetz zum Beispiel Bestimmungen über die Mindestmaße von insgesamt 26 Fischarten und insbesondere auch Schonzeiten für bestimmte Fischarten festgesetzt, so für (Bach- und Regenbogenforellen, Äschen, Huchen, Barben und Schleien sowie für Edelkrebse). Die Untersuchungen über die fischereiwirtschaftliche Nutzbarkeit von Hochgebirgsseen zeigen aber, dass diese Schonzeiten den tatsächlichen fischökologischen (-biologischen) Verhältnissen in den Hochgebirgsseen nicht – zumindest nicht voll – entsprechen. Diese sind offensichtlich verschieden von jenen in Talgewässern. Die in der Durchführungsverordnung zum Fischereigesetz 1952 festgelegten Schonzeiten setzen sich damit – soweit sie für die Fischerei in Hochgebirgsseen Geltung beanspruchen – der Gefahr der Gesetzwidrigkeit aus. Der das Fischereigesetz 1952 und damit auch die darauf gestützte(n) Verordnung(en) beherrschende ökologisch-ökonomische Grundsatz verlangt bei unterschiedlichen tatsächlichen fischereiökologischen (-biologischen) Verhältnissen auch eine sachlich notwendige Differenzierung der einschlägigen Verordnungsbestimmungen.

Fischereipolizeiliche Bestimmungen über Fangarten und Fanggeräte enthält das Fischereigesetz 1952 in § 50 selbst, und zwar verbietet es bestimmte Fangvorrichtungen und -maßnahmen. Ergänzende diesbezügliche Verbote finden sich aber auch noch in der Durchführungsverordnung zum Fischereigesetz 1952.

Sowohl hinsichtlich des Verbotes des Fischfanges in den Schonzeiten als auch des Verbotes der Verwendung bestimmter Fangvorrichtungen können Ausnahmen gestattet werden. Hinsichtlich der Entnahme von Fischen zur Schonzeit über Ansuchen des Fischereiberechtigten „zu Zwecken der künstlichen Fischzucht oder zu wissenschaftlichen Untersuchungen“[29)] und hinsichtlich des Verbotes der Verwendung bestimmter Fangvorrichtungen usw. „in Ausnahmefällen ..., wenn eine Schädigung der hierbei in Betracht kommenden Fischereigebiete nicht zu gegenwärtigen ist“ [30)].

4.2.3.4. AUFSICHTSMAßNAHMEN

Die meisten Aufsichtsmaßnahmen stehen in einem engen Zusammenhang mit den fischereipolizeilichen Vorschriften, teils auch mit den Bewirtschaftungsmaßnahmen. Als besonders interessante Aufsichtsmaßnahme soll hier lediglich die „Fischereikarte“ näher behandelt werden.

Gemäß § 52 FiG 1952 muss, wer die Fischerei ausübt, eine von der örtlich zuständigen Bezirksverwaltungsbehörde ausgestellte und unübertragbare Fischereikarte bei sich führen, „welche die Befugnis zum Fischfang in bestimmten Gewässern bescheinigt“ und den Aufsichtsorganen auf Verlangen vorzuweisen ist. Nach dem Wortlaut der Bestimmung würde damit lediglich die Fischereiausübungsberechtigung nachgewiesen werden. Tatsächlich ist die Fischereikarte aber vor allem ein Instrument der Steuerung des Fischfanges sowohl mit fischereipolizeilichem als auch mit Bewirtschaftungscharakter. Fischereikarten dürfen oder müssen nämlich gemäß § 53 FiG 1952 nicht an Personen ausgegeben werden, die aus bestimmten Gründen als unzuverlässig im Hinblick auf die Einhaltung der fischereipolizeilichen Vorschriften anzusehen sind. Fischereigastkarten dürfen dem Fischereiberechtigten[31)] nur „im Rahmen der für sein Fischwasser zulässigen Höchstzahl“ ausgestellt werden. Die Festlegung der zulässigen Höchstzahl von Fischereigastkarten hat sich zweifellos am ökologisch-ökonomischen Grundsatz zu orientieren, ohne dass dies das Gesetz ausdrücklich normiert.

4.3. Wasserrechtsgesetz 1959

Fischereiwirtschaftliche Bedeutung hat – wie bereits erwähnt – vor allem auch das Wasserrechtsgesetz 1959. Abgesehen davon, dass es auch einige ausdrücklich die Fischerei betreffende Vorschriften enthält, liegt seine Bedeutung für die Fischereiwirtschaft in der Regelung anderer – mit der Fischerei in Konkurrenz stehender – wasserwirtschaftlicher Nutzungen.

Wenn die Fischerei im Zusammenhang mit dem Wasserrecht zur Debatte steht, ist der erste Gedanke den Bestimmungen des Wasserrechtsgesetzes 1959 über die „Einschränkung der Wasserbenutzung zugunsten der Fischerei“ gewidmet. Gemäß § 15 Abs. 1 WRG 1959 können Fischereiberechtigte „gegen die Bewilligung von Wasserbenutzungsrechten solche Einwendungen erheben, die den Schutz gegen der Fischerei schädliche Verunreinigungen der Gewässer, die Anlegung von Fischwegen (Fischpässen, Fischstegen) und Fischrechen sowie die Regelung der Trockenlegung (Abkehr) von Gerinnen in einer der Fischerei tunlichst unschädlichen Weise bezwecken. Diesen Einwendungen ist Rechnung zu tragen, wenn hierdurch der anderweitigen Wasserbenutzung, kein unverhältnismäßiges Erschwernis verursacht wird. Andernfalls gebührt dem Fischereiberechtigten bloß eine angemessene Entschädigung für die nach fachmännischer Voraussicht entstehenden vermögensrechtlichen Nachteile“. Diese Bestimmung ist auch bei den Schutz- und Regulierungswasserbauten und bei den Einwirkungen auf die Beschaffenheit der Gewässer anzuwenden. Diese Bestimmung regelt nicht das Verhältnis zwischen dem Fisch als Gewässerlebewesen und den „anderweitigen Wasserbenutzungen“, sondern zwischen dem Fischereirecht und den „anderweitigen Wasserbenutzungen“ – nämlich die zulässigen Einwendungen eines Fischereiberechtigten gegen „anderweitige Wasserbenutzungen“ und die allfällige Entschädigung bei Nichtstattgebung dieser Einwendungen. Kurz und unjuristisch gesagt: Es geht hier nicht um das „Recht“ des Fisches sondern um das Recht des Fischers.

Bei der Beurteilung der wasserrechtlichen Bestimmungen zum Schutze der Fischerei (des Fisches) muss differenziert werden nach verschiedenen menschlichen Einflüssen auf das Wasser (Gewässer), und zwar zumindest nach den Hauptgruppen Wasser(be)nutzungen (i.e.S.), Schutz- und Regulierungswasserbauten u. ä. und die Einwirkungen auf die Beschaffenheit der Gewässer.

Alle Gewässer einschließlich des Grundwassers sind gemäß § 30 Abs. 1 WRG 1959 „im Rahmen des öffentlichen Interesses und nach Maßgabe der folgenden Bestimmungen so Reinzuhalten, dass die Gesundheit von Mensch und Tier nicht gefährdet, Grund- und Quellwasser als Trinkwasser verwendet, Tagwässer zum Gemeingebrauche sowie zu gewerblichen Zwecken benutzt, Fischwässer erhalten, Beeinträchtigungen des Landschaftsbildes und sonstige fühlbare Schädigungen vermieden werden können". Unter Reinhaltung der Gewässer versteht das Wasserrechtsgesetz 1959 – so § 30 Abs. 2 – „die Erhaltung der natürlichen Beschaffenheit des Wasser in physikalischer, chemischer und biologischer Hinsicht (Wassergüte), unter Verunreinigung jede Beeinträchtigung dieser Beschaffenheit und jede Minderung des Selbstreinigungsvermögens". Reinhaltungsbestimmungen sind das Gebot der allgemeinen Sorge für die Reinhaltung der Gewässer gemäß § 31 WRG 1959 sowie vor allem die Bestimmungen der §§ 32 und 33 WRG 1959 über (nachteilige) Einwirkungen auf die Beschaffenheit der Gewässer.

Nach § 32 WRG 1959 sind „Einwirkungen auf die Gewässer, die unmittelbar oder mittelbar deren Beschaffenheit (§ 30 Abs. 2) beeinträchtigen", nur nach wasserrechtlicher Bewilligung zulässig. Bloß geringfügige Einwirkungen, der Gemeingebrauch im Sinne des § 8 WRG 1959 sowie die übliche land- und forstwirtschaftliche Bodennutzung gelten bis zum Beweis des Gegenteils nicht als Beeinträchtigung. Bei Einwirkungen auf die Beschaffenheit von Gewässern sind „die zur Reinhaltung der Gewässer und zur Vermeidung von Schäden erforderlichen Maßnahmen" vorzusehen und „ist auf die technischen und wasserwirtschaftlichen Verhältnisse, insbesondere auch auf das Selbstreinigungsvermögen des Gewässers oder Bodens, entsprechend Bedacht" zu nehmen.

Abgesehen davon fordert § 105 WRG 1959 dass jede wasserrechtliche Bewilligung nicht oder nur unter entsprechenden Bedingungen erteilt werden darf, sofern ansonsten durch das Vorhaben „die Beschaffenheit des Wassers nachteilig beeinflusst würde". Diese Bestimmung ist zweifellos im Sinne der oben zitierten Bestimmungen des § 30 WRG 1959 über das Ziel und den Begriff der Reinhaltung der Gewässer zu verstehen und auszulegen – und dort ist die Erhaltung der Fischwässer ausdrücklich erwähnt.

Speziell im Hinblick auf die Hochgebirgsseen zeichnet sich in zweifacher Hinsicht ein effektiver(er) Schutz gegen Verunreinigungen ab: Zum ersten weil Abwassereinleitungen in Seen grundsätzlich nicht mehr geduldet werden, und zum zweiten, weil auch die Reinhaltung der Gebirgsgewässer größeres Augenmerk zugewandt wird.

Bei den Wasserbenutzungen (i.e.S.) ist als einschlägige Vorschrift zum Schutze des Fischereiwesens (Fisches) nur die bereits zitierte Bestimmung des § 105 WRG 1959 anzuführen, die noch dazu – zumindest bislang – weitestgehend, um nicht zu sagen überhaupt, bei der Erteilung von Wasserbenutzungen in ihrer fischereilichen Dimension unberücksichtigt geblieben ist. Seit kurzem scheint aber auch hier ein Umdenken in Gang zu kommen. Dies manifestiert sich etwa in der Festlegung von Restwassermengen in den Wasserentnahmestrecken der Gewässer, die allerdings noch überwiegend an optischen und nicht an ökologischen Kriterien orientiert ist. Eine Verbesserung dürfte hier die durch eine Novelle im Jahre 1985 in das WRG 1959 eingeführte Bestimmung des § 105 lit. bringen, wonach im öffentlichen Interesse ein Unternehmen insbesondere dann als unzulässig angesehen oder nur unter entsprechenden Bedingungen bewilligt werden kann, wenn „eine wesentliche Beeinträchtigung der ökologischen Funktionsfähigkeit der Gewässer zu besorgen ist".

Die hier interessierenden Vorschriften hinsichtlich der Regulierungen[33)] u. ä. sind inhaltlich ident mit den obigen Bestimmungen bezüglich der Wasserbenutzungen (i.e.S.). Auch auf diesem Gebiet des menschlichen Einflusses auf die Gewässer ist ein Umdenken vom rein technischen Wasserbau zu einem möglichst naturnahen Wasserbau erkennbar.

4.4. Tiroler Naturschutzgesetz

Eine nicht unerhebliche – wenn auch nicht immer unmittelbar erkennbare – Bedeutung für die fischereiwirtschaftliche Nutzung von Hochgebirgsseen hat auch das Tiroler Naturschutzgesetz. Dieses Gesetz setzt sich in seinem § 1 Abs. 1 zum „Ziel, eine in ihrem Wirkungsgefüge, ihrer Vielfalt und Schönheit möglichst unbeeinträchtigte Natur zu erhalten und zu pflegen und dadurch eine dem Menschen angemessene, besonders seiner Gesundheit und Erholung dienenden Umwelt als bestmögliche Lebensgrundlage zu erhalten, wiederherzustellen oder zu verbessern". Der grundsätzliche Vorrang des Schutzes der Natur soll dadurch gewährleistet werden, „dass ihr Nutzen auch für die nachfolgenden Generationen erhalten bleibt". Bei der Anwendung dieses Gesetzes auf der in seiner Durchführung erlassenen Verordnung ist davon auszugehen, dass für Maßnahmen, die sich auf den

Naturhaushalt, den Erholungswert der Landschaft oder auf das Landschaftsbild nachteilig auswirken, ein öffentliches Interesse gegeben sein muss, dem unter Bedachtnahme auf Abs. 1 Vorrang gegenüber dem öffentlichen Interesse am Naturschutz eingeräumt werden kann". Derartige Maßnahmen sind überdies so durchzuführen, „dass die Natur möglichst wenig beeinträchtigt wird". Zur Erreichung dieses Zieles sieht das Tiroler Naturschutzgesetz eine Reihe von Landschaftsschutz- und Naturschutzmaßnahmen vor.

Einen besonderen Schutz statuiert § 6 TNatSchG für Gewässer und ihre Uferbereiche. In den außerhalb geschlossener Ortschaften gelegenen Bereich bestimmter Gewässertypen, insbesondere auch von stehenden Gewässern in mehr als 1500 Metern Seehöhe – und damit im Bereich der hier interessierenden Hochgebirgsseen – ist das Einbringen von Material, das Ausbaggern, die Errichtung von baulichen Anlagen, die Verwendung von floßartigen Anlagen, Pontons, Hausbooten und dergleichen und die Gewinnung von Röhricht innerhalb der Vegetationsperiode verboten. Darüber hinaus ist im Bereich eines 500 Meter – innerhalb geschlossener Ortschaften eines 50 Meter – breiten, vom Ufer landeinwärts zu rechnenden Geländestreifens die Errichtung, Aufstellung und Anbringung von Anlagen, die Vornahme von Geländeabtragungen und -aufschüttungen außerhalb eingefriedeter Hausgärten, die Vornahme von Entwässerungen, die Ausführung von Vorhaben, welche die Sicht auf das Gewässer von allgemein zugänglichen Verkehrsflächen aus unterbinden oder beeinträchtigen, die Beseitigung von einzeln stehenden Bäumen, Baum- oder Strauchgruppen mit Ausnahme von Obstbäumen, die Gewinnung von Röhricht innerhalb der Vegetationsperiode, die Bereitstellung von Parkplätzen, das Abstellen von mobilen Heimen, von Wohnwagen oder Fahrzeugen, die für Wohnzwecke geeignet sind, sowie Verkaufswagen außerhalb von bewilligten Campingplätzen oder von Parkplätzen oder außerhalb der unmittelbaren Nähe von Wohngebäuden verboten.

Es ist wohl unmittelbar einsichtig, dass diese Verbote mehr oder weniger sowohl einen Schutz der Hochgebirgsseen als Lebensraum der Fische mit sich bringen, als auch eine fischereiwirtschaftliche Nutzung durch Hintanhaltung oder zumindest Erschwerung anderer Nutzungen erleichtern. Dieser Schutz ist allerdings durch die taxative Aufzählung der als gewässerbeeinträchtigend angesehenen Vorhaben unter Umständen noch stark relativiert. Außerdem besteht nach § 6 Abs. 4 TNatSchG noch die Möglichkeit der Bewilligung von Ausnahmen. Gemäß § 13 Abs. 1 TNatSchG ist eine (Ausnahme)-Bewilligung allerdings nur dann zu erteilen, wenn das Vorhaben, für das die Bewilligung beantragt wurde, weder den Naturhaushalt noch den Erholungswert der Landschaft noch das Landschaftsbild in seiner Eigenart oder Schönheit noch die Grundlagen von Lebensgemeinschaften von Tieren und Pflanzen in einer Weise beeinträchtigt, die dem öffentlichen Interesse, das durch die Festsetzung der Bewilligungspflicht geschützt werden soll, zuwiderläuft, oder wenn öffentliche, wie etwa regionalwirtschaftliche oder wissenschaftliche Interessen an der Erteilung der Bewilligung das öffentliche Interesse an der Vermeidung von Beeinträchtigungen der erwähnten Art übersteigen.

Dem öffentlichen Interesse am Schutz der Natur ist also Vorrang eingeräumt. Das entspricht auch der oben erwähnten Zielsetzung in § 1 TNatSchG. Dabei darf allerdings nicht übersehen werden, dass eine fischereiwirtschaftliche Nutzung oder zumindest damit in Zusammenhang stehende Maßnahmen, wenn auch vielleicht nur in Einzelfällen, den dargelegten Verboten unterliegen können und damit lediglich auf Grund einer Ausnahme möglich sind.

Zumindest mittelbare Auswirkungen auf das Fischereiwesen in Hochgebirgsseen haben wohl aber die naturschutzrechtlichen Bestimmungen über den Artenschutz – sei es, weil dadurch etwa Nahrungspflanzen oder -tiere der Fische, oder sei es, weil dadurch als „fischereischädlich" angesehene Tiere geschützt sind. Der Artenschutz der Fische selbst ist nicht Gegenstand des Tiroler Naturschutzgesetzes bzw. der darauf gestützten Verordnung sondern des Fischereigesetzes 1952.

4.5. Zusammenfassung und Beurteilung

Die vorhandenen Rechtsvorschriften, insbesondere das Fischereigesetz 1952, ermöglichen und gewährleisten grundsätzlich eine fischereiwirtschaftliche Nutzung von Hochgebirgsseen im Sinne der Untersuchungsergebnisse und Bewirtschaftungsgrundlagen. Die fischereiwirtschaftliche Nutzung ist allerdings im Falle der Konkurrenz mit anderen Wassernutzungen zweifellos benachteiligt. Das Wasserrechtsgesetz bevorzugt eindeutig „seine" – also die von ihm geregelten – Wassernutzungen gegenüber der Fischerei. Ein gewisses Gegengewicht bieten die Bestimmungen des Tiroler Naturschutzgesetzes insofern, als sie die Natur – und dabei insbesondere die Gewässer – und damit auch die Fische schützen.

Die für den Menschen lebensnotwendige Nutzung der Umwelt kann sicherlich nicht nur vom Standpunkt einer Nutzungsart – der Fischereiwirtschaft – aus erfolgen. Vielmehr bedarf es einer Abwägung der

Nutzungsarten untereinander unter Berücksichtigung ihrer jeweiligen Auswirkungen auf die Natur. Dem tragen die Rechtsvorschriften – zwar nicht immer die einzelne Rechtsvorschrift, wohl aber die Rechtsvorschriften in ihrer Gesamtheit – doch weitgehend Rechnung. Das soll keineswegs heißen, dass nicht Verbesserungen angebracht wären. Das Problem eines mehr oder minder großen Vollzugsdefizits liegt jedoch weit stärker bei der konkreten Abwägung für den Einzelfall – und hier zeigt sich, dass dem Fischereiwesen, sowohl in ökologischer Hinsicht als auch in ökonomischer Hinsicht, noch immer kein allzu großes Gewicht beigemessen wird. Das ist umso bedauerlicher als gerade die fischereiwirtschaftliche Nutzung umweltfreundlich erfolgen kann.

Bezüglich des Fischereigesetzes 1952 im speziellen ist abschließend festzuhalten, dass es in mehrfacher Weise eine grundsätzlich ausreichende Rechtsgrundlage für eine fischereiwirtschaftliche Nutzung von Hochgebirgsseen im Sinne der Untersuchungsergebnisse und Bewirtschaftungsvorschläge liefert, wenn auch gewisse Anpassungen erforderlich sein könnten:

1. Unabhängig von der zivilrechtlichen Eigentumsordnung hinsichtlich der Fischerei ordnet es die Bildung von entsprechenden Fischereirevieren als „Grundeinheit“ einer fischereiwirtschaftlichen Nutzung an. Das gilt insbesondere auch bezüglich der Hochgebirgsseen als möglicher „Grundeinheit“.
2. Es schafft nicht nur die Voraussetzungen für eine zweckmäßige fischereiliche Nutzung, sondern schreibt sogar eine fischereiliche Bewirtschaftung vor.
3. Diese Bewirtschaftungsvorschriften werden abgerundet durch die fischereipolizeilichen Vorschriften, insbesondere über Schonzeiten, Mindestmaße und Fangvorrichtungen, und durch Vorschriften über die fischereiliche Aufsicht.
4. Alle diese Regelungsbereiche sind vom ökologisch-ökonomischen Grundsatz der nachhaltigen Hege eines der Beschaffenheit des Gewässers angemessenen Fischbestandes und der ordentlichen Bewirtschaftung getragen.
5. Einer Anpassung an die – von Talgewässern abweichenden – fischereiökologischen (-biologischen) Verhältnisse in Hochgebirgsseen bedürfen wohl vor allem die Bestimmungen über Hegemaßnahmen, Fanggeräte und -methoden und Schonzeiten.

4.6. Anmerkungen

1) Die Bestimmungen der Landes-Fischereigesetzte gelten dabei durchwegs nicht nur für Fische sondern zumindest auch für sonstige als nutzbar (nützlich) angesehene Wassertiere: § 1 Abs. 2 i.V.m. Abs. 1 FiG 1952 (Anm. 2) („... Fische (Klasse Pisces), Krebse (Klasse Crustacea), Muscheln (Klasse Lamellibranchiata) ...“ sowie § 1 Abs. 3 FiG 1952 mit einer Bestimmung hinsichtlich des Fangens von Fröschen in Fischgewässern; vgl. auch § 7 Salzburger Fischereigesetz 1969, wonach unter dem „Fischen ... der Fang von Fischen, Krebsen, Muscheln, Fröschen und Nährtieren jeglicher Art aus einem Fischwasser“ zu verstehen ist, und § 1 Vorarlberger Fischereigesetz mit ähnlichen Bestimmungen wie im FiG 1952.

2) Fischereigesetz 1952 (FiG 1952), LGBl. Nr. 15/1952.

3) Verordnung der Landesregierung vom 9. September 1954, LGBl. Nr. 29/1954 i.d.F. LGBl. Nr. 56/1961, LGBl. Nr. 19/1962, LGBl. Nr. 33/1962, LGBl. Nr. 5/1970 und LGBl. Nr. 93/1980, betreffend die Durchführung des Fischereigesetzes 1952 (kurz bezeichnet als: Durchführungsverordnung zum Fischereigesetz 1952 – abgekürzt: DVzFiG 1952).

4) Wasserrechtsgesetz 1959 – WRG 1959, BGBl. Nr. 215/1959 i.d.F. BGBl. Nr. 207/1969, BGBl. Nr. 36/1970, BGBl. Nr. 50/1974, BGBl. Nr. 390/1983 und BGBl. Nr. 238/1985.

5) Gesetz vom 28. November 1974, LGBl. Nr. 15/1975, über die Erhaltung und Pflege der Natur (kurz bezeichnet als: Tiroler Naturschutzgesetz – abgekürzt: TNatSchG).

6) Siehe auch § 1 Abs. 2 FiG 1952.

7) Siehe § 1 Abs. 3 FiG 1952.

8) Siehe Anmerkung 1.

9) Zur Vermeidung von Missverständnissen: Das Fischen zählt – anders als etwa in verschiedenen anderen europäischen Staaten – nicht zum Gemeingebrauch.

10) Eigentümer der öffentlichen Gewässer und des öffentlichen Wassergutes ist der Bund; Eigentümer eines Privatgewässers ist grundsätzlich der Grundeigentümer, soweit nicht ein besonderer Privatrechtstitel am Gewässer nachgewiesen wird.

11) Das FiG 1952 ist nur eine Wiederverlautbahrung des an sich aus dem Jahre 1925 stammenden und danach mehrfach novellierten Fischereigesetzes für das Land Tirol. Die in § 4 FiG 1952 erwähnte Aufhebung der auf § 382 Allgemeines Bürgerliches Gesetzbuch beruhenden Befugnis zum freien Fischfang erfolgte bereits mit dem Fischereigesetz für das Land Tirol.

12) §§ 472 ff., insbesondere § 481 ABGB.

13) Das ist nicht nach allen Landes-Fischereigesetzen der Fall; so enthält etwa das Salzburger Fischereigesetz 1969 seit der Novelle 1980 eigene Bestimmungen über die „Teichwirtschaft".

14) Siehe Anmerkung 11 erster Satz.

15) Dieser Grundsatz ist sogar noch älter und findet sich bereits in Landes-Fischereigesetzen der Monarchie.

16) Die Forderung der Nachhaltigkeit einer Bewirtschaftung findet sich häufig im Bereich des so genannten Landeskulturrechtes – einer Bezeichnung mit der früher (in Ansätzen auch heute wieder) etwa das Landwirtschaftsrecht, das Forstrecht, das Wasser(wirtschafts)recht, das Jagdrecht, das Fischereirecht und das Naturschutzrecht zusammengefasst worden sind; vgl. zum Beispiel auch den III. Abschnitt des Forstgesetztes 1975 über die „Erhaltung des Waldes und die Nachhaltigkeit seiner Wirkungen".

17) Siehe den oben zitierten § 9 FiG 1952.

18) Hierfür gebührt dem „betreffenden Fischereiberechtigten" an der einbezogenen Gewässerstrecke gemäß § 12 Abs. 2 FiG 1952 eine „jährliche Entschädigung".

19) Wie in dem zweifellos vergleichbaren Jagdrecht, das diesbezüglich überhaupt folgerichtiger durchgebildet ist.

20) Vergleiche dazu § 26 Abs. 1 Z. 1 FiG 1952.

21) § 26 Abs. 1 Z. 2 FiG 1952.

22) Verweis auf die bei der Bewirtschaftung von Eigenrevieren geltenden Verpflichtungen.

23) Es würde den Rahmen der gegenständlichen Studie weit übersteigen, wollte man hier auch nur ansatzweise versuchen, diese (seltsame) Rechtskonstruktion dogmatisch aufzuarbeiten.

24) §§ 23 ff. FiG 1952.

25) §§ 51 ff. FiG 1952.

26) §§ 54 ff. FiG 1952.

27) Siehe zu diesen Begriffen Seite 29 (4.2.3.1.).

28) § 48 FiG 1952.

29) § 49 FiG 1952.

30) § 50 Abs. 3 FiG 1952.

31) Richtigerweise dem Inhaber eines (Eigen- oder Pacht-) Reviers.

32) Einschließlich Grundwasser.

33) §§ 41 ff. WRG 1959.

5. VERZEICHNIS DER ERFASSTEN HOCHGEBIRGSSEEN TIROLS (>0,7 ha)

5.1. Bezirk Reutte

Nr.	Bezeichnung	Ö-Karten Nr.	Areal (ha)	Seehöhe m	Geogr. Lage	Anmerkung
5.1.1. Gemeinde Weißenbach am Lech						
1	Lache	114	1,3	ca. 1800	Allgäuer Alpen	
5.1.2. Gemeinde Elmen						
2	Stablsee	114	1,2	2035	Lechtaler Alpen	
5.1.3. Gemeinde Namlos						
3	Dreiensee	115	1,5	ca. 1800	Lechtaler Alpen	
5.1.4. Gemeinde Elbigenalp						
-	Hermannskarsee	114	0,7	ca. 2200	Allgäuer Alpen	
4	Kogelsee	114	3,2	2171	Lechtaler Alpen	
5	Roßkarsee	144	2,0	2118	Lechtaler Alpen	
5.1.5. Gemeinde Kaisers						
6	Hintersee	144	3,0	2190	Lechtaler Alpen	fischlos

5.2. Bezirk Landeck

Nr.	Bezeichnung	Ö-Karten Nr.	Areal (ha)	Seehöhe m	Geogr. Lage	Anmerkung
5.2.1. Gemeinde Kaunertal						
7	Weißsee im Kaunertal	172	2,3	2465	Ötztaler Alpen	fischlos
8	Oberer Glockenturmsee	172	1,2	ca. 2880	Ötztaler Alpen	fischlos
9	Unterer Glockenturmsee	172	1,4	2821	Ötztaler Alpen	fischlos
10	Schwarzsee im Kaunertal	172	2,0	2601	Ötztaler Alpen	Fischsee
11	Rifekarsee	172	1,7	2571	Ötztaler Alpen	fischlos
5.2.2. Gemeinde Ried im Oberinntal						
12	Großer See	172	1,3	ca. 2500	Ötztaler Alpen	
5.2.3. Gemeinde Nauders						
13	unbenannt	172	0,8	ca. 2600	Ötztaler Alpen	
14	Oberer Goldsee	171	1,8	2585	Ötztaler Alpen	
15	Unterer Goldsee	171	1,5	2554	Ötztaler Alpen	
5.2.4. Gemeinde Pfunds						
16	Gmairersee	144	2,0	2672	Samnaun Gruppe	
5.2.5. Gemeinde Serfaus						
17	Hexensee	144	1,0	2590	Samnaun Gruppe	Fischsee
18	Tieftalsee	144	1,5	ca. 2700	Samnaun Gruppe	
19	Blankasee	144	2,0	ca. 2600	Samnaun Gruppe	
5.2.6. Gemeinde Tobadill						
20	Flathsee	144	2,0	2332	Samnaun Gruppe	
5.2.7. Gemeinde Fiss						

21	Oberer Spinnsee	144	1,2	ca. 2500	Samnaun Gruppe	fischlos
22	Unterer Spinnsee	144	1,2	2450	Samnaun Gruppe	Fischsee
23	Wasensee	144	2,5	2402	Samnaun Gruppe	Fischsee

5.2.8. Gemeinde Zams

-	unbenannt	144	0,7	ca. 2200	Lechtaler Alpen	
24	Steinsee	145	1,8	2222	Lechtaler Alpen	fischlos
25	Gufelsee	144	1,3	ca. 2200	Lechtaler Alpen	
26	Bittrichsee	144	1,0	ca. 2200	Lechtaler Alpen	
27	Schiefersee	144	0,9	ca. 2300	Lechtaler Alpen	
28	Auf der Lacke	144	1,0	ca. 2200	Lechtaler Alpen	
29	Oberer Seewiessee	144	1,4	ca. 2460	Lechtaler Alpen	fischlos
30	Mittlerer Seewiessee	144	0,6	ca. 2430	Lechtaler Alpen	fischlos
31	Unterer Seewiessee	144	1,8	ca. 2240	Lechtaler Alpen	fischlos

5.2.9. Gemeinde See

-	unbenannt	144	0,7	ca. 2400	Samnaun Gruppe	
32	Grübelesee	144	3,5	2108	Samnaun Gruppe	

5.2.10. Gemeinde Kappl

33	unbenannt	144	0,8	ca. 2400	Samnaun Gruppe	
34	Oberer Blankasee	144	1,4	2470	Verwall Gruppe	fischlos
35	Unterer Blankasee	144	1,3	2460	Verwall Gruppe	fischlos
36	Schwarzsee im Verwall	143	1,0	2560	Verwall Gruppe	

5.2.11. Gemeinde Ischgl

37	Vergrößsee	143	1,3	2539	Verwall Gruppe	
38	Madleinsee	143	1,5	2437	Verwall Gruppe	
39	unbenannt	170	0,8	2542	Silvretta Gruppe	

5.2.12. Gemeinde Galtür

40	unbenannt	170	0,8	ca. 2500	Silvretta Gruppe	
41	unbenannt	170	2,5	2471	Silvretta Gruppe	
-	unbenannt	170	0,7	ca. 2500	Silvretta Gruppe	
42	Radsee	170	2,0	ca. 2500	Silvretta Gruppe	

5.2.13. Gemeinde Pettneu am Arlberg

-	Schmalzgrubensee	144	0,7	ca. 2300	Verwall Gruppe	
43	Vordersee	144	2,0	2150	Lechtaler Alpen	fischlos

5.2.14. Gemeinde St. Anton am Arlberg

-	unbenannt	143	0,7	ca. 2400	Verwall Gruppe	
-	unbenannt	143	0,7	ca. 2300	Verwall Gruppe	
44	Hinterer Oberer Faselfadsee	143	1,2	2415	Verwall Gruppe	fischlos
45	Hinterer Unterer Faselfadsee	143	1,3	2414	Verwall Gruppe	fischlos
46	Vorderer Oberer Faselfadsee	143	0,8	2416	Verwall Gruppe	fischlos
47	Vorderer Unterer Faselfadsee	143	1,3	2250	Verwall Gruppe	fischlos
48	Kaltenbergsee	143	1,5	2506	Verwall Gruppe	

49	Albonasee	143	1,0	ca. 1900	Verwall Gruppe	
50	unbenannt	143	1,3	ca. 2200	Verwall Gruppe	
51	unbenannt	143	1,8	2416	Verwall Gruppe	
52	unbenannt	143	2,0	ca. 2400	Verwall Gruppe	
53	unbenannt	143	1,3	ca. 2400	Verwall Gruppe	
54	unbenannt	143	1,3	2436	Verwall Gruppe	
55	Kartellsee	143	3,0	2443	Verwall Gruppe	
56	unbenannt	143	1,0	2530	Verwall Gruppe	
57	Schottensee	143	3,2	2472	Verwall Gruppe	
58	unbenannt	170	2,3	2572	Verwall Gruppe	
59	Scheidsee	143	1,3	2270	Verwall Gruppe	
60	Valschavielsee	143	1,5	ca. 2300	Verwall Gruppe	

5.3. Bezirk Imst

Nr.	Bezeichnung	Ö-Karten Nr.	Areal (ha)	Seehöhe m	Geogr. Lage	Anmerkung
5.3.1. Gemeinde Sölden						
-	unbenannt	174	0,7	ca. 2600	Stubaier Alpen	
-	Samoarsee	173	0,7	ca. 2600	Ötztaler Alpen	
-	Nedersee	173	0,7	2436	Ötztaler Alpen	
61	Zirmsee	173	2,0	ca. 2865	Ötztaler Alpen	Steinböck 1959
62	Wannenkarsee	173	4,1	2639	Stubaier Alpen	Fischsee
63	Unterer Seekarsee	173	2,0	2658	Stubaier Alpen	Fischsee
64	Laubkarsee	173	1,3	2681	Stubaier Alpen	Fischsee
65	Gaislacher See	173	3,8	2704	Ötztaler Alpen	Fischsee
66	Schwarzsee ob Sölden	173	3,5	2799	Ötztaler Alpen	Fischsee
67	unbenannt	173	1,2	ca. 2600	Ötztaler Alpen	
5.3.2. Gemeinde Längenfeld						
-	unbenannt	173	0,7	ca. 2500	Ötztaler Alpen	
68	Berglersee	146	0,8	2466	Ötztaler Alpen	Fischsee
-	Oberer Spitzigsee	146	0,7	ca. 2300	Ötztaler Alpen	
69	unbenannt	146	2,0	2353	Stubaier Alpen	
70	Winnebachsee	146	2,9	2361	Stubaier Alpen	fischlos
71	unbenannt	146	0,8	ca. 2500	Ötztaler Alpen	
72	Hauersee	146	1,5	2383	Ötztaler Alpen	
73	Weißer See	146	1,3	2546	Ötztaler Alpen	
5.3.3. Gemeinde Mieming						
74	Drachensee	116	5,0	1874	Mieminger Gebirg	Fischsee
5.3.4. Gemeinde Imst						
-	Parzinnsee	144	0,7	ca. 2100	Lechtaler Alpen	
5.3.5. Gemeinde Umhausen						
-	unbenannt	146	0,7	ca. 2400	Ötztaler Alpen	

-	unbenannt	146	0,7	ca. 2300	Ötztaler Alpen	
-	unbenannt	146	0,7	ca. 2500	Ötztaler Alpen	
75	Grastalsee	146	6,6	2533	Stubaier Alpen	fischlos
76	Fundussee	146	1,0	ca. 1900	Ötztaler Alpen	Fischsee
77	Wettersee	146	4,5	2541	Ötztaler Alpen	Fischsee
5.3.6. Gemeinde Silz						
78	Finstertaler Speicher	146	105	2322	Stubaier Alpen	Fischsee
79	Oberer Plenderlesee	146	2,1	2344	Stubaier Alpen	Fischsee
80	Mittlerer Plenderlesee	146	1,8	2317	Stubaier Alpen	Fischsee
81	Unterer Plenderlesee	146	1,4	2281	Stubaier Alpen	Fischsee
82	Hirschebensee	146	1,0	2166	Stubaier Alpen	Fischsee
83	Rotfelssee	146	0,9	2485	Stubaier Alpen	Fischsee
84	Gossenköllesee	146	1,7	2413	Stubaier Alpen	Fischsee
85	unbenannt	146	0,9	ca. 2600	Stubaier Alpen	
-	unbenannt	146	0,7	ca. 2500	Stubaier Alpen	
-	Geirneggsee	146	0,7	2427	Stubaier Alpen	fischlos
-	unbenannt	146	0,7	ca. 2500	Stubaier Alpen	
5.3.7. Gemeinde St. Leonhard im Pitztal						
86	Hairlacher See	146	0,8	2830	Ötztaler Alpen	
87	Rifflsee	173	26,9	2232	Ötztaler Alpen	Fischsee
88	Mittelberglessee	145/146	2,6	2426	Ötztaler Alpen	fischlos
89	Moalandlsee	146	1,9	2526	Ötztaler Alpen	fischlos
90	Wilder See	146	3,5	2770	Ötztaler Alpen	fischlos
91	Großer Drei-Seen-See	146	1,2	2270	Ötztaler Alpen	fischlos
92	Krummer See	145	3,1	2584	Ötztaler Alpen	fischlos
93	Kugleter See	145	1,0	2751	Ötztaler Alpen	fischlos
94	Brechsee	145	1,4	2145	Ötztaler Alpen	fischlos
5.3.8. Gemeinde Jerzens						
-	Kugleten See	145	0,7	ca. 2600	Ötztaler Alpen	
95	Großsee	145	1,0	2416	Ötztaler Alpen	
96	Straßberger See	145	1,5	2132	Ötztaler Alpen	

5.4. Bezirk Innsbruck-Land

Nr.	Bezeichnung	Ö-Karten Nr.	Areal (ha)	Seehöhe m	Geogr. Lage	Anmerkung
5.4.1. Gemeinde Wattenberg						
97	Mölser See	149	0,8	2238	Tuxer Alpen	Fischsee
5.4.2. Gemeinde Schmirn						
-	unbenannt	149	0,7	ca. 2400	Tuxer Alpen	
5.4.3. Gemeinde Gries am Brenner						
98	Wildsee	175	0,9	ca. 2400	Tuxer Alpen	
5.4.4. Gemeinde Obernberg am Brenner						

99	Lichtsee	148	0,8	2104	Stubaier Alpen	Fischsee
5.4.5. Gemeinde Gschnitz						
100	Simmingsee	147	1,0	2010	Stubaier Alpen	
101	Lautersee	147	1,8	ca. 2400	Stubaier Alpen	
5.4.6. Gemeinde Neustift im Stubaital						
102	unbenannt	174	0,8	ca. 2600	Stubaier Alpen	
-	unbenannt	147	0,7	ca. 2400	Stubaier Alpen	
103	Mutterberger See	147	3,2	2483	Stubaier Alpen	Fischsee
104	Blaue Lacke	174	2,5	2289	Stubaier Alpen	
105	Grünausee	174	4,5	2328	Stubaier Alpen	fischlos
106	Falbesoner See	147	1,5	2475	Stubaier Alpen	
107	Rinnensee	147	1,5	2646	Stubaier Alpen	
5.4.7. Gemeinde Sellrain						
108	unbenannt	147	1,2	2401	Stubaier Alpen	
5.4.8. Gemeinde St. Sigmund im Sellrain						
109	unbenannt	147	0,8	ca. 2700	Stubaier Alpen	
110	Kraspessee	146	1,5	2549	Stubaier Alpen	fischlos
5.4.9. Gemeinde Flaurling						
111	Taxersee	147	1,3	2282	Stubaier Alpen	Fischsee
5.4.10. Gemeinde Inzing						
112	Hundstalsee	147	1,2	2287	Stubaier Alpen	fischos

5.5. Bezirk Schwaz

Nr.	Bezeichnung	Ö-Karten Nr.	Areal (ha)	Seehöhe m	Geogr. Lage	Anmerkung
5.5.1. Gemeinde Stummerberg						
113	Maurersee	120	1,3	ca. 2400	Kitzbühler Alpen	
114	unbenannt	120	0,8	ca. 2200	Kitzbühler Alpen	
115	Scheibensee	120	1,8	ca. 2300	Kitzbühler Alpen	
116	Langer See	120	3,2	2232	Kitzbühler Alpen	Fischsee
5.5.2. Gemeinde Gerlosberg						
117	Pfannsee	150	1,0	ca. 2250	Kitzbühler Alpen	
5.5.3. Gemeinde Gerlos						
118	Innerertenssee	150	0,8	ca. 2300	Kitzbühler Alpen	
5.5.4. Gemeinde Brandberg						
119	Karsee	150	1,0	2323	Zillertaler Alpen	
5.5.5. Gemeinde Mayrhofen						
120	Schwarzensee	149	2,0	2472	Zillertaler Alpen	
5.5.6. Gemeinde Finkenberg						
121	Friesenbergsee	149	1,7	2444	Tuxer Alpen	
122	Wesendlkarsee	149	2,5	2368	Tuxer Alpen	

123	Eissee	149	1,2	ca. 2684	Tuxer Alpen	
5.5.7. Gemeinde Tux						
-	Eiskarsee	149	0,7	ca. 2300	Tuxer Alpen	
-	Kleiner Torsee	149	0,7	ca. 2300	Tuxer Alpen	
124	Großer Torsee	149	3,4	2258	Tuxer Alpen	Fischsee
125	Junssee	149	1,7	ca. 2650	Tuxer Alpen	fischlos

5.6. Bezirk Kitzbühel

Nr.	Bezeichnung	Ö-Karten Nr.	Areal (ha)	Seehöhe m	Geogr. Lage	Anmerkung
5.6.1. Gemeinde Hopfgarten im Brixental						
-	Schöntalsee	121	0,7	2112	Kitzbühler Alpen	
126	Oberer Wildalpensee	121	1,0	2300	Kitzbühler Alpen	
127	Mittlerer Wildalpensee	121	2,5	2028	Kitzbühler Alpen	Fischsee
128	Unterer Wildalpensee	121	1,4	1950	Kitzbühler Alpen	Fischsee
5.6.2. Gemeinde Westendorf						
129	Reinkarsee	121	1,3	2194	Kitzbühler Alpen	
5.6.3. Gemeinde Fieberbrunn						
130	Wildsee	122	2,5	1954	Kitzbühler Alpen	Fischsee

5.7. Bezirk Kufstein

Nr.	Bezeichnung	Ö-Karten Nr.	Areal (ha)	Seehöhe m	Geogr. Lage	Anmerkung
5.7.1. Gemeinde Münster						
-	Grubersee	119	0,7	ca. 2000	Rofan Gebirge	
131	Zireiner See	119	4,6	1799	Rofan Gebirge	Fischsee

5.8. Bezirk Lienz

Nr.	Bezeichnung	Ö-Karten Nr.	Areal (ha)	Seehöhe m	Geogr. Lage	Anmerkung
5.8.1. Gemeinde Matrei in Osttirol						
132	Eissee bei Prager Hütte	152	0,8	2651	Venediger Gruppe	
-	Kristallkees-Lacke	152	0,7	2500	Venediger Gruppe	
-	Lackach-Tümpel	152	0,7	2432	Venediger Gruppe	
133	Dichtensee	152	3,0	2461	Venediger Gruppe	
134	Grauer See	152	1,0	2500	Venediger Gruppe	fischlos
135	Hochgasser See	152	0,8	2543	Venediger Gruppe	
136	Schwarzer See	152	1,5	2344	Venediger Gruppe	fischlos
137	Grüner See	152	2,5	2246	Venediger Gruppe	fischlos
138	Daber See	152	5,0	2424	Venediger Gruppe	fischlos
139	Schandlasee	152	1,7	2371	Glockner Gruppe	fischlos
140	Beim See	152	2,5	2279	Granatsp. Gruppe	fischlos
141	Keespölach-Lacke	152	0,8	ca. 2750	Venediger Gruppe	fischlos

142	Löbbensee	152	3,0	2225	Venediger Gruppe	Fischsee
143	Wildensee	152	5,0	2514	Venediger Gruppe	Fischsee
144	Michlbach-Lacke	152	1,0	2500	Venediger Gruppe	
145	Raneburger See	152	3,0	2273	Venediger Gruppe	Fischsee
146	Arnitzsee	178	0,8	2504	Lasörling Gruppe	Fischsee
5.8.2. Gemeinde Prägraten						
-	Hinterer Hohe-Gruben-See	151	0,7	ca. 2670	Venediger Gruppe	Fischsee
-	Vorderer Hohe-Gruben-See	151	0,7	ca. 2665	Venediger Gruppe	Fischsee
147	Schinakel See	151	1,0	2691	Venediger Gruppe	Fischsee
148	Eissee im Timmeltal	152	2,5	2661	Venediger Gruppe	
5.8.3. Gemeinde Virgen						
149	Berger See	178	2,3	2181	Lasörling Gruppe	Fischsee
5.8.4. Gemeinde St. Jakob im Defereggen						
150	Egg See	177	1,0	2571	Lasörling Gruppe	
151	Bödensee	177	3,2	2576	Lasörling Gruppe	Fischsee
152	Kesselsee	177	1,0	2577	Lasörling Gruppe	
153	Oberer Alplesee	177	0,8	2791	Lasörling Gruppe	
154	Unterer Alplesee	177	1,0	2744	Lasörling Gruppe	
155	Oberseitsee	177	7,8	2576	Lasörling Gruppe	Fischsee
156	Obersee am Staller Sattel	177	12,9	2016	Staller Sattel	Fischsee
5.8.5. Gemeinde St. Veit im Defereggen						
157	Gritzersee	178	1,0	2504	Lasörling Gruppe	Fischsee
5.8.6. Gemeinde Hopfgarten im Defereggen						
158	Pumpersee	178	3,0	2486	Defregger Gebirge	
159	Geigensee	178	4,0	2409	Defregger Gebirge	
160	Mondsee	178	2,0	2356	Defregger Gebirge	Fischsee
161	Schwarzsee bei Hopfgarten	178	2,0	ca. 2350	Defregger Gebirge	Fischsee
162	Ochsensee	178	1,6	2498	Defregger Gebirge	fischlos
5.8.7. Gemeinde Kals am Großglockner						
163	Dorfer See	153	7,6	1935	Glockner Gruppe	fischlos
164	Schwarzsee im Dorfertal	153	1,5	2602	Glockner Gruppe	
5.8.8. Gemeinde Schlaiten						
-	Gelenklacke	178	0,7	2457	Defregger Gebirge	Fischsee
165	Zagoritsee	178	1,5	2343	Defregger Gebirge	Fischsee
166	Unterer Ganitzsee	178	1,3	2499	Defregger Gebirge	Fischsee
5.8.9. Gemeinde Ainet						
167	Barrenlesee	179	2,3	2727	Schober Gruppe	fischlos
168	Alkuser See	179	6,6	2432	Schober Gruppe	Fischsee
169	Gutenbrunner See	179	0,8	2316	Schober Gruppe	Fischsee
5.8.10. Gemeinde Nußdorf-Debant						
170	Gartlsee	179	1,0	2571	Schober Gruppe	Fischsee

171	Trelebitschsee	179	0,8	2341	Schober Gruppe	
172	Thurner See	179	1,8	2438	Schober Gruppe	Fischsee
173	Nußdorfer See	179	1,9	2436	Schober Gruppe	Fischsee
5.8.11. Gemeinde Innervillgraten						
174	Schwarzsee am Törl	177	3,0	2455	Defregger Gebirge	Fischsee
5.8.12. Gemeinde Ausservillgraten						
-	Degenhornsee	178	0,7	2713	Defregger Gebirge	
5.8.13. Gemeinde Anras						
175	Sichelsee	178	1,8	2497	Defregger Gebirge	Fischsee
-	Seealplsee	178	0,7	2275	Defregger Gebirge	
176	Anraser See	178	2,3	2538	Defregger Gebirge	Fischsee
177	Aschersee	178	1,0	2532	Defregger Gebirge	Fischsee
5.8.14. Gemeinde Assling						
178	Lavant See	179	0,8	2311	Defregger Gebirge	Fischsee
5.8.15. Gemeinde Tristach						
179	Lasertz See	179	2,2	ca. 2200	Lienzer Dolomiten	fischlos
5.8.16. Gemeinde Kartitsch						
180	Obstanser See	195	2,0	2304	Karnische Alpen	Fischsee
181	Unterer Stuckensee	195	1,0	1928	Karnische Alpen	

6. EINZELDARSTELLUNG DER UNTERSUCHTEN HOCHGEBIRGSSEEN TIROLS

6.1.1. Hintersee (Nr. 6); Abb.: 3, 4, F15

Bezirk: Reutte

Gemeinde: Kaisers

Geographische Lage: 2190 m ü. A.
47° 10' 40" N – 10° 20' 45" E
Lechtaler Alpen,
ca. 1,0 km westlich des Hinterseejochs,
ca. 600 m östlich des Kreuzkopfs,
ca. 300 m nördlich der Kridlonscharte.
Österreich-Karte: Nr. 144

Geologie: Nordtiroler Kalkalpen (Karbonate)

Entstehung: Karsee

Einzugsgebiet: ca. 60 ha

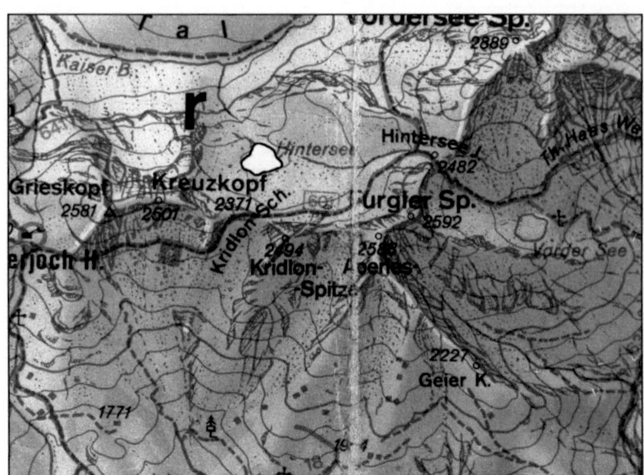

Abb. 3: Topographische Lage (Ö-Karte: Nr. 144)

Morphometrie: Spiegelschwankungen von etwa 3 m wurden beobachtet.
Bei Vermessung (Oktober 1980) Seespiegel etwa 2 m unter Höchststand.

Areal: 3,00 ha	Länge: 230 m	Breite: 192 m
Größte Tiefe: 10,0 m	Mittlere Tiefe: 4,9 m	Volumen: 147.000 m^3

Zu- und Abflüsse:
Zufluss: Ein Hauptzufluss am Ostufer, mit starker Deltabildung, zeitweise unterirdisch.
Mehrere Nebenzuflüsse am Ostufer, nur zur Zeit der Schneeschmelze.
Abfluss: Ein Abfluss am Nordufer, nur zur Zeit der Schneeschmelze, rinnt in den Kaiserbach.

Abwasserbeeinflussung: keine

Wassernutzung: keine

Besitzverhältnisse: KG Kaisers, E Zl 20/II, Gp 867/1, 869, 877/2
Eigentümer: Gemeinde Pettneu a. A.

Zugänglichkeit:
Von Kaisers führt ein Fahrweg bis ins Hintere Kaisertal (Kaiseralpe). Von dort führt ein mit geländegängigen Fahrzeugen befahrbarer Weg bis zum Einstieg eines markierten Pfades in Richtung Hintersee. Gehzeit: ca. 1,5 Stunden ab Kaiseralpe. Dieser Zugang ist nur im Sommer bei besten Witterungsverhältnissen zu empfehlen. Ein weiterer Zugang führt über das Kaiserjochhaus und das Hinterseejoch direkt zum See. Gehzeit: ca. 2,5 Stunden ab Kaiseralpe.
Unterkunft: Kaiserjochhaus (2310 m ü. A.), ca. 60 Gehminuten entfernt.

Fischerei:
Fischereirechte: Revierzugehörigkeit: ev. Revier Nr. 2a (unklar).
Geschichtliches: Keine Hinweise auf Fischbestand.
Fragebogenaktion: Kein Fischbestand.
Untersuchungen: Kein Fischbestand (Oktober 1980).
Beurteilung: Voraussichtlich fischereilich nutzbar.
Literatur:

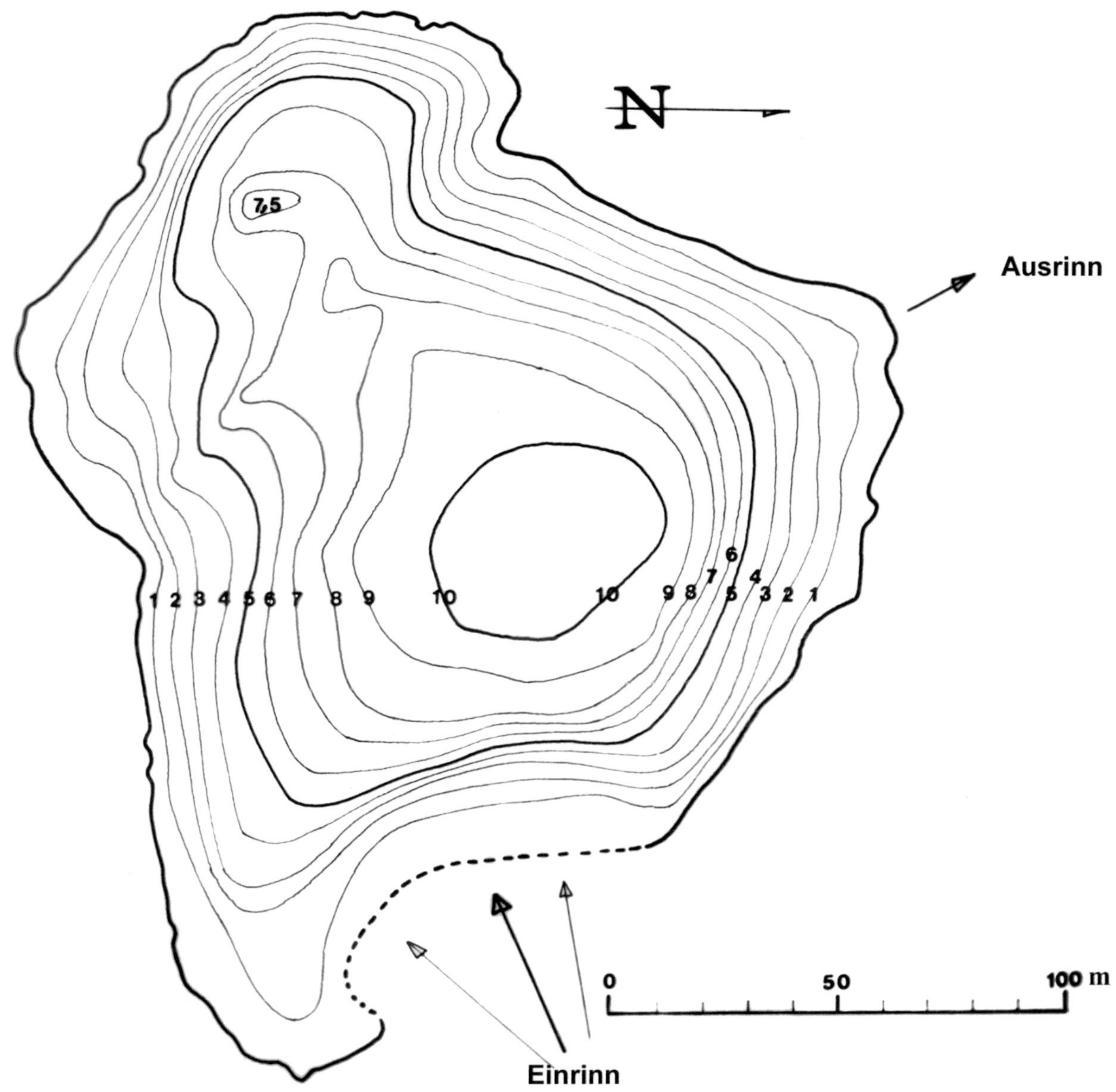

Abb. 4: Tiefenkarte des Hintersees (nach Vermessung 1980)

6.2.1. Weißsee im Kaunertal (Nr. 7); Abb.: 5, 6, F16

Bezirk: Landeck

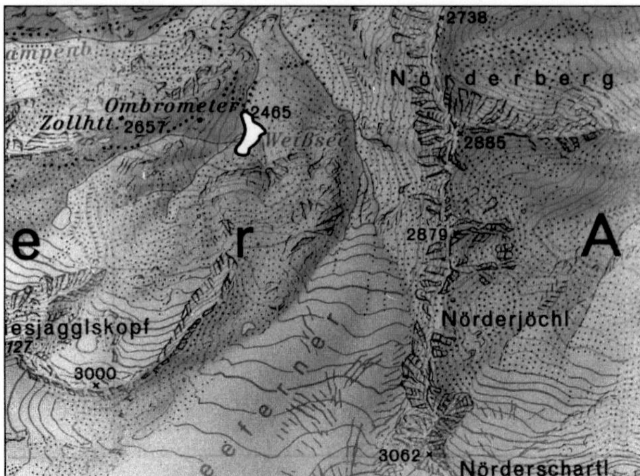

Abb. 5: Topographische Lage (Ö-Karte: Nr. 172)

Gemeinde: Kaunertal

Geographische Lage: 2465 m ü. A.
46° 52' 18" N – 10° 42' 52" E
Ötztaler Alpen,
ca. 1,0 km östlich des Weißseejochs,
westlich des Nörderbergs.
Direkt an der neu erbauten Gletscherstraße.
Österreich-Karte: Nr. 172

Geologie: Ötztal – Stubaital – Kristallin

Entstehung: Wahrscheinlich Moränensee

Einzugsgebiet: ca. 154 ha

Morphometrie:

Areal: 2,30 ha	Länge: 270 m	Breite: 165 m
Größte Tiefe: 6,0 m	Mittlere Tiefe: 2,4 m	Volumen: 54.400 m^3

Zu- und Abflüsse:
Zufluss: Ein oberirdischer Hauptzufluss am Südostufer, mit starker Deltabildung.
Ein oberirdischer Nebenzufluss am Westufer.
Abfluss: Ein oberirdischer Abfluss am Nordostufer = Weißenseebach (durch Straßenbau verlegt).

Abwasserbeeinflussung: Starke Trübstoffbelastung durch Straßenbau (August 1980).

Wassernutzung: keine

Besitzverhältnisse: KG Kaunertal, E Zl 81/II, Gp 1460
Eigentümer: Agrargemeinschaft Birgalpe

Zugänglichkeit:
Über die Kaunertaler Gletscherstraße (Sommerskigebiet) direkt erreichbar.
Unterkunft: Kleines Bauwerk (Funktion unbekannt) in Nähe des Abflusses.

Fischerei:
Fischereirechte: Revierzugehörigkeit: Revier Nr. 12a.
Fischereiberechtigter: Agrargemeinschaft Birgalpe.
Geschichtliches: Keine Hinweise auf Fischbestand.
Fragebogenaktion: Kein Fischbestand.
Untersuchungen: Kein Fischbestand (August 1980).
Beurteilung: Voraussichtlich fischereilich nutzbar.
Literatur: Leutelt-Kipke (1934).

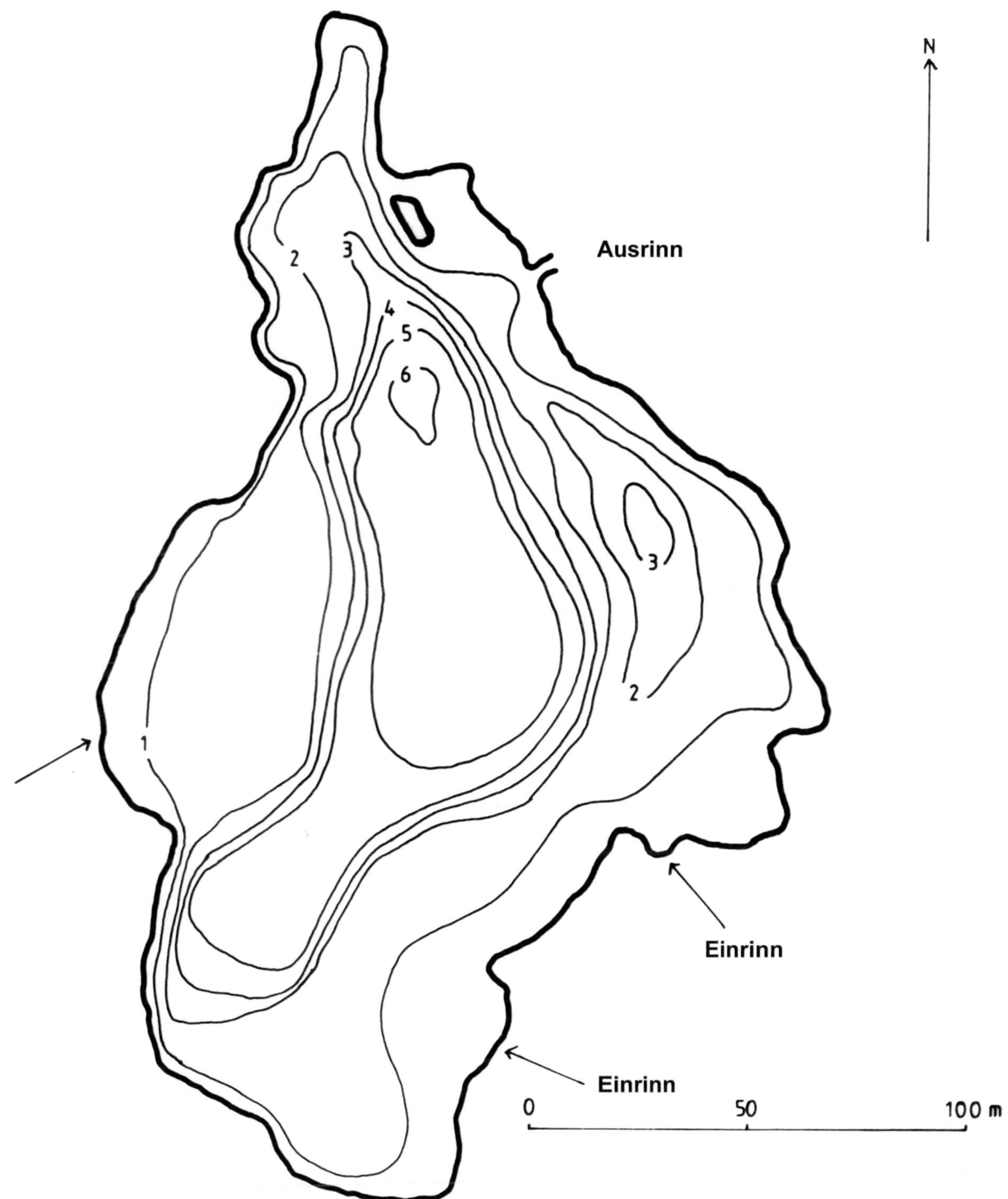

Abb. 6: Tiefenkarte des Weißsees (nach Vermessung 1982)

6.2.2. Hexensee (Nr. 17); Abb.: 7

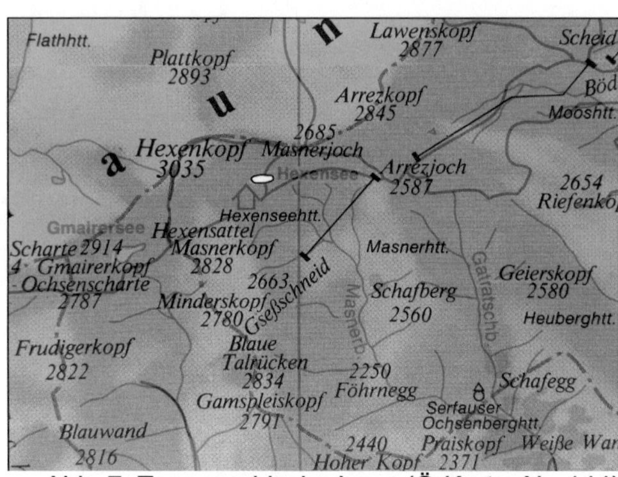

Abb. 7: Topographische Lage (Ö-Karte: Nr. 144)

Bezirk: Landeck

Gemeinde: Serfaus

Geographische Lage: 2590 m ü. A.
47° 01' 10" N – 10° 28' 55" E
Samnaun Gruppe,
ca. 1,0 km westlich des Arrezjochs,
ca. 800 m östlich des Hexenkopfs,
ca. 50 m unterhalb der Hexenseehütte.
Ursprungsgebiet des Masnerbaches.
Österreich-Karte: Nr. 144

Geologie: Silvretta – Kristallin (Gneise)

Entstehung: Wahrscheinlich Karsee

Einzugsgebiet:

Morphometrie: Eine Winterdecke von bis zu 4 m wurde gemessen (April 1980).
Im Winter 1980/1981 erfolgte ein mächtiger Lawinenabgang in den See.
Im August 1981 war der See noch zur Hälfte mit Eis bedeckt.

Areal: 1,00 ha	Länge:	Breite:
Größte Tiefe: 10,0 m	Mittlere Tiefe:	Volumen:

Zu- und Abflüsse:
Zufluss: Ein oberirdischer Zufluss.
Abfluss: Ein oberirdischer Abfluss.

Abwasserbeeinflussung: Eventuell durch Hexenseehütte.

Wassernutzung: Eventuell durch Hexenseehütte.

Besitzverhältnisse: KG Serfaus
Eigentümer:

Zugänglichkeit:
Ein Fahrweg führt bis zum Kölner Haus, von dort führt ein Lift bis auf etwa 2300 m Seehöhe. Von der Bergstation des Liftes führt ein gut markierter Fußweg bis zum See. Gehzeit: ca. 2-3 Stunden.
Alternative: Von Pfunds über das Stuben- und Gmairertal, sowie den Gmairersee zum See. Eine Abkürzung ist über die Serfauser Ochsenberg- und Masnerhütte möglich. Gehzeit: ca. 2-3 Stunden.
Unterkunft: Hexenseehütte, etwa 50 m oberhalb des Sees.

Fischerei:
Fischereirechte: Revierzugehörigkeit:
Geschichtliches: Keine Hinweise auf Fischbestand.
Fragebogenaktion: Vor der Besatzmaßnahme 1979 war der See fischlos (Hüttenwirt der Hexenseehütte).
Besatzmaßnahmen: 1979: 50 St. Regenbogenforellen 10-14 cm und 50 St. Seesaiblinge 16-20 cm.
Die Seesaiblinge waren „Wildlinge" aus dem ehem. Hinteren Finstertaler See.
Untersuchungen: Die Befischung (August 1981) ergab 1 Regenbogenforelle mit 35 cm Länge.
Das Vorkommen weiterer Fischarten kann nicht ausgeschlossen werden.
Beurteilung: Voraussichtlich fischereilich nutzbar.
Literatur:

6.2.3. Oberer Spinnsee (Nr. 21); Abb.: 8, 9, F17

Bezirk: Landeck

Gemeinde: Fiss

Geographische Lage: ca. 2500 m ü. A.
47° 04' 20" N – 10° 32' 00" E
Samnaun Gruppe,
ca. 500 m östlich der Spinnscharte.
Der südlichere der beiden Spinnseen.
Österreich-Karte: Nr. 144

Geologie: Silvretta – Kristallin (Gneise)

Entstehung: Karsee

Einzugsgebiet: ca. 18 ha

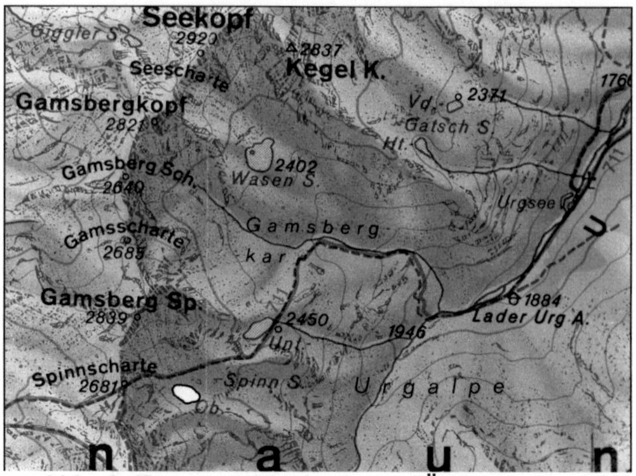

Abb. 8: Topographische Lage (Ö-Karte: Nr. 144)

Morphometrie:

Areal: 1,15 ha	Länge: 170 m	Breite: 100 m
Größte Tiefe: 8,0 m	Mittlere Tiefe: 3,7 m	Volumen: 43.000 m^3

Zu- und Abflüsse:
Zufluss: Kein oberirdischer Zufluss.
Abfluss: Kein oberirdischer Abfluss (nur ein unterirdischer Abfluss am Ostufer).

Abwasserbeeinflussung: keine

Wassernutzung: keine

Besitzverhältnisse: KG Fiss, E Zl 54/II, wahrscheinlich auf Gp 2166
Eigentümer: Gemeinde Ladis

Zugänglichkeit:
Von Fiss führt ein Fahrweg bis zur Lader Urgalpe. Von dort führt ein markierter Weg, der in gutem Zustand ist, zu den Spinnseen. Gehzeit: ca. 2 Stunden.
Unterkunft: Lader Urgalpe (1884 m ü. A.), ca. 120 Gehminuten entfernt.

Fischerei:
Fischereirechte: Revierzugehörigkeit: Revier Nr. 14, lt.
Fischereikataster: Alle im Einzugsgebiet Urgbaches liegenden Gewässer.
Geschichtliches: Keine Hinweise auf Fischbestand.
Fragebogenaktion: Keine Hinweise auf Fischbestand.
Untersuchungen: Kein Fischbestand (September 1980).
Beurteilung: Voraussichtlich fischereilich nutzbar.
Literatur:

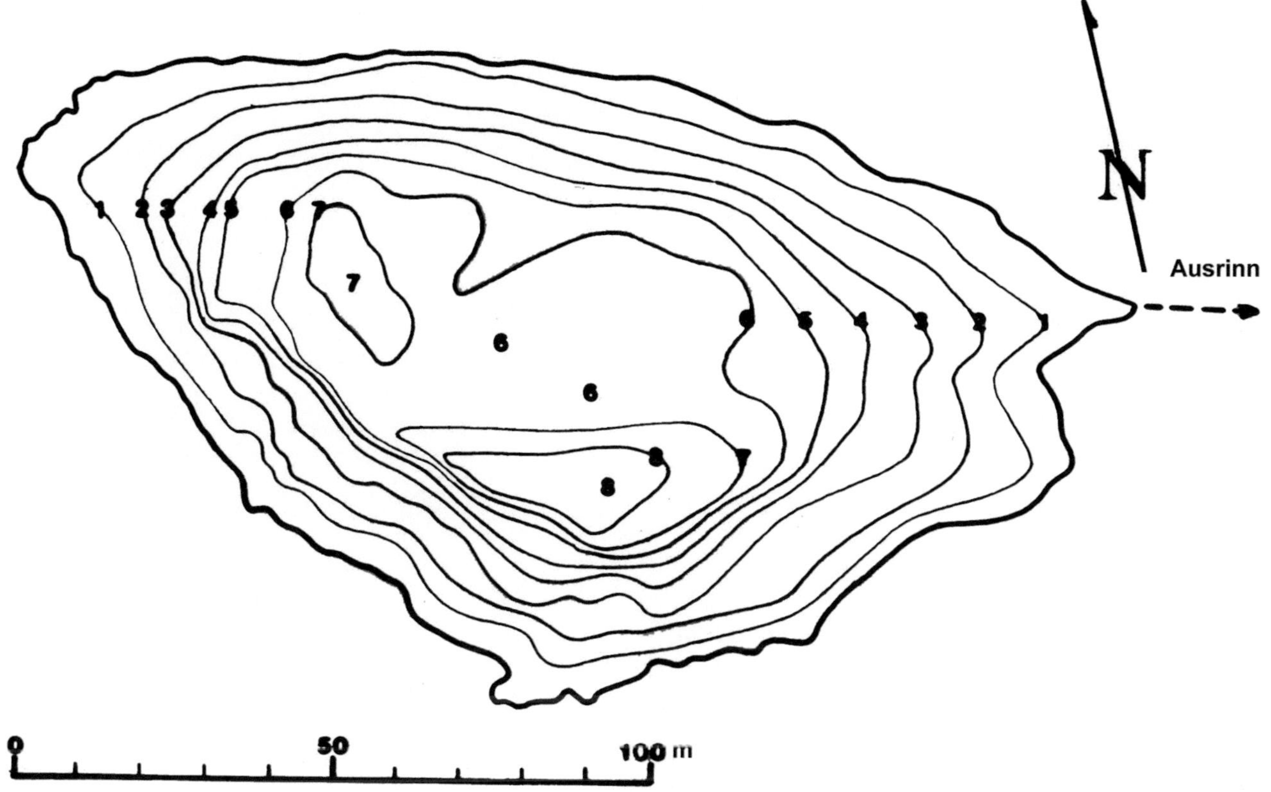

Abb. 9: Tiefenkarte des Oberen Spinnsees (nach Vermessung 1980)

6.2.4. Unterer Spinnsee (Nr. 22); Abb.: 10, 11, F18

Bezirk: Landeck

Gemeinde: Fiss

Geographische Lage: 2450 m ü. A.
47° 04' 30" N – 10° 32' 25" E
Samnaun Gruppe,
ca. 1,0 km östlich der Gamsberspitze.
Der nördlichere der beiden Spinnseen.
Österreich-Karte: Nr. 144

Geologie: Silvretta – Kristallin (Gneise)

Entstehung: Karsee

Einzugsgebiet: ca. 12 ha

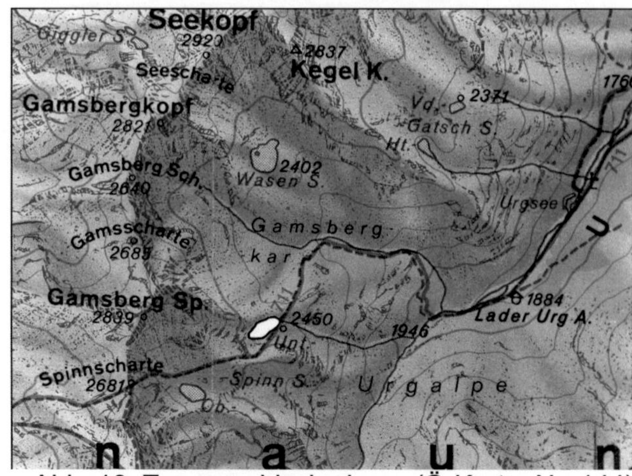

Abb. 10: Topographische Lage (Ö-Karte: Nr. 144)

Morphometrie:
Areal: 1,20 ha — Länge: 200 m — Breite: 80 m
Größte Tiefe: 6,0 m — Mittlere Tiefe: 3,0 m — Volumen: 36.000 m^3

Zu- und Abflüsse:
Zufluss: Ein unterirdischer Zufluss am Westufer (hörbar und an der Eintrittstelle in den See auch sichtbar).
Abfluss: Ein oberirdischer Abfluss am Ostufer (Wasserführung ca. 30 l/s).

Abwasserbeeinflussung: keine

Wassernutzung: keine

Besitzverhältnisse: KG Fiss, E Zl 54/II, wahrscheinlich auf Gp 2166 oder Gp 2167
Eigentümer: Gemeinde Ladis

Zugänglichkeit:
Von Fiss führt ein Fahrweg bis zur Lader Urgalpe. Von dort führt ein markierter Weg, der in gutem Zustand ist, zu den Spinnseen. Gehzeit: ca. 2 Stunden.
Unterkunft: Lader Urgalpe (1884 m ü. A.), ca. 120 Gehminuten entfernt.

Fischerei:
Fischereirechte: Revierzugehörigkeit: Revier Nr. 14, lt.
Fischereikataster: Alle im Einzugsgebiet Urgbaches liegenden Gewässer.
Geschichtliches: Keine Hinweise auf Fischbestand.
Fragebogenaktion: Keine Hinweise auf Fischbestand.
Untersuchungen: Die Befischung (September 1980) ergab insgesamt 11 Forellen (siehe Fischfangliste). Die gefangenen Fische entstammen wahrscheinlich einer weniger Jahre zurückliegenden Besatzaktivität. Nach den gefangenen Fischen zu urteilen besteht der Fischbestand im See für beide Fischarten nur aus einer Generation, d.h. dass bisher keine Reproduktion oder kein natürliches Aufkommen stattfindet.
Die gefangenen Fische wurden zur weiteren Untersuchung konserviert.
Beurteilung: Fischereilich nutzbar.
Literatur:

Fischfangliste:

Regenbogenforelle Nr.	1	2	3	4	5	6	7	8	9		
Bachforelle Nr.										1	2
Länge (cm)	34	33	31	31	30	29	27	25	25	40	34
Gewicht (g)	410	480	370	355	380	360	256	188	185	656	312
Geschlecht	M	W	W	W	W	M	M	M	W	W	M
Gonaden (g)	1	2	2	4	4	2	4	1	1	80	1

Anmerkung: M = Männchen (♂), W = Weibchen (♀).

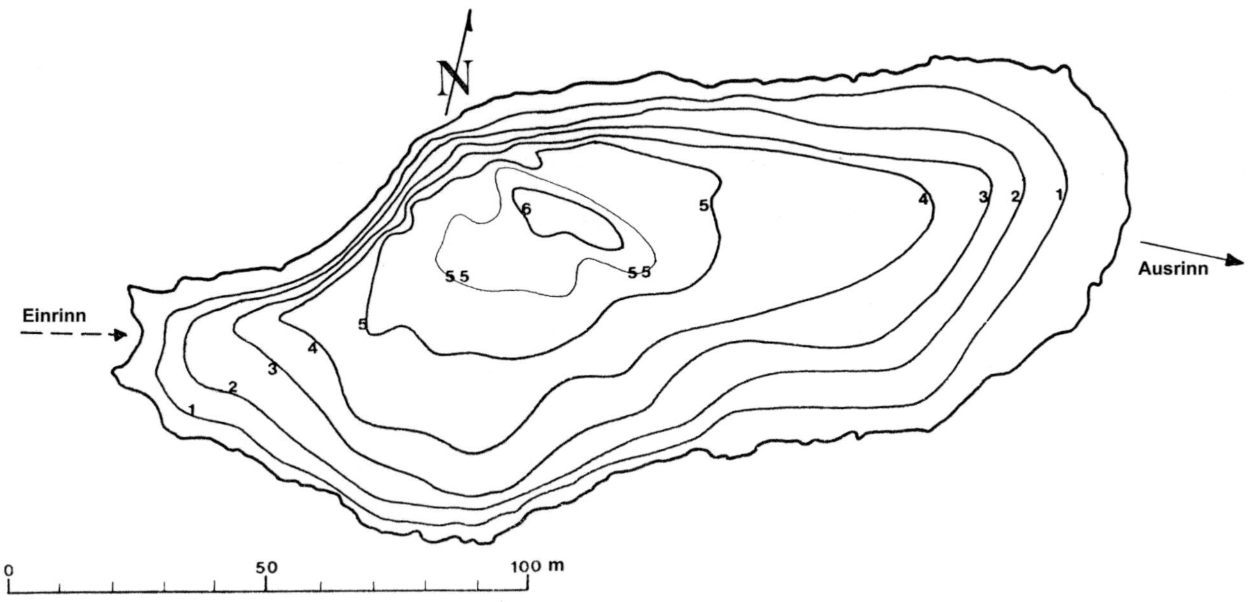

Abb. 11: Tiefenkarte des Unteren Spinnsees (nach Vermessung 1980)

6.2.5. Wasensee (Nr. 23); Abb.: 12, 13, F11, F19

Bezirk: Landeck

Gemeinde: Fiss

Geographische Lage: ca. 2402 m ü. A.
47° 05' 10" N – 10° 32' 20" E
Samnaun Gruppe,
ca. 1,0 km nördlich des Unteren Spinnsees.
ca. 700 m östlich des Gamsbergkopfs,
ca. 600 m südlich des Kegelkopfs,
Österreich-Karte: Nr. 144

Geologie: Silvretta – Kristallin (Gneise)

Entstehung: Karsee

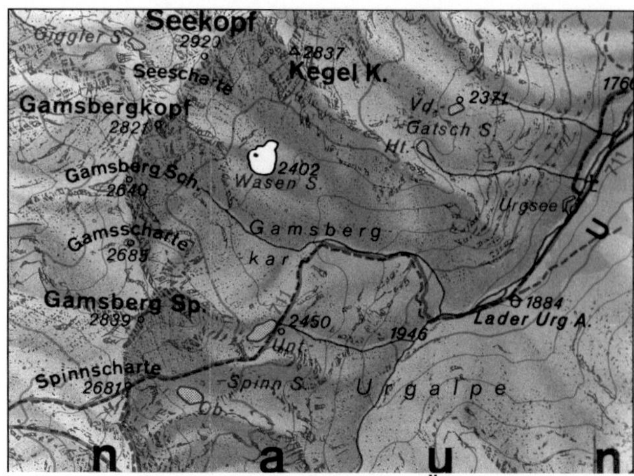

Abb. 12: Topographische Lage (Ö-Karte: Nr. 144)

Einzugsgebiet: ca. 50 ha

Morphometrie: Keine Spiegelschwankungen beobachtet.

Areal: 2,50 ha	Länge: 233 m	Breite: 167 m
Größte Tiefe: 9,5 m	Mittlere Tiefe: 3,3 m	Volumen: 82.000 m^3

Zu- und Abflüsse:
Zufluss: Kein oberirdischer Zufluss.
Abfluss: Kein oberirdischer Abfluss (nur ein unterirdischer Abfluss am Südostufer).

Abwasserbeeinflussung: keine

Wassernutzung: keine

Besitzverhältnisse: KG Fiss, E Zl 54/II, Gp 2166
Eigentümer: Gemeinde Ladis

Zugänglichkeit:
Von Fiss führt ein Fahrweg bis zur Lader Urgalpe. Von dort führt ein markierter Weg, der in gutem Zustand ist, zu den Spinnseen. Der Wasensee ist auf diesem Weg erreichbar (Abzweigung kurz vor dem Unteren Spinnsee). Gehzeit: ca. 2 Stunden.
Unterkunft: Lader Urgalpe (1884 m ü. A.), ca. 1,5 km und 120 Gehminuten entfernt.

Fischerei:
Fischereirechte: Revierzugehörigkeit: Revier Nr. 14.
Geschichtliches: Keine Hinweise auf Fischbestand.
Fragebogenaktion: Keine Hinweise auf Fischbestand.
Untersuchungen: Die Befischung (August 1980) ergab insgesamt 9 Forellen (siehe Fischfangliste). Die gefangenen Fische entstammen sicher aus einer weniger Jahre zurückliegenden Besatzaktivität. Wahrscheinlich besteht der Fischbestand im See nur aus einer Generation an Regenbogenforellen, d.h. dass bisher keine Reproduktion oder kein natürliches Aufkommen stattfindet. Alle gefangenen Fische waren geschlechtsreif, die Weibchen waren zur Zeit der Befischung bereits überreif, einige wurden im See tot treibend angetroffen. Offensichtlich erfolgt im Wasensee keine Eiablage.
Bei allen Forellen war der Magen prall mit ca. 5 mm großen Schwimmkäfern gefüllt.
Beurteilung: Fischereilich nutzbar.
Literatur:

Fischfangliste:

Regenbogenforelle Nr.	1	2	3	4	5	6	7	8	9
Länge (cm)	45	43	42	38	38	38	37	36	35
Gewicht (g)	1072	971	920	622	612	610	715	582	370
Geschlecht	M	W	M	M	W	M	W	M	W

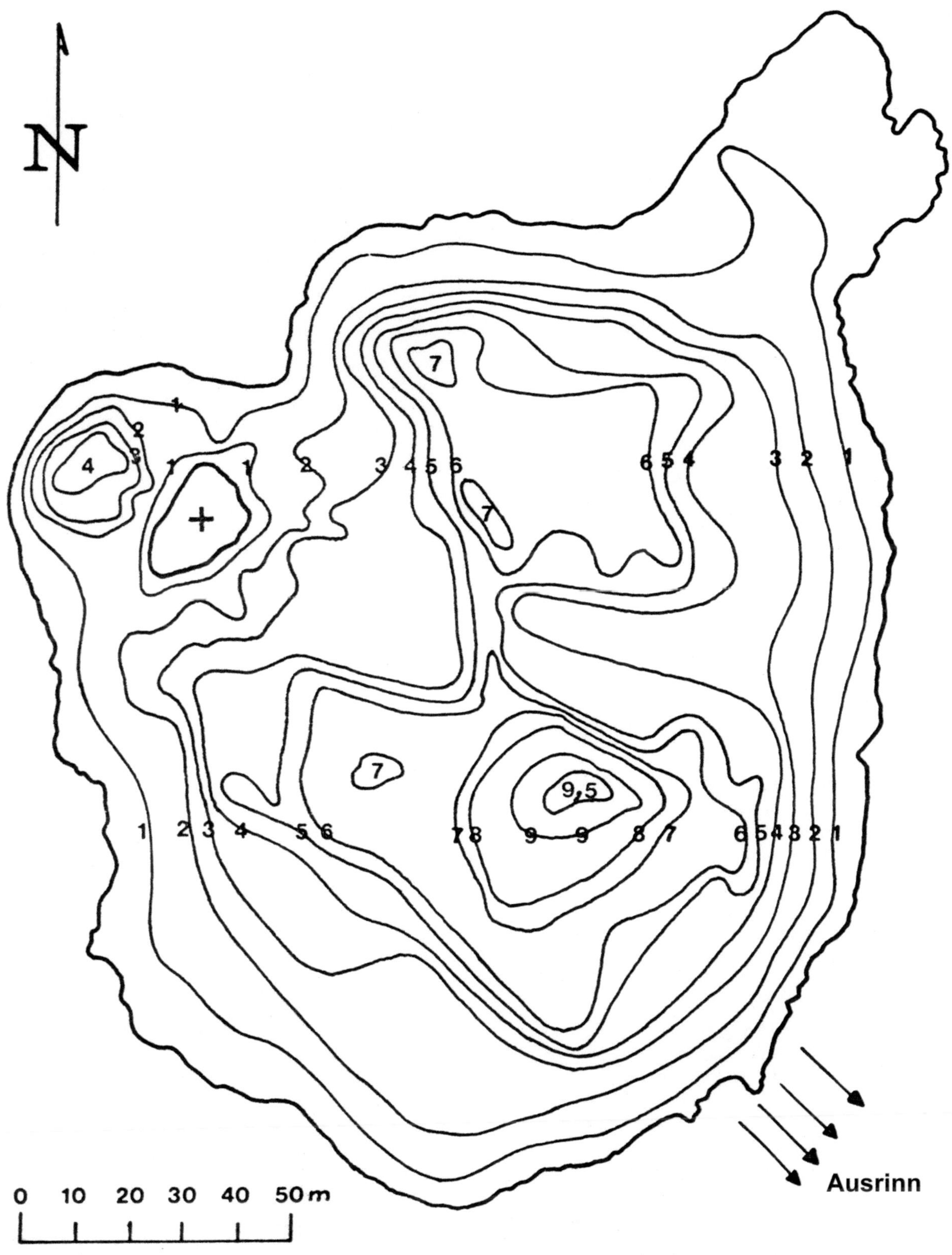

Abb. 13: Tiefenkarte des Wasensees (nach Vermessung 1980)
Anmerkung: + = Insel.

6.2.6. Steinsee (Nr. 24); Abb.: 14, F20, F21, F22

Bezirk: Landeck

Gemeinde: Zams

Geographische Lage: ca. 2222 m ü. A.
47° 13' 45" N – 10° 36' 00" E
Lechtaler Alpen,
ca. 800 m südwestlich der Hanauerspitze,
ca. 600 m nordöstlich der Steinsee-Hütte.
Ursprung des Steinseebaches.
Österreich-Karte: Nr. 145

Abb. 14: Topographische Lage (Ö-Karte: Nr. 145)

Geologie: Nordtiroler Kalkalpen (Karbonate)

Entstehung: Felsbeckensee

Einzugsgebiet: ca. 76 ha

Morphometrie:

Areal: 1,80 ha	Länge: 212 m	Breite: 133 m
Größte Tiefe: 8,3 m	Mittlere Tiefe:	Volumen:

Zu- und Abflüsse:
Zufluss: Zwei oberirdische Zuflüsse.
Abfluss: Ein oberirdischer Abfluss (Wasserführung ca. 70 l/s).

Abwasserbeeinflussung: keine

Wassernutzung: keine

Besitzverhältnisse: KG Zams, E Zl 218/II, Gp 2369
Eigentümer: Gedingstatt Zams

Zugänglichkeit:
Von Boden aus über die Hanauer Hütte (1918 m) und die westliche Tremelscharte zum See. Streckenweise schwierig begehbar. Alternative: Von Zams aus über die Alfutz-Alpe (1261 m) zum See. Gehzeit: jeweils ca. 2,5 Stunden.
Unterkunft: Steinsee-Hütte (2061 m ü. A.), ÖAV Sektion Landeck, ca. 20 Gehminuten entfernt.

Fischerei:
Fischereirechte: Revierzugehörigkeit: Revier Nr. 9.
Fischereiberechtigter: Gemeinde Schönwies.
Geschichtliches: Diem (1964): „Ain See neben Cronburg über in ainer perg haist zum stain der ist besetzt mit vörchen" (Vörchen = Forellen). Nach Urkunde: Vermerckt die See und Päch (1504).
„Wildsee zum Stain - ist besetzt mit vorchen". Nach Fischereibuch Kaiser Maximilians I. (1504).
„Wildsee zum Stain von wenig nutzen". Nach Generalia II. (1723).
Fragebogenaktion: Fischbesatz fehlgeschlagen.
Untersuchungen: Kein Fischbestand (August 1980).
Beurteilung: Voraussichtlich fischereilich nutzbar.
Literatur: Diem (1964).

6.2.7. Oberer Seewiessee (Nr. 29); Abb.: 15, 16, F23, F24

Abb. 15: Topographische Lage (Ö-Karte: Nr. 144)

Bezirk: Landeck

Gemeinde: Zams

Geographische Lage: ca. 2460 m ü. A.
47° 11' 23" N – 10° 29' 08" E
Lechtaler Alpen,
ca. 500 m südlich des Unteren Seewiessees,
ca. 500 m östlich des Mittleren Seekopfs.
nördlich der Parseier Spitze.
Österreich-Karte: Nr. 144

Geologie: Nordtiroler Kalkalpen (Karbonate)

Entstehung: Felsbeckensee

Einzugsgebiet: ca. 20 ha.

Morphometrie:

Areal: 1,43 ha	Länge: 180 m	Breite: 125 m
Größte Tiefe: 13,5 m	Mittlere Tiefe: 4,9 m	Volumen: 70.000 m^3

Zu- und Abflüsse:
Zufluss: Ein oberirdischer Hauptzufluss am Ostufer, mit starker Deltabildung (Wasserführung ca. 10 l/s).
Ein oberirdischer Nebenzufluss (Wasserführung sehr gering).
Abfluss: Ein oberirdischer Abfluss am Westufer (Wasserführung ca. 10 l/s), rinnt in den Mittl. Seewiessee.

Abwasserbeeinflussung: keine

Wassernutzung: keine

Besitzverhältnisse: KG Zams, E Zl 218/II, Gp 2404
Eigentümer: Agrargemeinschaft Birgalpe

Zugänglichkeit:
Von Bach im Lechtal führt eine Schotterstraße über Madau zur Alpige Alm (1454 m). Über einen gut markierten Gehweg gelangt man in ca. 1,5 Stunden zur Memminger Hütte (2242 m). Der weiterführende, markierte Gehweg, lässt den See in weiteren 45 Minuten erreichen.
Unterkunft: Memminger Hütte (2242 m ü. A.), ca. 45 Gehminuten entfernt.

Fischerei:
Fischereirechte: Revierzugehörigkeit: unklar.
Geschichtliches: Keine Hinweise auf Fischbestand.
Fragebogenaktion: Kein Fischbestand.
Untersuchungen: Kein Fischbestand (August 1982).
Beurteilung: Voraussichtlich fischereilich nutzbar.
Literatur:

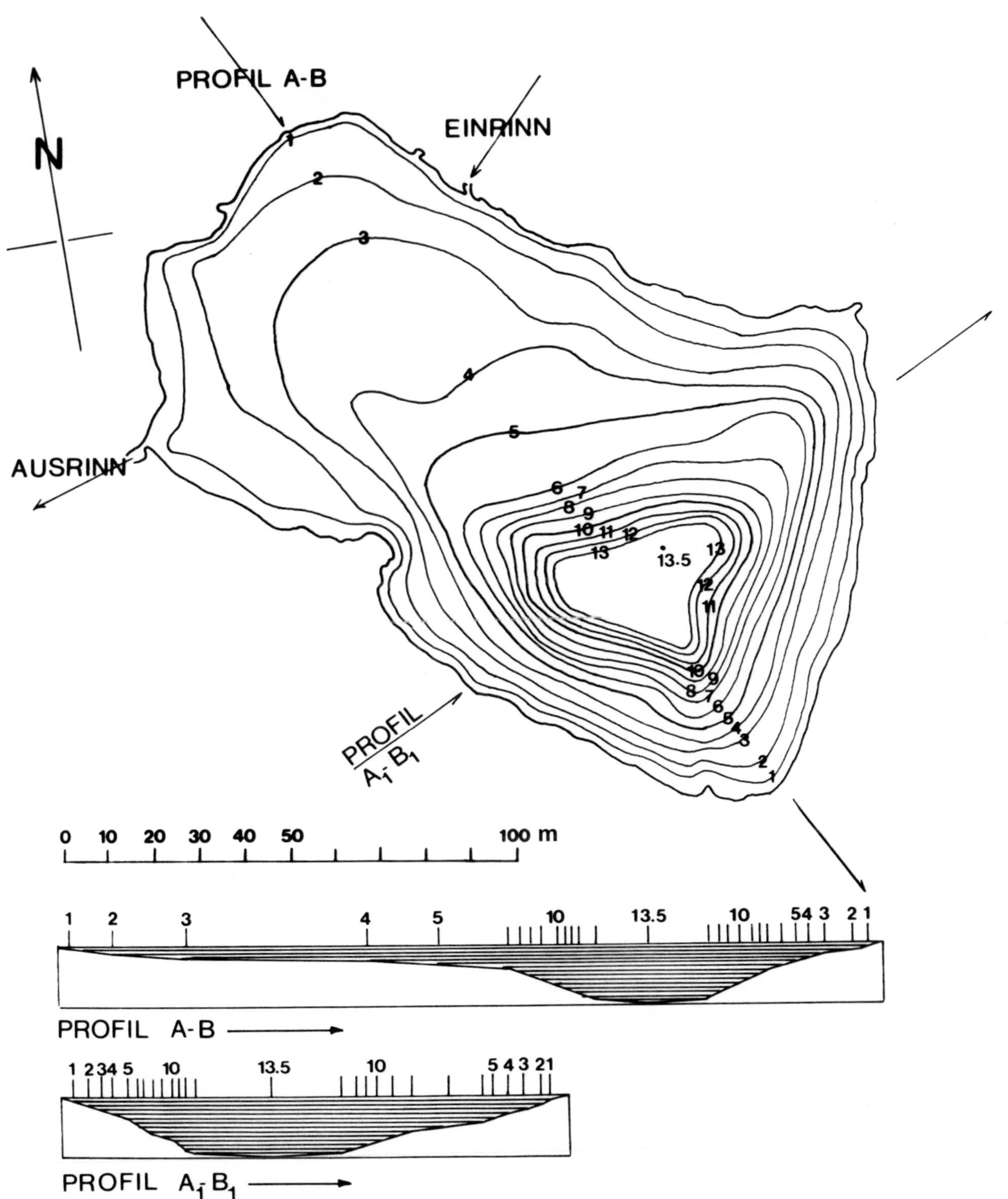

Abb. 16: Tiefenkarte des Oberen Seewiessees (nach Vermessung 1982)

6.2.8. Mittlerer Seewiessee (Nr. 30); Abb.: 17, 18, F25, F26

Bezirk: Landeck

Gemeinde: Zams

Geographische Lage: ca. 2430 m ü. A.
47° 11' 33" N – 10° 29' 27" E
Lechtaler Alpen,
ca. 400 m nordöstlich des Oberen Seewiessees,
ca. 400 m westlich der Seeschartenspitze.
Österreich-Karte: Nr. 144

Geologie: Nordtiroler Kalkalpen (Karbonate)

Entstehung: Felsbeckensee

Einzugsgebiet: ca. 50 ha.

Abb. 17: Topographische Lage (Ö-Karte: Nr. 144)

Morphometrie:

Areal: 0,55 ha	Länge: 120 m	Breite: 65 m
Größte Tiefe: 4,7 m	Mittlere Tiefe: 2,4 m	Volumen: 13.340 m^3

Zu- und Abflüsse:
Zufluss: Ein oberirdischer Hauptzufluss am Südufer, mit starker Deltabildung (Wasserführung ca. 15-20 l/s). Der Hauptzufluss wird im Wesentlichen durch den Abfluss des Oberen Seewiesensees gebildet, nimmt aber auf der Strecke noch etwas Wasser auf.
Ein temporärer Nebenzufluss, wird von Schneefeld gespeist (Wasserführung ca. 1-2 l/s).
Abfluss: Ein oberirdischer Abfluss am Nordufer, teils durch Blockwurf überdeckt (Wasserführung entspricht Zuflüssen).

Abwasserbeeinflussung: keine

Wassernutzung: keine

Besitzverhältnisse: KG Zams, E Zl 218/II, Gp 2405
Eigentümer: Agrargemeinschaft Birgalpe

Zugänglichkeit:
Von Bach im Lechtal führt eine Schotterstraße über Madau zur Alpige Alm (1454 m). Über einen gut markierten Gehweg gelangt man in ca. 1,5 Stunden zur Memminger Hütte (2242 m). Der weiterführende, markierte Gehweg, lässt den See in weiteren 30 Minuten erreichen.
Unterkunft: Memminger Hütte (2242 m ü. A.), ca. 30 Gehminuten entfernt.

Fischerei:
Fischereirechte: Revierzugehörigkeit: unklar.
Geschichtliches: Keine Hinweise auf Fischbestand.
Fragebogenaktion: Kein Fischbestand.
Untersuchungen: Kein Fischbestand (August 1982).
Beurteilung: Voraussichtlich fischereilich nutzbar.
Literatur:

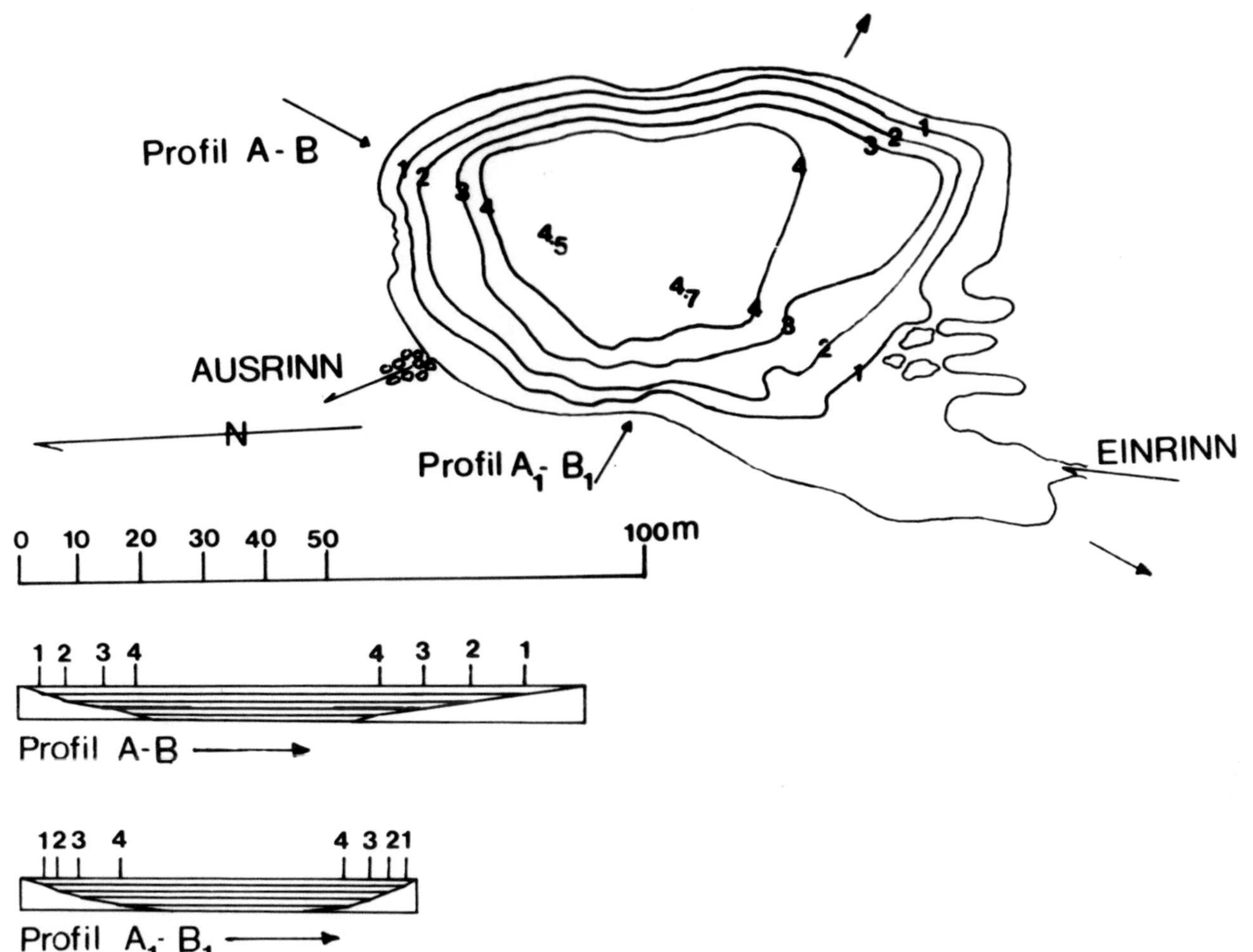

Abb. 18: Tiefenkarte des Mittleten Seewiessees (nach Vermessung 1982)
Anmerkung: Uferlinie und Ausrichtung nicht exakt

6.2.9. Unterer Seewiessee (Nr. 31); Abb.: 19, 20, F27

Bezirk: Landeck

Gemeinde: Zams

Geographische Lage: ca. 2240 m ü. A.
47° 11' 44" N – 10° 28' 55" E
Lechtaler Alpen,
ca. 500 m nördlich des Oberen Seewiessees,
ca. 250 m südöstlich der Memminger Hütte,
südwestlich der Kleinbergspitze.
Österreich-Karte: Nr. 144

Geologie: Nordtiroler Kalkalpen (Karbonate)

Entstehung: Karsee

Einzugsgebiet: ca. 106 ha.

Abb. 19: Topographische Lage (Ö-Karte: Nr. 144)

Morphometrie:

Areal: 1,80 ha	Länge: 270 m	Breite: 160 m
Größte Tiefe: 2,2 m	Mittlere Tiefe: 1,2 m	Volumen: 21.500 m^3

Zu- und Abflüsse:
Zufluss: Ein oberirdischer Hauptzufluss am Nordufer (Wasserführung von einigen Sekundenlitern). Mehrere temporäre Einsickerungen am Südufer, werden von Schneefeld gespeist.
Abfluss: Ein oberirdischer Abfluss am Westufer (Wasserführung entspricht Zuflüssen).

Abwasserbeeinflussung: Durch Viehweide wird der See relativ stark gedüngt (August 1982).

Wassernutzung: keine

Besitzverhältnisse: KG Zams, E Zl 218/II, Gp 2406
Eigentümer: Gedingstatt Zams

Zugänglichkeit:
Von Bach im Lechtal führt eine Schotterstraße über Madau zur Alpige Alm (1454 m). Über einen gut markierten Gehweg gelangt man in ca. 1,5 Stunden zur Memminger Hütte (2242 m). Der weiterführende, markierte Gehweg, lässt den See in wenigen Minuten erreichen.
Unterkunft: Memminger Hütte (2242 m ü. A.) in unmittelbarer Nähe.

Fischerei:
Fischereirechte: Revierzugehörigkeit: unklar.
Geschichtliches: Keine Hinweise auf Fischbestand.
Fragebogenaktion: Kein Fischbestand.
Untersuchungen: Kein Fischbestand (August 1982).
Beurteilung: Voraussichtlich fischereilich nutzbar.
Literatur:

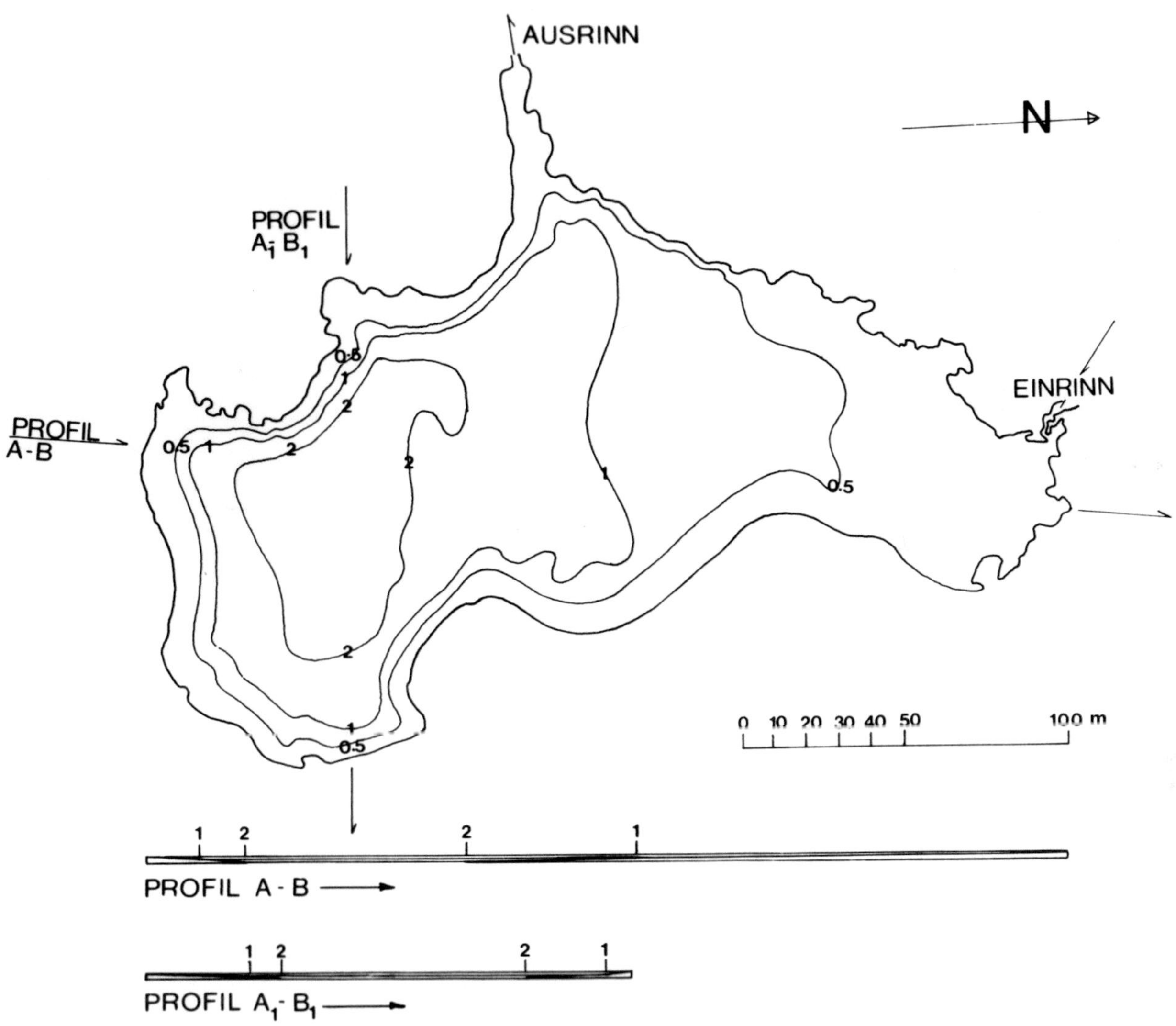

Abb. 20: Tiefenkarte des Unteren Seewiessees (nach Vermessung 1982)

6.2.10. Oberer Blankasee (Nr. 34); Abb.: 21, 22, F28, F29, F30

Bezirk: Landeck

Gemeinde: Kappl

Geographische Lage: 2470 m ü. A.
47° 06' 03" N – 10° 22' 35" E
Verwall Gruppe,
ca. 1,6 km südlich des Hohen Rifflers,
südwestlich der Blankaspitze (Gampernunspitze),
östlich des Kapplerjochs.
Ursprungsgebiet des Blankabaches.
Österreich-Karte: Nr. 144

Geologie: Silvretta – Kristallin (Gneise)

Abb. 21: Topographische Lage (Ö-Karte: Nr. 144)

Entstehung: Felsbeckensee
Ein Nord-Süd gerichtetes, längsgestrecktes Becken wird durch einen querliegenden Riegel zweigeteilt, wobei zwei Seebecken entstehen. Der Obere Blankasee liegt im nördlichen dieser beiden Becken. Die Westseite des Sees wird durch steil stehende Felsrippen, die Ost- und Nordseite von grobem Blockwerk eingegrenzt.

Einzugsgebiet: ca. 140 ha.

Morphometrie: Tiefenlinien wegen Eisschollen nur ungenau erfasst.

Areal: 1,40 ha	Länge: 236 m	Breite: 84 m
Größte Tiefe: 9,0 m	Mittlere Tiefe: 2,8 m	Volumen: 40.000 m^3

Zu- und Abflüsse:
Zufluss: Ein durch Blockwerk verdeckter Hauptzufluss am Nordufer, wird durch zwei im vorgelagerten Hochkar gelegene, kleinere Seen gespeist.
Ein oberirdischer Nebenzufluss (Wasserführung einige Sekundenliter).
Abfluss: Ein oberirdischer Abfluss am Südufer (Wasserführung ca. 80-100 l/s). Der Abfluss fällt in mehreren Stufen mit insgesamt ca. 10 Höhenmetern in den Unteren Blankasee.

Abwasserbeeinflussung: keine.

Wassernutzung: keine

Besitzverhältnisse: KG Kappl, E Zl 356/II, Gp 7232/7233
Eigentümer: Alminteressentschaft Durrickalpe – Kappl

Zugänglichkeit:
Von Kappl führt eine Schotterstraße (Genehmigungspflicht) auf die Durrichalpe. Von dort führt ein markierter Fußweg zu den Blankaseen. Gehzeit: ca. 1 Stunde ab Durrichalpe.
Unterkunft: Durrichalpe (1900 m ü. A.), ca. 60 Gehminuten entfernt.

Fischerei:
Fischereirechte: Revierzugehörigkeit: Revier Nr. 22 (zweifelhaft).
Geschichtliches: Keine Hinweise auf Fischbestand.
Fragebogenaktion: Kein Fischbestand.
Untersuchungen: Kein Fischbestand (August 1982).
Beurteilung: Voraussichtlich fischereilich nutzbar.
Literatur:

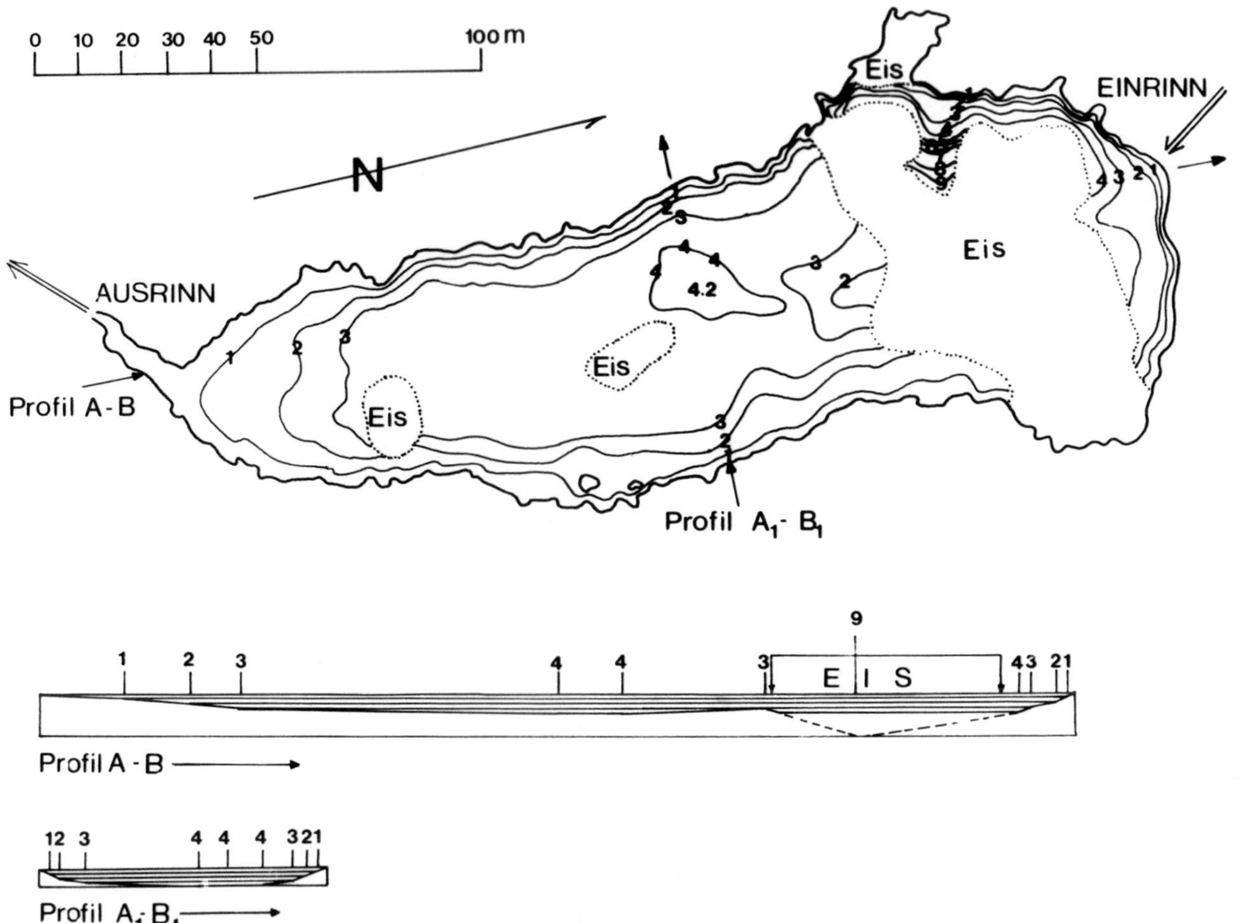

Abb. 22: Tiefenkarte des Oberen Blankasees (nach Vermessung 1982)

6.2.11. Unterer Blankasee (Nr. 35); Abb.: 23, 24, F28, F31

Bezirk: Landeck

Gemeinde: Kappl

Geographische Lage: 2460 m ü. A.
47° 05' 58" N – 10° 22' 35" E
Verwall Gruppe,
ca. 1,3 km südlich des Hohen Rifflers,
südwestlich der Blankaspitze (Gampernunspitze),
östlich des Kapplerjochs.
Ursprungsgebiet des Blankabaches.
Österreich-Karte: Nr. 144

Geologie: Silvretta – Kristallin (Gneise)

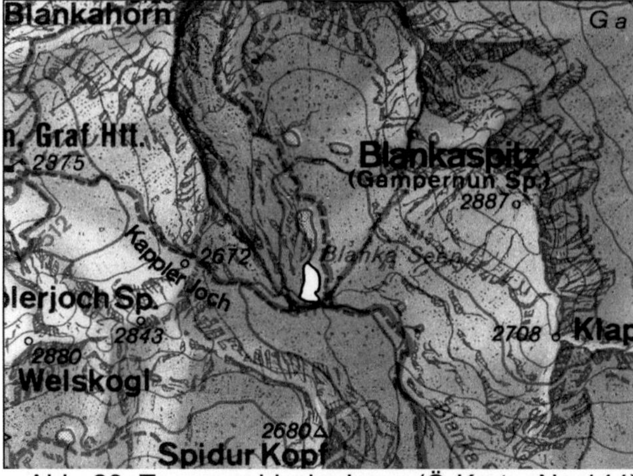

Abb. 23: Topographische Lage (Ö-Karte: Nr. 144)

Entstehung: Moränensee
Ein Nord-Süd gerichtetes, längsgestrecktes Becken wird durch einen querliegenden Riegel zweigeteilt, wobei zwei Seebecken entstehen. Der Untere Blankasee liegt im südlichen dieser beiden Becken. Das bereits vorgegebene Seebecken wird durch einen an der Südseite liegenden Moränenwall zusätzlich gestaut. Die Westseite des Sees wird durch steil stehende Felsrippen, die Ostseite von grobem Blockwerk eingegrenzt.

Einzugsgebiet: ca. 140 ha.

Morphometrie:

Areal: 1,30 ha	Länge: 204 m	Breite: 80 m
Größte Tiefe: 9,5 m	Mittlere Tiefe: 3,8 m	Volumen: 50.000 m^3

Zu- und Abflüsse:
Zufluss: Ein oberirdischer Hauptzufluss am Nordufer, der den Abfluss der Oberen Blankasees bildet.
Mehrere kleine oberirdische Nebenzuflüsse am Westufer (mit sehr schwacher Wasserführung).
Abfluss: Zwei oberirdische Abflüsse am Südufer (Wasserführung insgesamt ca. 80-100 l/s).

Abwasserbeeinflussung: keine.

Wassernutzung: keine

Besitzverhältnisse: KG Kappl, E Zl 356/II, Gp 7232/7233
Eigentümer: Alminteressentschaft Durrickalpe – Kappl

Zugänglichkeit:
Von Kappl führt eine Schotterstraße (Genehmigungspflicht) auf die Durrichalpe. Von dort führt ein markierter Fußweg zu den Blankaseen. Gehzeit: ca. 1 Stunde ab Durrichalpe.
Unterkunft: Durrichalpe (1900 m ü. A.), ca. 60 Gehminuten entfernt.

Fischerei:
Fischereirechte: Revierzugehörigkeit: Revier Nr. 22 (zweifelhaft).
Geschichtliches: Keine Hinweise auf Fischbestand.
Fragebogenaktion: Kein Fischbestand.
Untersuchungen: Kein Fischbestand (August 1982).
Beurteilung: Voraussichtlich fischereilich nutzbar.
Literatur:

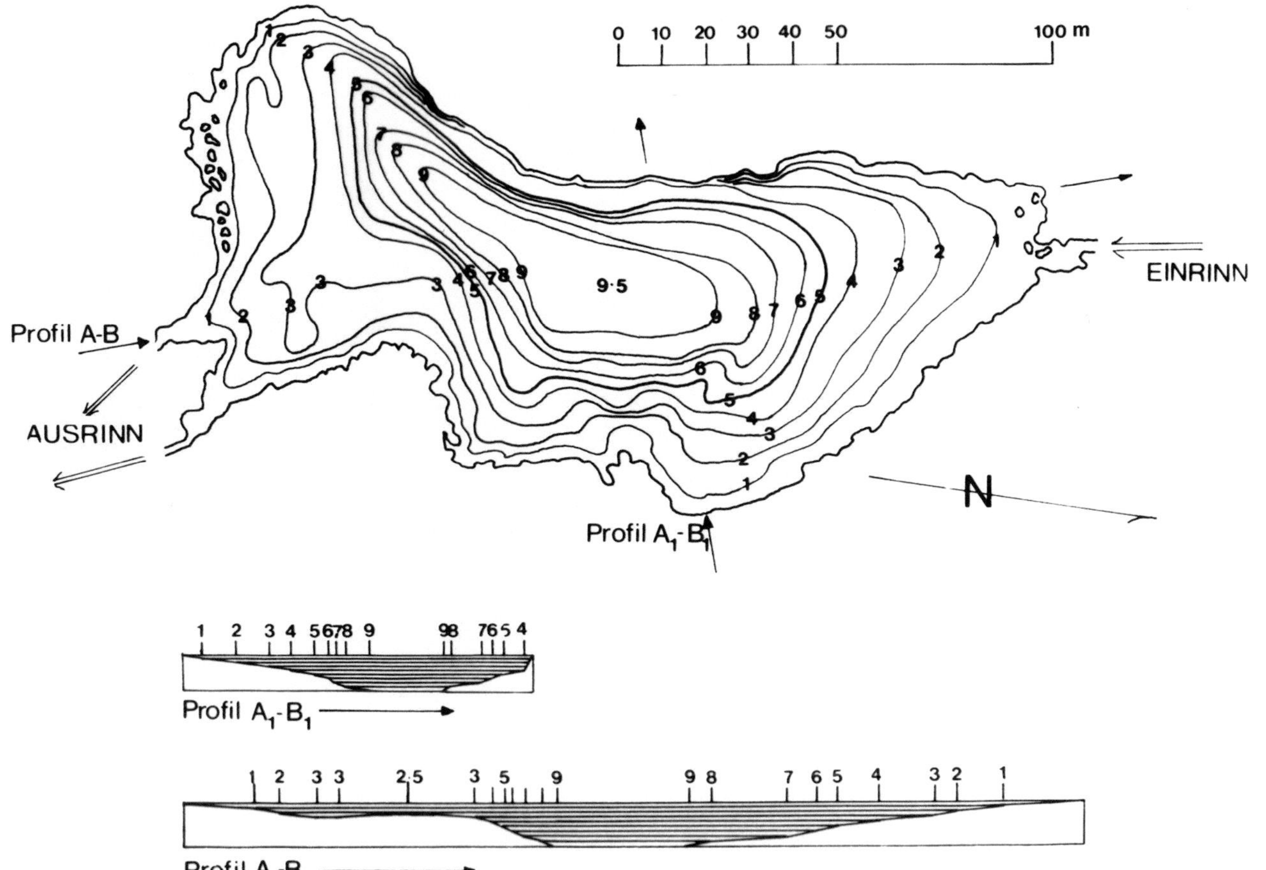

Abb. 24: Tiefenkarte des Unteren Blankasees (nach Vermessung 1982)

6.2.12. Vordersee (Nr. 43); Abb.: 25, F32

Bezirk: Landeck

Gemeinde: Pettneu am Arlberg

Geographische Lage: 2150 m ü. A.
47° 10' 30" N – 10° 22' 05" E
Lechtaler Alpen,
ca. 1,0 km südlich der Vorderseespitze,
ca. 900 m nördlich des Geierkopfes,
ca. 700 m südwestlich des Hinterseejochs.
Österreich-Karte: Nr. 144

Geologie: Nordtiroler Kalkalpen (Karbonate)

Entstehung: Karsee

Einzugsgebiet: ca. 70 ha.

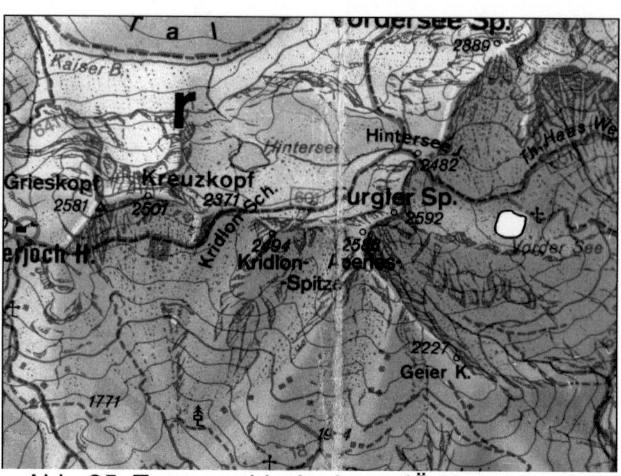

Abb. 25: Topographische Lage (Ö-Karte: Nr. 144)

Morphometrie: Extrem starke Seespiegelschwankungen – keine Seevermessung durchgeführt.
Das Areal schwankt zwischen 2 ha und dem vollständigen verschwinden des Sees (lt. Gemeinde Flirsch).
Im Oktober 1980 lag der Seespiegel etwa 4-6 m unter seinem Höchststand.

Areal: 2,00 ha	Länge:	Breite:
Größte Tiefe: 10,0 m	Mittlere Tiefe:	Volumen:

Zu- und Abflüsse:
Zufluss: Kein oberirdischer Zufluss.
Abfluss: Kein oberirdischer Abfluss.

Abwasserbeeinflussung: unwesentlich

Wassernutzung: keine

Besitzverhältnisse: KG Pettneu, E Zl 194/II, Gp 2466/7/8/9
Eigentümer: Gemeinde Flirsch (50 %), Agrargemeinschaft Schnann (50 %)

Zugänglichkeit:
Von Schnann führt ein markierter Fußweg über die so genannte Schnanner-Klamm direkt zum See. Dieser Fußweg ist in sehr schlechtem Zustand und nicht ungefährlich zu begehen (Oktober 1980).
Gehzeit: ca. 3 Stunden.
Unterkunft: Eine Jagdhütte und eine Almhütte, in unmittelbarer Nähe.

Fischerei:
Fischereirechte: Revierzugehörigkeit: keine lt. Fischereikataster.
Geschichtliches: Keine Hinweise auf Fischbestand.
Fragebogenaktion: Kein Fischbestand.
Untersuchungen: Kein Fischbestand (Oktober 1980).
Beurteilung: Voraussichtlich fischereilich nicht nutzbar.
Literatur:

6.2.13. Hinterer Oberer Faselfadsee (Nr. 44); Abb.: 26, F33, F34

Bezirk: Landeck

Gemeinde: St. Anton am Arlberg

Geographische Lage: 2415 m ü. A.
47° 04' 12" N – 10° 13' 29" E
Verwall Gruppe,
nördlich des Scheiblerkogels,
südwestlich des Augstenberglerkogels,
südlichster See der Faselfadseengruppe.
Österreich-Karte: Nr. 143

Geologie: Silvretta – Kristallin
(Paragneise, Amphibolitzüge)

Entstehung: Felsbeckensee

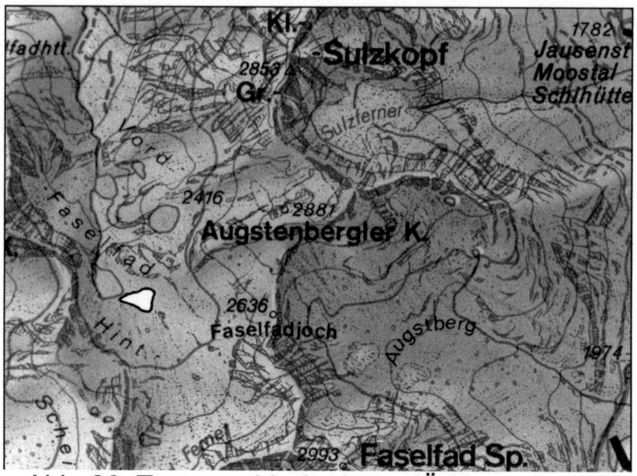

Abb. 26: Topographische Lage (Ö-Karte: Nr. 143)

Einzugsgebiet: ca. 90 ha.

Morphometrie:

Areal: 1,20 ha	Länge:	Breite:
Größte Tiefe: 10,0 m	Mittlere Tiefe:	Volumen:

Zu- und Abflüsse:
Zufluss: Drei oberirdische Zuflüsse (Wasserführung entspricht insgesamt dem Abfluss).
Abfluss: Ein oberirdischer Abfluss (Wasserführung ca. 100 l/s), mündet nach wenigen Metern in den Hinteren Unteren Faselfadsee.

Abwasserbeeinflussung: keine

Wassernutzung: keine

Besitzverhältnisse: KG St. Anton, E Zl 364/II, Gp 2617
Eigentümer: Gerichtsgemeinde Landeck (2/3)

Zugänglichkeit:
Von St. Anton führt eine Asphaltstraße ins Verwalltal bis zum Salzhäusl (alte Blockhütte auf der rechten Seite). Von dort zu Fuß über eine z. Z. gesperrte Holzbrücke auf die andere Seite der Rosanna (orographisch rechte Seite). Talaufwärts bis zum Faselfadbach (kein markierter Weg), auf der orographisch linken Seite des Faselfadbaches verläuft der Pfad, anfänglich nicht erkennbar, doch später gut sichtbar durch den Wald bis über die Waldgrenze ins Faselfadtal (Hochtal). Der Aufstieg von dort über die untere Steilstufe erfordert gefährliche Fels- und Rasenkletterei, bevor man den See erreicht.
Vom Vorderen Unteren Faselfadsee führt kein Weg zum See, er ist aber ohne Schwierigkeiten erreichbar.
Gehzeit: ca. 35-40 Minuten vom Vorderen Unteren Faselfadsee bzw. ca. 3 Stunden vom Salzhäusl.
Unterkunft: Faselfadhütte (1982 m ü. A.), ca. 1,5 km entfernt.

Fischerei:
Fischereirechte: Revierzugehörigkeit: Revier Nr. 15a.
Fischereiberechtigter: Gemeinde St.Anton (Pächter: Fremdenverkehrsverband St.Anton).
Geschichtliches: Keine Hinweise auf Fischbestand.
Fragebogenaktion: Keine Hinweise auf Fischbestand.
Untersuchungen: Da ein unterirdischer Abfluss des Hinteren Unteren Faselfadsees wahrscheinlich ein vollständiges Ausrinnen beider Seen bewirkt, ist ein Fischbestand unwahrscheinlich. Keine Befischung durchgeführt (August 1981).
Beurteilung: Voraussichtlich fischereilich nicht nutzbar.
Literatur:

6.2.14. Hinterer Unterer Faselfadsee (Nr. 45); Abb.: 27, F34, F35, F36

Abb. 27: Topographische Lage (Ö-Karte: Nr. 143)

Bezirk: Landeck

Gemeinde: St. Anton am Arlberg

Geographische Lage: 2414 m ü. A.
47° 04' 15" N – 10° 13' 15" E
Verwall Gruppe,
nördlich des Scheiblerkogels,
südwestlich des Augstenberglerkogels.
Österreich-Karte: Nr. 143

Geologie: Silvretta – Kristallin
(Paragneise, Amphibolitzüge)

Entstehung: Felsbeckensee

Einzugsgebiet: ca. 160 ha.

Morphometrie:

Areal: 1,30 ha	Länge:	Breite:
Größte Tiefe:	Mittlere Tiefe:	Volumen:

Zu- und Abflüsse:
Zufluss: Zwei oberirdische Zuflüsse (Wasserführung insgesamt ca. 170 l/s).
Abfluss: Ein oberirdischer Abfluss (Wasserführung ca. 150 l/s), und ein unterirdischer Abfluss (Wasserführung ca. 20 l/s). Dieser unterirdische Abfluss tritt nach etwa 20 Höhenmetern unterhalb des Sees in Form einer Quelle wieder zutage und bewirkt im Winter vermutlich das Trockenfallen der beiden Hinteren Faselfadseen. Die Klüftung der Amphibolitschwellen im Bereich des Abflusses weist eindeutig vom Quellaustritt in Richtung Seemitte.

Abwasserbeeinflussung: keine

Wassernutzung: keine

Besitzverhältnisse: KG St. Anton, E Zl 364/II, Gp 2617
Eigentümer: Gerichtsgemeinde Landeck (2/3)

Zugänglichkeit:
Von St. Anton führt eine Asphaltstraße ins Verwalltal bis zum Salzhäusl (alte Blockhütte auf der rechten Seite). Von dort zu Fuß über eine z. Z. gesperrte Holzbrücke auf die andere Seite der Rosanna (orographisch rechte Seite). Talaufwärts bis zum Faselfadbach (kein markierter Weg), auf der orographisch linken Seite des Faselfadbaches verläuft der Pfad, anfänglich nicht erkennbar, doch später gut sichtbar durch den Wald bis über die Waldgrenze ins Faselfadtal (Hochtal). Der Aufstieg von dort über die untere Steilstufe erfordert gefährliche Fels- und Rasenkletterei, bevor man den See erreicht.
Vom Vorderen Unteren Faselfadsee führt kein Weg zum See, er ist aber ohne Schwierigkeiten erreichbar.
Gehzeit: ca. 30-35 Minuten vom Vorderen Unteren Faselfadsee bzw. ca. 3 Stunden vom Salzhäusl.
Unterkunft: Faselfadhütte (1982 m ü. A.), ca. 1,5 km entfernt.

Fischerei:
Fischereirechte: Revierzugehörigkeit: Revier Nr. 15a.
Fischereiberechtigter: Gemeinde St.Anton (Pächter: Fremdenverkehrsverband St.Anton).
Geschichtliches: Keine Hinweise auf Fischbestand.
Fragebogenaktion: Keine Hinweise auf Fischbestand.
Untersuchungen: Da ein unterirdischer Abfluss des Hinteren Unteren Faselfadsees wahrscheinlich ein vollständiges Ausrinnen beider Seen bewirkt, ist ein Fischbestand unwahrscheinlich.
Keine Befischung durchgeführt (August 1981).
Beurteilung: Voraussichtlich fischereilich nicht nutzbar.
Literatur:

6.2.15. Vorderer Oberer Faselfadsee (Nr. 46); Abb.: 28, F37, F38

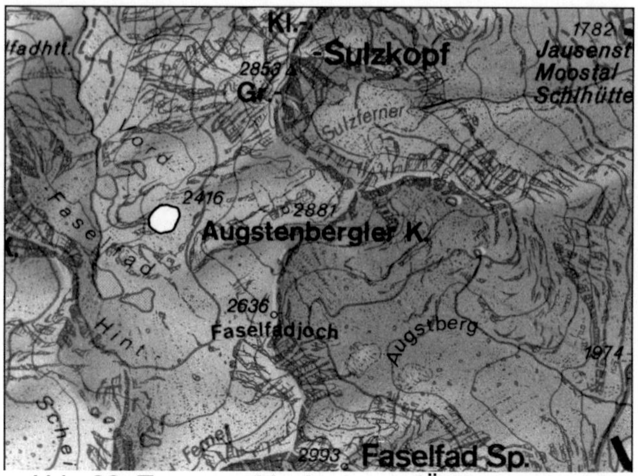

Bezirk: Landeck

Gemeinde: St. Anton am Arlberg

Geographische Lage: 2416 m ü. A.
47° 04' 27" N – 10° 13' 34" E
Verwall Gruppe,
südwestlich des Großen Sulzkopfs,
westlich des Augstenberglerkogels.
Österreich-Karte: Nr. 143

Geologie: Silvretta – Kristallin
(Paragneise, Amphibolitzüge)

Abb. 28: Topographische Lage (Ö-Karte: Nr. 143)

Entstehung: Felsbeckensee
Zwei, etwa Ost-West streichend, mächtige Amphibolitzüge im stark gegliederten Faselfadkar bedingen zwei Steilstufen mit jeweils einem dahinter liegenden Felsbecken. Der See liegt im höheren Felsbecken.

Einzugsgebiet: ca. 33 ha.

Morphometrie:

Areal: 0,80 ha	Länge:	Breite:
Größte Tiefe: 5,0 m	Mittlere Tiefe:	Volumen:

Zu- und Abflüsse:
Zufluss: Ein oberirdischer Zufluss (Wasserführung ca. 18 l/s).
Abfluss: Zwei oberirdische Abflüsse (Wasserführung entspricht insgesamt dem Zufluss). Die beiden Abflüsse vereinigen sich nach etwa 20 Metern und münden dann in den Vorderen Unteren Faselfadsee.

Abwasserbeeinflussung: keine

Wassernutzung: keine

Besitzverhältnisse: KG St. Anton, E Zl 364/II, Gp 2617
Eigentümer: Gerichtsgemeinde Landeck (2/3)

Zugänglichkeit:
Von St. Anton führt eine Asphaltstraße ins Verwalltal bis zum Salzhäusl (alte Blockhütte auf der rechten Seite). Von dort zu Fuß über eine z. Z. gesperrte Holzbrücke auf die andere Seite der Rosanna (orographisch rechte Seite). Talaufwärts bis zum Faselfadbach (kein markierter Weg), auf der orographisch linken Seite des Faselfadbaches verläuft der Pfad, anfänglich nicht erkennbar, doch später gut sichtbar durch den Wald bis über die Waldgrenze ins Faselfadtal (Hochtal). Der Aufstieg von dort über die untere Steilstufe erfordert gefährliche Fels- und Rasenkletterei, bevor man den See erreicht.
Vom Vorderen Unteren Faselfadsee führt kein Weg zum See, er ist aber ohne Schwierigkeiten erreichbar.
Gehzeit: ca. 15-20 Minuten vom Vorderen Unteren Faselfadsee bzw. ca. 2,8 Stunden vom Salzhäusl.
Unterkunft: Faselfadhütte (1982 m ü. A.).

Fischerei:
Fischereirechte: Revierzugehörigkeit: Revier Nr. 15a.
Fischereiberechtigter: Gemeinde St.Anton (Pächter: Fremdenverkehrsverband St.Anton).
Geschichtliches: Keine Hinweise auf Fischbestand.
Fragebogenaktion: Keine Hinweise auf Fischbestand.
Untersuchungen: Nach Beobachtungen ist ein Fischbestand unwahrscheinlich. Im Gegensatz zu den übrigen drei Faselfadseen, ist das Wasser dieses Sees glasklar.
Keine Befischung durchgeführt (August 1981).
Beurteilung: Voraussichtlich fischereilich nutzbar.
Literatur:

6.2.16. Vorderer Unterer Faselfadsee (Nr. 47); Abb.: 29, 30, F38, F39, F40

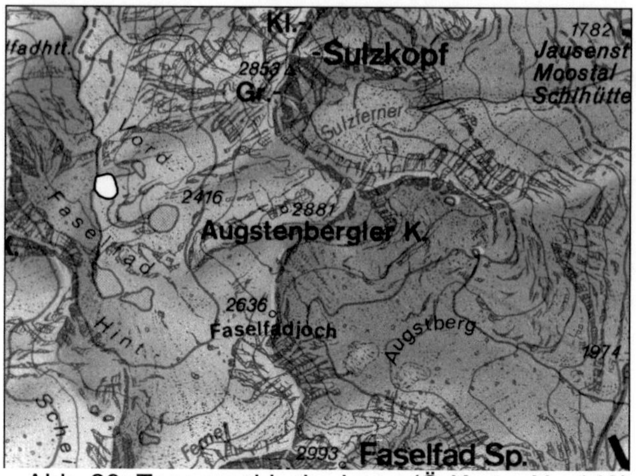

Bezirk: Landeck

Gemeinde: St. Anton am Arlberg

Geographische Lage: 2250 m ü. A.
47° 04' 36" N – 10° 13' 17" E
Verwall Gruppe,
südwestlich des Großen Sulzkopfs,
westlich des Augstenberglerkogels.
Österreich-Karte: Nr. 143

Geologie: Silvretta – Kristallin
(Paragneise, Amphibolitzüge)

Abb. 29: Topographische Lage (Ö-Karte: Nr. 143)

Entstehung: Felsbeckensee
Zwei, etwa Ost-West streichend, mächtige Amphibolitzüge im stark gegliederten Faselfadkar bedingen zwei Steilstufen mit jeweils einem dahinter liegenden Felsbecken. Der See liegt im tieferen Felsbecken.

Einzugsgebiet: ca. 220 ha.

Morphometrie:

Areal: 1,30 ha	Länge: 180 m	Breite: 143 m
Größte Tiefe: 10,9 m	Mittlere Tiefe: 3,8 m	Volumen: 50.000 m^3

Zu- und Abflüsse:
Zufluss: Sechs oberirdische Zuflüsse am Südwest- und Südostufer (Wasserführung entspricht insgesamt dem Abfluss). Vier dieser Zuflüsse am Südwestufer stammen aus dem Abfluss der Hinteren Faselfadseen der sich in mehrere Arme aufteilt, und einen Sedimentfächer in den See schiebt.
Abfluss: Ein oberirdischer Abfluss am Nordwestufer (Wasserführung ca. 150 l/s).

Abwasserbeeinflussung: keine

Wassernutzung: keine

Besitzverhältnisse: KG St. Anton, E Zl 364/II, Gp 2617
Eigentümer: Gerichtsgemeinde Landeck (2/3)

Zugänglichkeit:
Von St. Anton führt eine Asphaltstraße ins Verwalltal bis zum Salzhäusl (alte Blockhütte auf der rechten Seite). Von dort zu Fuß über eine z. Z. gesperrte Holzbrücke auf die andere Seite der Rosanna (orographisch rechte Seite). Talaufwärts bis zum Faselfadbach (kein markierter Weg), auf der orographisch linken Seite des Faselfadbaches verläuft der Pfad, anfänglich nicht erkennbar, doch später gut sichtbar durch den Wald bis über die Waldgrenze ins Faselfadtal (Hochtal). Der Aufstieg von dort über die untere Steilstufe erfordert gefährliche Fels- und Rasenkletterei, bevor man den See erreicht.
Gehzeit: ca. 2,5 Stunden vom Salzhäusl.
Unterkunft: Faselfadhütte (1982 m ü. A.).

Fischerei:
Fischereirechte: Revierzugehörigkeit: Revier Nr. 15a.
Fischereiberechtigter: Gemeinde St.Anton (Pächter: Fremdenverkehrsverband St.Anton).
Geschichtliches: Keine Hinweise auf Fischbestand.
Fragebogenaktion: Keine Hinweise auf Fischbestand.
Untersuchungen: Kein Fischbestand (August 1981).
Beurteilung: Voraussichtlich fischereilich nutzbar.
Literatur:

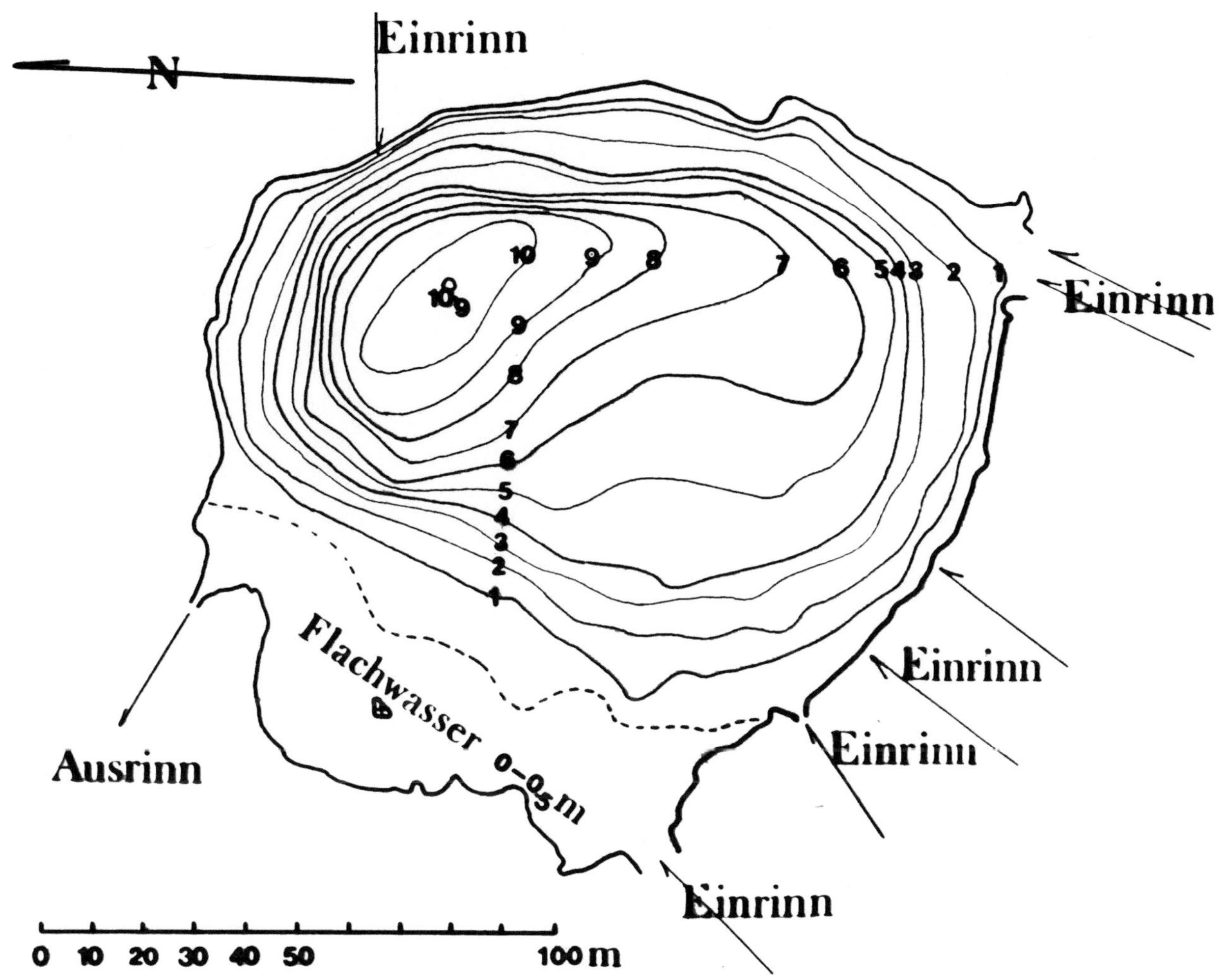

Abb. 30: Tiefenkarte des Vorderen Unteren Faselfadsees (nach Vermessung 1981)

6.3.1. Wannenkarsee (Nr. 62); Abb.: 31, F41

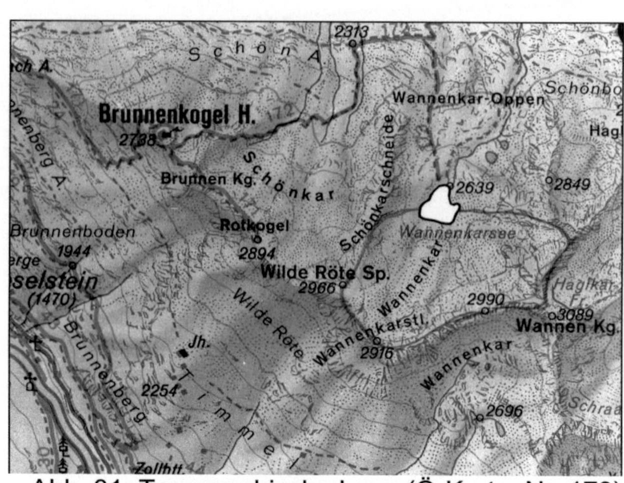

Abb. 31: Topographische Lage (Ö-Karte: Nr. 173)

Bezirk: Imst

Gemeinde: Sölden

Geographische Lage: 2639 m ü. A.
46° 56' 37" N – 11° 04' 28" E
Stubaier Alpen,
ca. 800 m nördwestlich des Wannenkogls,
ca. 700 m nordöstlich der Wilden Rötespitze.
Österreich-Karte: Nr. 173

Geologie: Ötztal – Stubaital – Kristallin

Entstehung: Wahrscheinlich Karsee

Einzugsgebiet: ca. 83 ha

Morphometrie:

Areal: 4,10 ha	Länge: 274 m	Breite: 255 m
Größte Tiefe: 15,0 m	Mittlere Tiefe:	Volumen:

Zu- und Abflüsse:
Zufluss: Mehrere oberirdische Zuflüsse.
Abfluss: Ein oberirdischer Abfluss.

Abwasserbeeinflussung: keine

Wassernutzung: keine

Besitzverhältnisse: KG Sölden
Eigentümer:

Zugänglichkeit:
Unterkunft:

Fischerei:
Fischereirechte: Revierzugehörigkeit:
Geschichtliches: Fang von 14 Seesaiblingen durch R. Pechlaner im Jahre 1967.
Fragebogenaktion:
Untersuchungen: Keine Befischung durchgeführt.
Beurteilung: Fischereilich nutzbar.
Literatur: Pechlaner (1984b).

6.3.2. Unterer Seekarsee (Nr. 63); Abb.: 32, F42

Bezirk: Imst

Gemeinde: Sölden

Geographische Lage: 2658 m ü. A.
46° 58' 22" N – 11° 04' 10" E
Stubaier Alpen,
ca. 750 m südöstlich des Hohen Nebelkogels,
zwischen Nebel- und Warenkar.
Österreich-Karte: Nr. 173

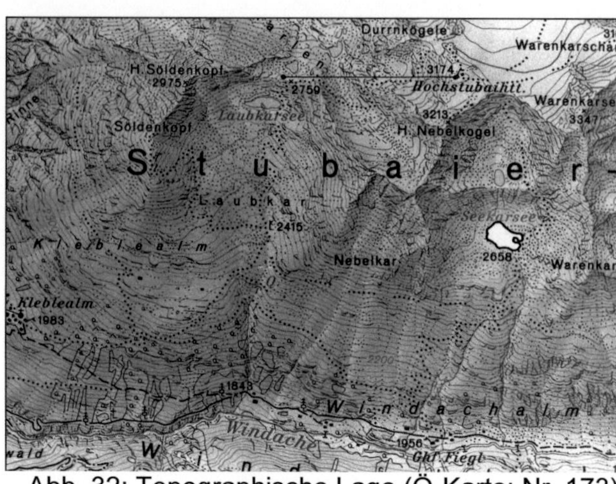

Abb. 32: Topographische Lage (Ö-Karte: Nr. 173)

Geologie: Ötztal – Stubaital – Kristallin

Entstehung: Wahrscheinlich Karsee

Einzugsgebiet: ca. 37 ha

Morphometrie:

Areal: 2,00 ha	Länge: 242 m	Breite: 134 m
Größte Tiefe: 10,6 m	Mittlere Tiefe:	Volumen:

Zu- und Abflüsse:
Zufluss: Mehrere oberirdische Zuflüsse.
Abfluss: Ein oberirdischer Abfluss.

Abwasserbeeinflussung: keine

Wassernutzung: keine

Besitzverhältnisse: KG Sölden
Eigentümer:

Zugänglichkeit:
Unterkunft:

Fischerei:
Fischereirechte: Revierzugehörigkeit:
Geschichtliches: Fang von Seesaiblingen durch R. Pechlaner im Jahre 1967.
Fragebogenaktion:
Untersuchungen: Keine Befischung durchgeführt.
Beurteilung: Fischereilich nutzbar.
Literatur: Pechlaner (1984b).

6.3.3. Laubkarsee (Nr. 64); Abb.: 33, 34, F43

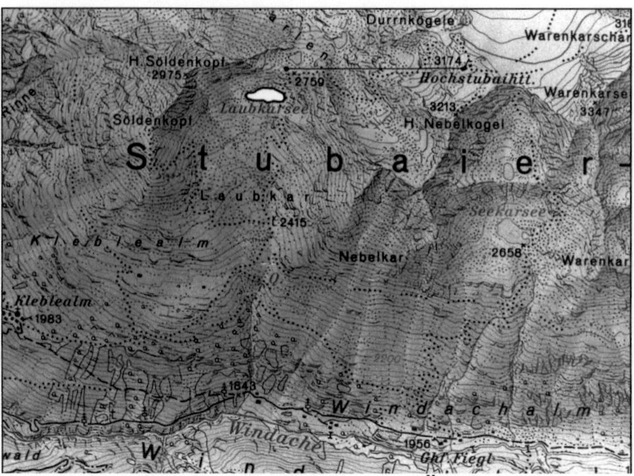

Abb. 33: Topographische Lage (Ö-Karte: Nr. 173)

Bezirk: Imst

Gemeinde: Sölden

Geographische Lage: 2681 m ü. A.
46° 58' 49" N – 11° 02' 55" E
Stubaier Alpen,
ca. 1,0 km westlich des Hohen Nebelkogels,
ca. 400 m östlich des Hohen Söldenkopfs.
Österreich-Karte: Nr. 173

Geologie: Ötztal – Stubaital – Kristallin

Entstehung: Karsee/Felsbeckensee

Einzugsgebiet: ca. 18 ha

Morphometrie:

Areal: 1,30 ha	Länge: 242 m	Breite: 86 m
Größte Tiefe: 19,0 m	Mittlere Tiefe: 6,3 m	Volumen: 82.800 m^3

Zu- und Abflüsse: In Ufernähe gemessenen Wassertemperatur ca. 10 °C (August 1983).
Zufluss: Ein oberirdischer Zufluss am Nordufer (Wasserführung ca. 1 l/s).
Ein unterirdischer Zufluss am Ostufer, rinnt durch Blockwerk.
Abfluss: Ein oberirdischer Abfluss am Südufer (Wasserführung ca. 5 l/s) versickert ca. 5 m unterhalb des Sees.

Abwasserbeeinflussung: Sichtbare organische Belastung aus dem Einzugsgebiet oder durch Winddrift

Wassernutzung: keine

Besitzverhältnisse: KG Sölden, E Zl 488/II, Gp 3717
Eigentümer: Alpinteressentschaft Kleblealp

Zugänglichkeit:
Vom Windbachtal, einem Seitental des Ötztales, aus sind verschiedene Anstiegswege möglich. Diese treffen sich auf etwa 2100 m Seehöhe, von wo aus ein gut markierter Fußweg direkt zum Laubkarsee und dann weiter zur Hochstubaihütte führt. Gehzeit: ca. 2 Stunden von der Kleblaralm (1983 m).
Unterkunft: Zwischenstation der Materialseilbahn ca. 200 m entfernt, oder Hochstubaihütte (3174 m ü. A.), ca. 60 Gehminuten entfernt.

Fischerei:
Fischereirechte: Revierzugehörigkeit: ev. Revier Nr. 11 (unklar).
Fischereiberechtigter: Gemeinde Sölden (Revierinhaber).
Geschichtliches: Fang von 8 Seesaiblingen durch Institut für Zoologie, Innsbruck, im Jahre 1967.
Fragebogenaktion: Laut Liftarbeiter aus Hochsölden (1983): „Der Laubkarsee hatte immer schon einen dichten Seesaiblingsbestand, es wurden nur kleine Fische gefangen".
Untersuchungen: Die Befischung (August 1983) ergab 6 Seesaiblinge, wovon 3 vermessen wurden (siehe Fischfangliste). 5 weitere Seesaiblinge mit einer Länge von ca. 18-20 cm wurden in Ufernähe gesichtet, außerdem wurden Jungfische (ziemlich sicher Seesaiblinge) mit einer Länge von ca. 4-5 cm im Seichtwasser zwischen Blockwerk gesehen.
Die Seesaiblinge des Laubkarsees zeichnen sich durch eine besonders schöne Zeichnung und Färbung aus.
Beurteilung: Fischereilich nutzbar.
Literatur: Pechlaner (1969, 1984b).

Fischfangliste:

Seesaibling Nr.	1	2	3	4	5	6
Länge (cm)	18	17	14			
Gewicht (g)	55	42	23			
Konditionsfaktor	0,87	0,86	0,85			

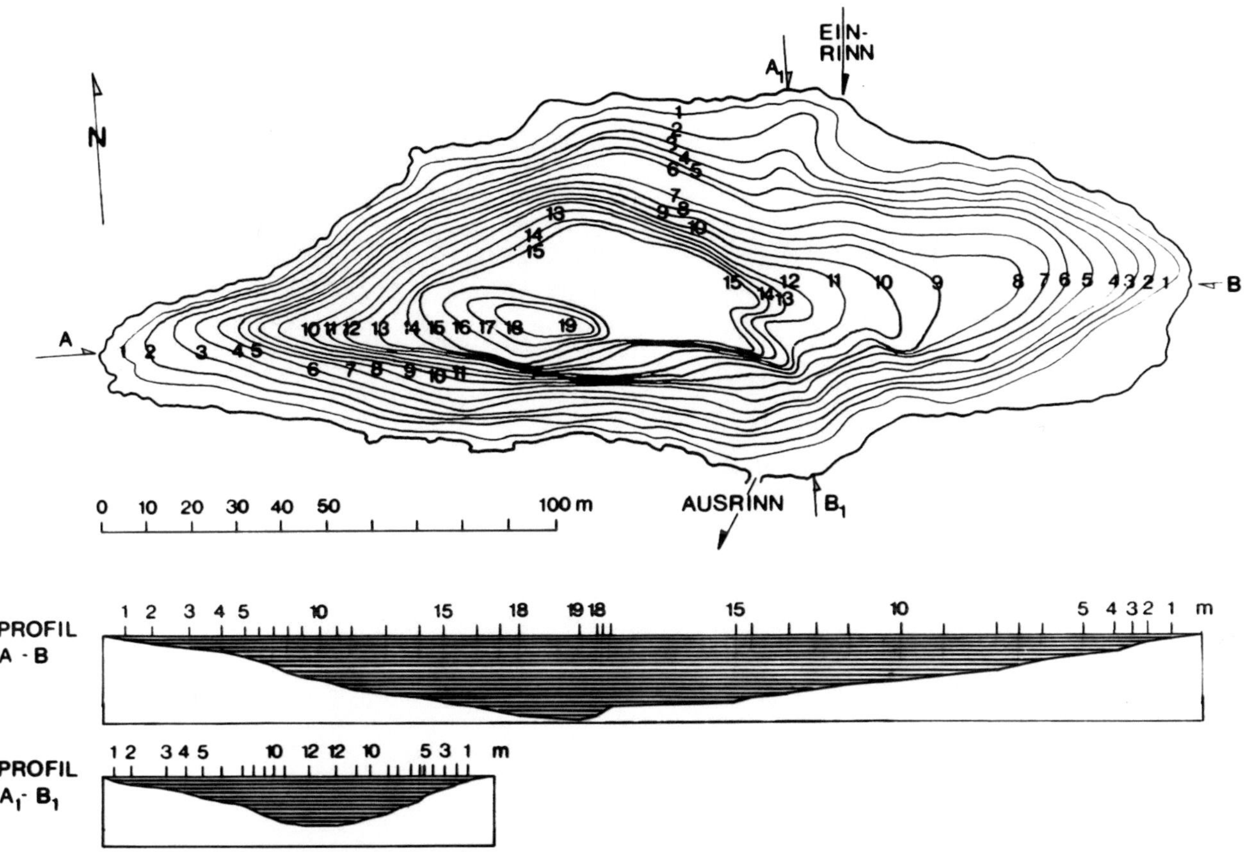

Abb. 34: Tiefenkarte des Laubkarsees (nach Vermessung 1983)

6.3.4. Gaislacher See (Nr. 65); Abb.: 35, F44

Bezirk: Imst

Gemeinde: Sölden

Geographische Lage: 2704 m ü. A.
46° 56' 12" N – 10° 58' 00" E
Ötztaler Alpen,
ca. 850 m östlich der Äußeren Schwarzen Schneide,
ca. 700 m südlich des Gaislacherkogels.
Österreich-Karte: Nr. 173

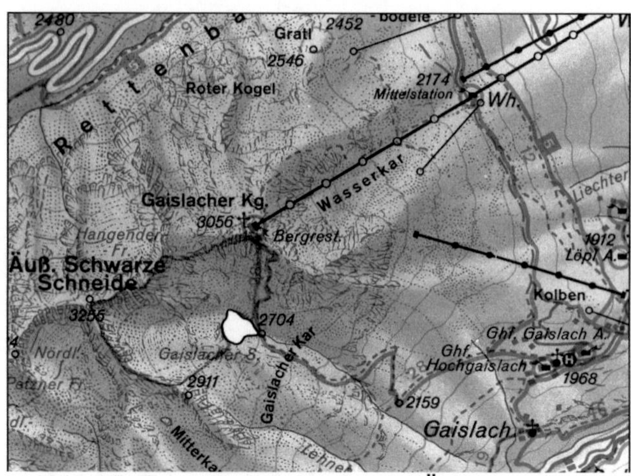

Abb. 35: Topographische Lage (Ö-Karte: Nr. 173)

Geologie: Ötztal – Stubaital – Kristallin

Entstehung: Wahrscheinlich Karsee

Einzugsgebiet: ca. 87 ha

Morphometrie:

Areal: 3,80 ha	Länge: 242 m	Breite: 210 m
Größte Tiefe: 14,0 m	Mittlere Tiefe:	Volumen:

Zu- und Abflüsse:
Zufluss: Mehrere oberirdische Zuflüsse.
Abfluss: Ein oberirdischer Abfluss.

Abwasserbeeinflussung: keine

Wassernutzung: keine

Besitzverhältnisse: KG Sölden
Eigentümer:

Zugänglichkeit:
Unterkunft:

Fischerei:
Fischereirechte: Revierzugehörigkeit:
Geschichtliches: Seesaiblinge schon von Heller (1869, 1871) erwähnt, und von R. Pechlaner im Jahre 1967 durch Fang nachgewiesen.
Fragebogenaktion:
Untersuchungen: Keine Befischung durchgeführt.
Beurteilung: Fischereilich nutzbar.
Literatur: Heller (1869, 1871), Pechlaner (1984b).

6.3.5. Schwarzsee ob Sölden (Nr. 66); Abb.: 36, 37, 38, F2, F45

Bezirk: Imst

Gemeinde: Sölden

Geographische Lage: 2799 m ü. A.
46° 57' 57" N – 10° 56' 46" E
Ötztaler Alpen,
zwischen den Hängen des Schwarzkogels, des Schwarzseekogels und des Rotkogels.
Österreich-Karte: Nr. 173

Geologie: Ötztal – Kristallin (Gneise)

Entstehung: Karsee

Einzugsgebiet: ca. 18 ha

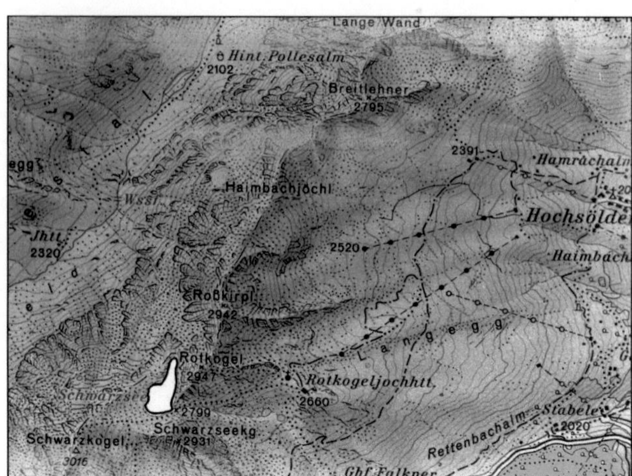

Abb. 36: Topographische Lage (Ö-Karte: Nr. 173)

Morphometrie: Seespiegelschwankungen von bis zu 50 cm wurden beobachtet (Steinböck, 1949c).

Areal: 3,50 ha	Länge: 400 m	Breite: 164 m
Größte Tiefe: 18,7 m	Mittlere Tiefe: 10,0 m	Volumen: 350.000 m^3

Zu- und Abflüsse:
Zufluss: Kein oberirdischer Zufluss. Mehrere unterirdische Sickerquellen am Westufer (meist temporär).
Abfluss: Ein unterirdischer Abfluss, tritt östlich etwa 10 m unterhalb des Sees an die Oberfläche.

Abwasserbeeinflussung: keine

Wassernutzung: Am südöstlichen Seeufer befindet sich ein Rohr mit Ventil, es ist anzunehmen, dass es sich bei dieser Einrichtung um eine Wasseranzapfung handelt (Beobachtung 1970).

Besitzverhältnisse: KG Sölden, E Zl 501/II, Gp 6403
Eigentümer: Fraktion Gemeinde Sölden

Zugänglichkeit:
Von Hochsölden auf gut markiertem Fußweg entlang der Lifttrasse bis zur Rotkogeljochhütte. Von dort führt ein gut begehbarer Fußweg direkt zum See. Gehzeit: ca. 2 Stunden von Hochsölden.
Es besteht auch die Möglichkeit einer Wegabkürzung durch die Benützung eines Sesselliftes von Hochsölden aus (Abkürzung: ca. 40 Gehminuten).
Unterkunft: Rotkogeljochhütte (2660 m ü. A.), ca. 20 Gehminuten entfernt.

Fischerei:
Fischereirechte: Revierzugehörigkeit: unklar.
Geschichtliches: Erste Untersuchung an den Seesaiblingen erfolgte durch Steinböck (1949a, c).
Untersuchungen: Intensive Befischung im Rahmen von Dissertationsarbeiten durch Steiner (1972).
Die Seesaiblinge des Schwarzsees sind „Schwarzreuter" (siehe Abb. F2).
Beurteilung: Fischereilich nutzbar.
Literatur: Pechlaner (1969, 1984a, b), Steinböck (1949a, b, c, d, 1950a, b), Steiner (1972).

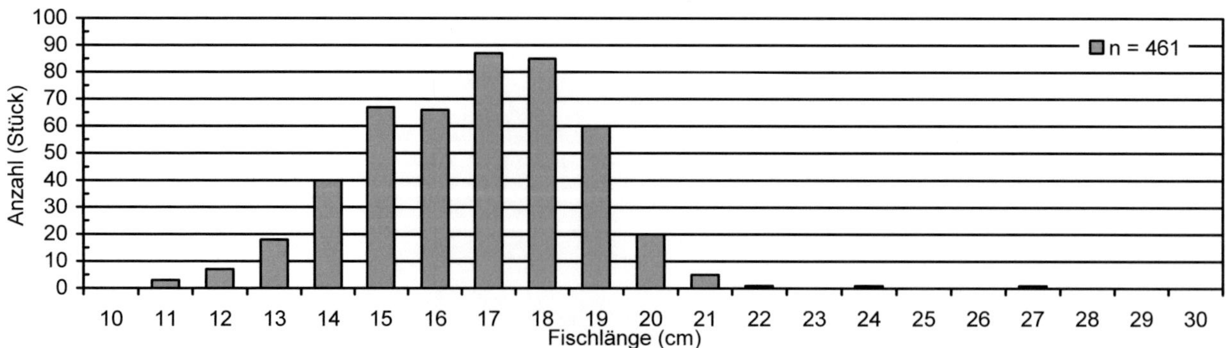

Abb. 37: Größenverteilung der Seesaiblinge im Schwarzsee ob Sölden nach Fängen von 1968-1982

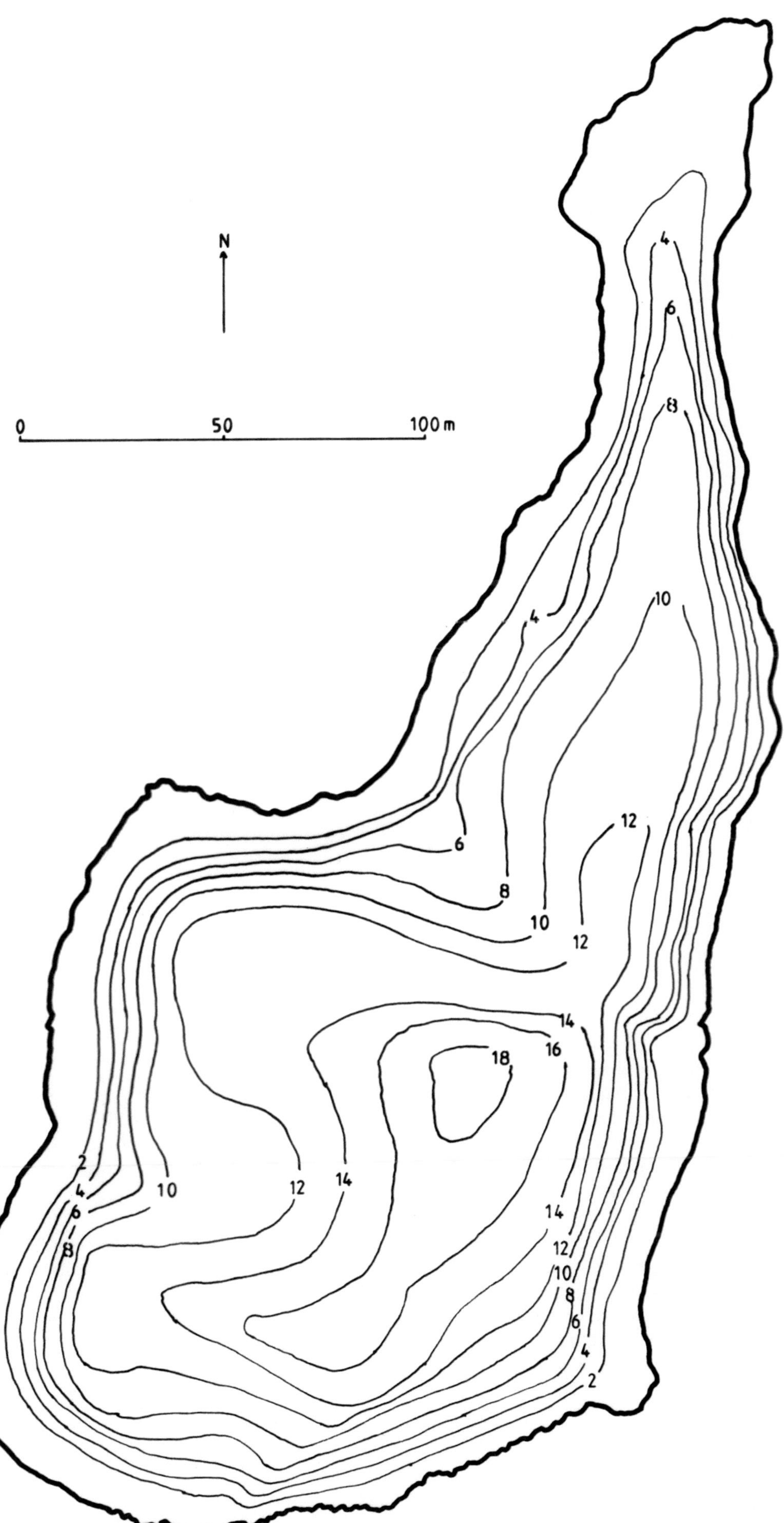

Abb. 38: Tiefenkarte des Schwarzsees ob Sölden (nach Vermessung 1982)

6.3.6. Berglersee (Nr. 68); Abb.: 39, 40, F46

Bezirk: Imst

Gemeinde: Längenfeld

Geographische Lage: 2466 m ü. A.
46° 59' 42" N – 10° 59' 50" E
Ötztaler Alpen.
nordöstlich des Gransteinkopfs,
südöstlich des Schartlaskogels.
Ursprung des Tiefen Baches.
Österreich-Karte: Nr. 146

Geologie: Ötztal – Stubaital – Kristallin

Entstehung: Moränensee

Einzugsgebiet: ca. 40 ha

Abb. 39: Topographische Lage (Ö-Karte: Nr. 146)

Morphometrie:
Areal: 0,79 ha — Länge: 176 m — Breite: 76 m
Größte Tiefe: 8,3 m — Mittlere Tiefe: 3,3 m — Volumen: 25.800 m^3

Zu- und Abflüsse:
Zufluss: Zwei unterirdische Zuflüsse am Westufer, sicht- und hörbar unter Blockwurf.
Abfluss: Ein oberirdischer Abfluss am Ostufer = Tiefer Bach (Wasserführung ca. 10 l/s).

Abwasserbeeinflussung: keine

Wassernutzung: keine

Besitzverhältnisse: KG Längenfeld, E Zl 434/II, Gp 8720
Eigentümer: Österreichische Bundesforste

Zugänglichkeit:
Von Sölden führt ein befahrbarer Weg bis Hochwald. Von Hochsölden führt ein guter und markierter Steig direkt zum See. Gehzeit: ca. 2 Stunden.
Unterkunft: Almhütte in der Nähe des Sees.

Fischerei:
Fischereirechte: Revierzugehörigkeit: Revier Nr. 12.
Fischereiberechtigter: Gemeinde Längenfeld.
Geschichtliches: Fang von Seesaiblingen durch Institut für Zoologie, Innsbruck, im Jahre 1968/1969 (Durchschnitt: Länge 14,8 cm, Gewicht 23,8 g, Konditionsfaktor 0,71).
1970: Besatz von 50 Bachforellen (25-40 cm) zur Dezimierung der Seesaiblinge.
1971: Widerfang von nur 2 Bachforellen nachgewiesen (>0,5 und >1,0 kg).
1972: Kontrollbefischung mit Stellnetzen erfolglos.
Fragebogenaktion:
Untersuchungen: Die Befischung (September1983) ergab keinen Fang. Es wurden jedoch kleine, junge Seesaiblinge (4-5 cm) im Uferbereich gesichtet. Es wird angenommen das der geringe Seesaiblingsbestand, nach einer starken Dezimierung (durch den Besatz von Bachforellen oder anderen Ursachen), erst wieder im Aufbau ist.
Beurteilung: Fischereilich nutzbar.
Literatur: Pechlaner (1969, 1984b).

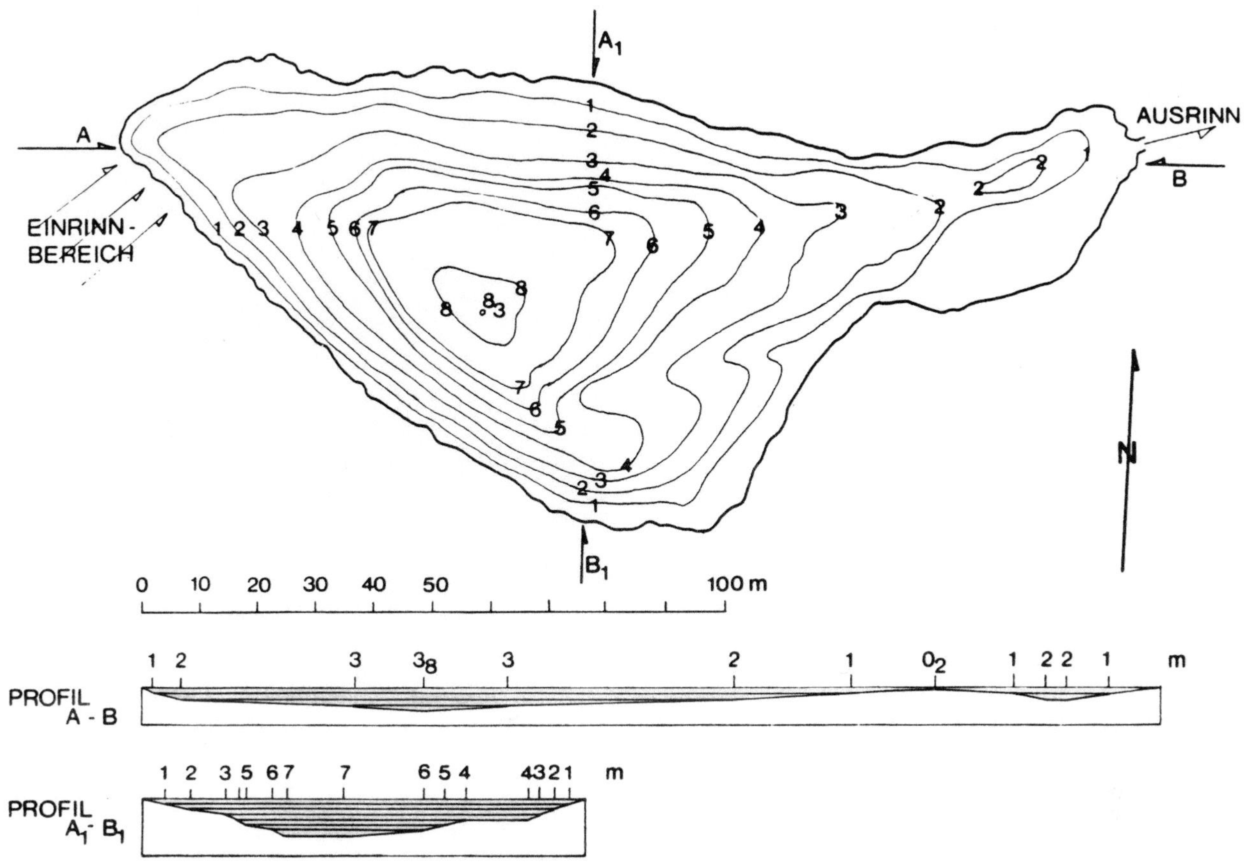

Abb. 40: Tiefenkarte des Berglersees (nach Vermessung 1983)

6.3.7. Winnebachsee (Nr. 70); Abb.: 41, F47

Bezirk: Imst

Gemeinde: Längenfeld

Geographische Lage: 2361 m ü. A.
47° 05' 20" N – 11° 04' 09" E
Stubaier Alpen,
bei der Winnebachsee-Hütte in der Iss.
Österreich-Karte: Nr. 146

Geologie: Ötztal – Stubaital – Kristallin

Entstehung: Karsee

Einzugsgebiet: ca. 630 ha

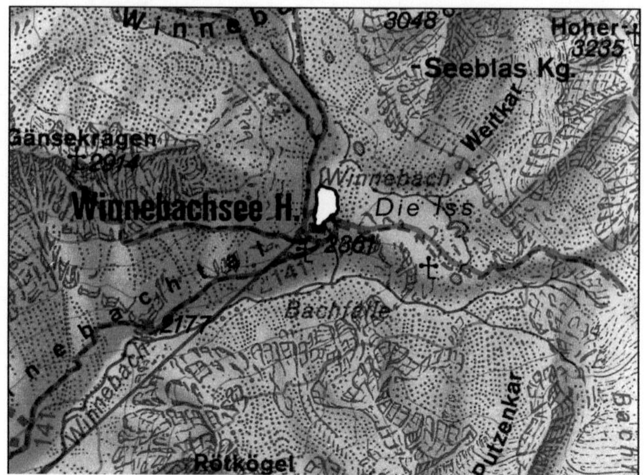

Abb. 41: Topographische Lage (Ö-Karte: Nr. 146)

Morphometrie: Angaben der Gemeinde für das Seebecken = Grundparzelle.
Infolge starker Verlandung ist heute die Seefläche wesentlich kleiner (vielleicht die Hälfte der Angaben).

Areal: 2,,87 ha	Länge:	Breite:
Größte Tiefe: 2,0 m	Mittlere Tiefe:	Volumen:

Zu- und Abflüsse:
Zufluss: Mehrere oberirdische Zuflüsse.
Abfluss: Ein oberirdischer Abfluss.

Abwasserbeeinflussung: keine

Wassernutzung: Wasserentnahme für die Winnebachsee-Hütte.

Besitzverhältnisse: KG Längenfeld, E Zl 633/II, Gp 9831/I
Eigentümer: Gemeinde Längenfeld

Zugänglichkeit:
Vom Weiler Winnebach (1691 m) führt ein gut markierter Fußweg direkt zum See. Gehzeit: ca. 3 Stunden. Schweres Gepäck kann über eine Materialseilbahn vom Weiler Winnebach bis zur Winnebachsee-Hütte transportiert werden.
Unterkunft: Winnebachsee-Hütte (2361 m ü. A,), direkt am See neben Abfluss.

Fischerei:
Fischereirechte: Revierzugehörigkeit: Revier Nr. 12.
Fischereiberechtigter: Gemeinde Längenfeld.
Geschichtliches: Keine Hinweise auf Fischbestand.
Fragebogenaktion: Keine Hinweise auf Fischbestand.
Untersuchungen: Kein Fischbestand (September 1980).
Beurteilung: Fischereilich wenig nutzbar (wegen geringer Tiefe).
Literatur: Leutelt-Kipke (1934).

6.3.8. Drachensee (Nr. 74); Abb.: 42, 43, 44, F48

Bezirk: Imst

Gemeinde: Mieming

Geographische Lage: 1874 m ü. A.
47° 21' 30" N – 10° 56' 54" E
Mieminger Gebirge,
westlich des Hinteren Tajakopfs,
östlich des Vorderen Drachenkopfs,
bei der Coburger Hütte.
Österreich-Karte: Nr. 116

Geologie: Nordtiroler Kalkalpen (Karbonate)

Entstehung: Einsturzsee (glazial überformt)

Einzugsgebiet: ca. 188 ha

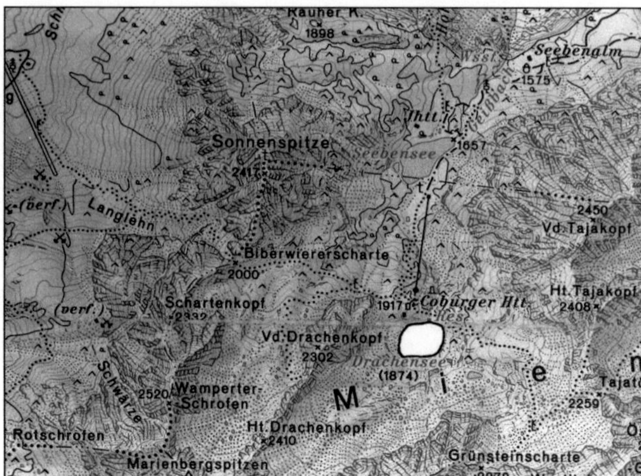

Abb. 42: Topographische Lage (Ö-Karte: Nr. 116)

Morphometrie: Durch Geländeporösität wurden Sespiegelschwankungen bis 5 m beobachtet.
Areal: 4,47 ha (5,04 ha bei +3 m) Länge: 324 m Breite: 246 m
Größte Tiefe: 24,0 m Mittlere Tiefe: 9,8 m Volumen: 437.400 m^3

Zu- und Abflüsse:
Zufluss: Ein oberirdischer Zufluss am Südufer.
Abfluss: Ein unterirdischer Abfluss, rinnt in den Seebensee.

Abwasserbeeinflussung: Abwasserversicherung der Coburger Hütte, wahrscheinlich außerhalb des Einzugsbereichs.

Wassernutzung: Für die Coburger Hütte wird ein Teil des Zuflusswassers abgeleitet.

Besitzverhältnisse: KG Mieming
Eigentümer: Alminteressentschaft Seebenalpe - Untermieming

Zugänglichkeit:
Vom Seebensee (1657 m) führt ein gut markierter Fußweg zum See. Gehzeit: ca. 0,5 Stunden.
Unterkunft: Coburger Hütte (1917 m ü. A.), Deutscher Alpenverein, direkt am See.

Fischerei:
Fischereirechte: Revierzugehörigkeit:
Fischereiberechtigter: Pächter: Dr. S. Pechlaner, Innsbruck (seit 1969).
Geschichtliches: Nach R. Pechlaner: Der erste Besatz des Drachensees mit Fischen lässt sich auf das Jahr 1504 datieren (Diem, 1964). Heller (1869, 1871) nennt für den Drachensee das Vorkommen von „*Salmo salvelinus*" (heute gültiger Name: *Salvelinus alpinus salvelinus*). Der im Tiroler Fischereibuch für den Drachensee (und Seebensee) angegebene Fischbestand an Forellen („vorhen") dürfte auf eine Verwechslung mit dem im ausgehenden Mittelalter gebräuchlichen Namen für den Seesaibling („Goltvorhen", „Goldt vörchen" u.a.) beruhen. Nach Pechlaner (1955, 1959) hat der See wahrscheinlich schon in der Zeit vor 1929 seinen Fischbestand verloren (Druckwelle einer Lawine, Dynamitfischerei in Notzeiten?).
Besatzmaßnahmen: Im Juli 1969 wurden 1000 sömmerige Seesaiblinge (Eimaterial aus dem Grundlsee in Österreich) und 490 einsömmerige Regenbogenforellen (Eimaterial aus dem Pennask-See in Kanada) eingesetzt, und 1972 rund 200 Saiblingshybriden. Als Gegenmaßnahme zu der ab 1974 erkennbaren Tendenz zu Übervölkerung und Hungerwuchs des Seesaiblingsbestandes (siehe Abb. 43) wurden 1976 etwa 100 zweijährige Kanadasaiblinge und 1977 etwa 50 zweijährige Bachforellen eingesetzt. Trotz dieser Raubfische ist der Seesaiblingsbestand zu hoch. Derzeit wird intensivierte Befischung (einschließlich Reusenfischerei zur Besatzfischgewinnung) als erforderliche Hegemaßnahme betrieben.
Beurteilung: Fischereilich nutzbar.

Literatur: Heller (1869, 1871), Kraus (1982b), Kraus et al. (1984), Pechlaner (1979, 1984a, 1985), Reimer (1984a, b, 1985, 1986).

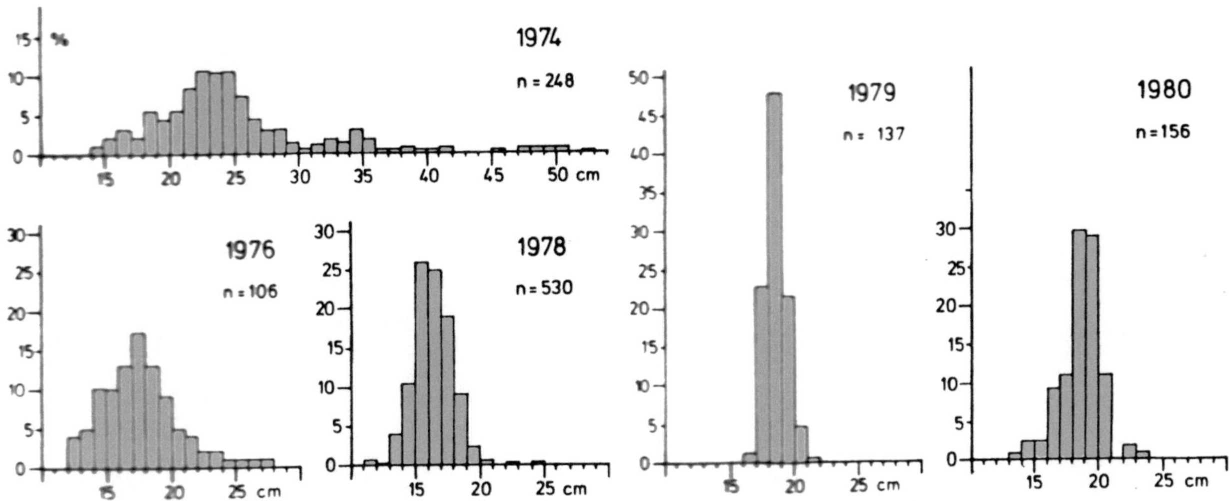

Abb. 43: Abnahme der Körperlänge der Seesaiblinge des Drachensees in den Fängen von 1974-1980

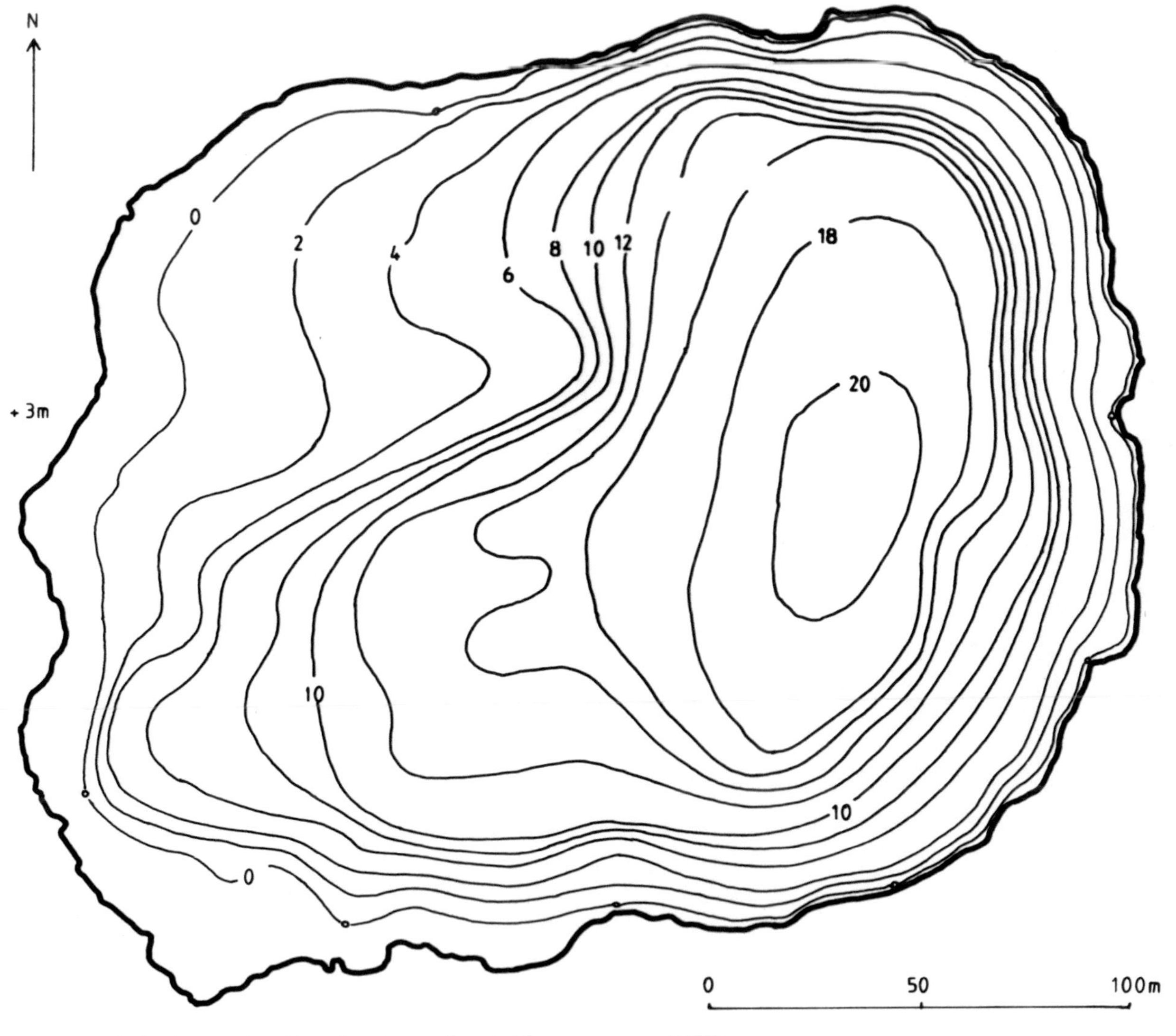

Abb. 44: Tiefenkarte des Drachensees (nach Vermessung 1982)
Die 0-Linie entspricht dem Seespiegel zur Zeit der Vermessung, die Uferlinie (+3 m) dem Seespiegel im Mai 1983 aus vermessenen Wasserstandsmarken und durch Auswertung eines Luftbildes rekonstruiert.

6.3.9. Grastalsee (Grasstaller See) (Nr. 75); Abb.: 45, 46, F49, F50, F103

Bezirk: Imst

Gemeinde: Umhausen

Geographische Lage: 2533 m ü. A.
47° 06' 03" N – 11° 00' 05" E
Stubaier Alpen,
westlich des Breiten Grieskogels,
nördlich des Hörndles und der Salchenscharte.
Österreich-Karte: Nr. 146

Geologie: Ötztal – Stubaital – Kristallin

Entstehung: Karsee

Einzugsgebiet: ca. 190 ha

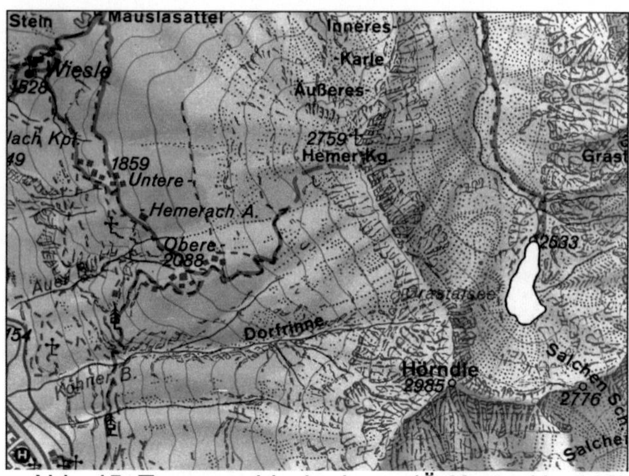

Abb. 45: Topographische Lage (Ö-Karte: Nr. 146)

Morphometrie:

Areal: 6,60 ha	Länge: 520 m	Breite: 270 m
Größte Tiefe: 17,2 m	Mittlere Tiefe: 8,4 m	Volumen: 557.300 m^3

Zu- und Abflüsse:
Zufluss: Zwei oberirdische Hauptzuflüsse am Ostufer (vom Grasstallferner) und Schmelzwässer am Südufer, von einem Schneefeld (Lawine).
Abfluss: Ein oberirdischer Abfluss am Nordufer (Wasserführung ca. 30-50 l/s).

Abwasserbeeinflussung: keine

Wassernutzung: keine

Besitzverhältnisse: KG Umhausen, E Zl 946/II, Gp 1075
Eigentümer: Agrargemeinschaft Grastal, 30. Juli 1979 kauf durch TIWAG

Zugänglichkeit:
Von Niedertai führt ein guter Fußweg entlang des Grasstallbaches direkt zum See.
Unterkunft: Keine in der Nähe.

Fischerei:
Fischereirechte: Revierzugehörigkeit: Revier Nr. 13b.
Fischereiberechtigter: Tiroler Wasserkraftwerke AG (TIWAG).
Geschichtliches: Kom.Rat H. Marberger: Seit 1881 war das Fischereirecht im Besitz der Fam. Marberger, am 30. Juli 1979 kauf durch TIWAG. Keine Angaben über Fischbestand.
Fragebogenaktion: Kein Fischbestand.
Untersuchungen: Kein Fischbestand (August 1981).
Beurteilung: Voraussichtlich fischereilich nutzbar (Schwierig wegen Lawinenabgängen).
Literatur:

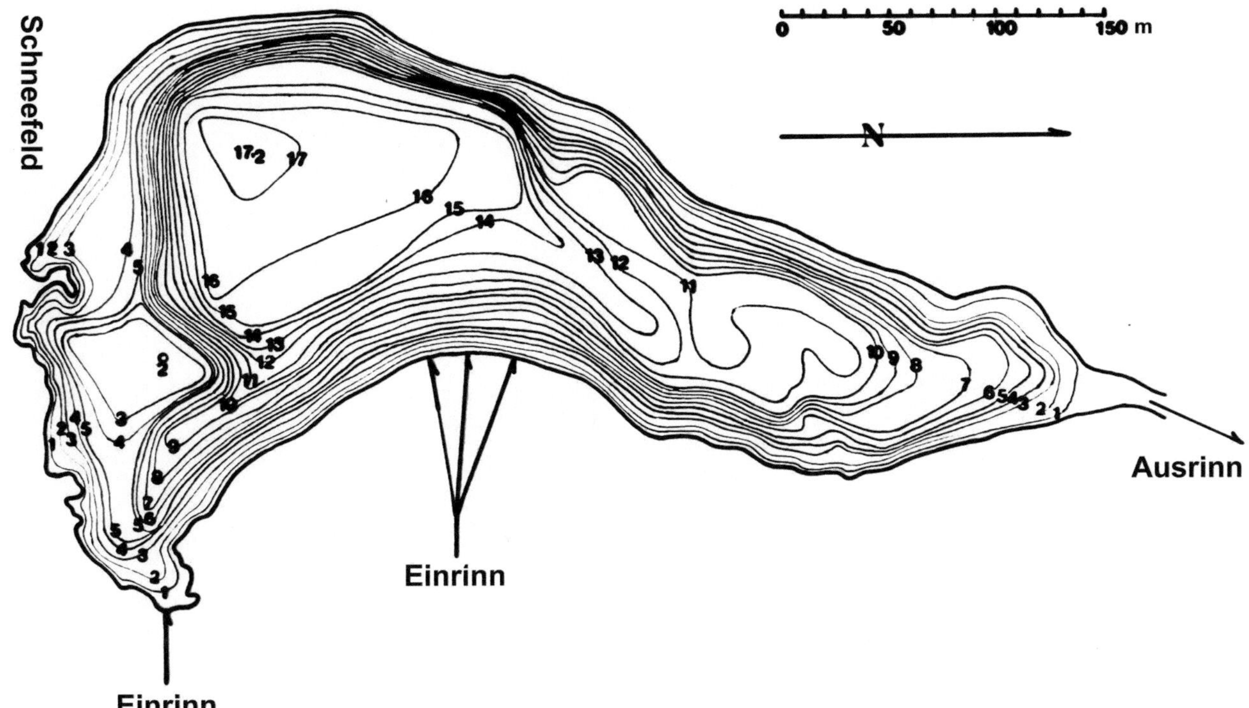

Abb. 46: Tiefenkarte des Grastalsees (nach Vermessung 1981)

6.3.10. Finstertaler Speicher (Nr. 78); Abb.: 47, 48, 49, F51, Titelbild

Bezirk: Imst

Gemeinde: Silz

Geographische Lage: 2322 m ü. A.
47° 11' 00" N – 11° 01' 00" E
Stubaier Alpen,
südlich oberhalb von Kühtai.
Österreich-Karte: Nr. 146

Geologie: Ötztal – Stubaital – Kristallin

Entstehung: Speichersee (als Jahresspeicher für die Kraftwerksgruppe Sellrain-Silz 1977-1980 errichtet).

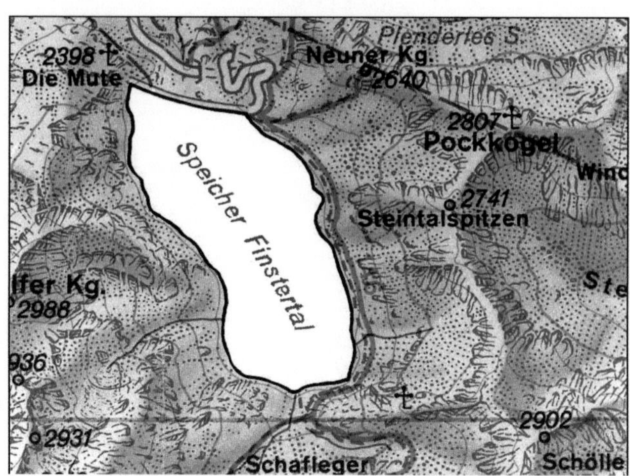

Abb. 47: Topographische Lage (Ö-Karte: Nr. 146)

Einzugsgebiet: Durch Wasserleitungen und Pumpspeicherung stark aber variabel vergrößert (139 km^2).

Morphometrie:

Areal: 105,00 ha	Länge: 1800 m	Breite: 750 m
Größte Tiefe: 112,0 m	Mittlere Tiefe: 57,1 m	Volumen: 60.220.000 m^3

Zu- und Abflüsse: Die natürliche Zuflüsse füllen jährlich nur etwa 13 % des Speicherinhaltes.
Zufluss: Wasserzufuhr überwiegend durch Hochpumpen aus Zwischenspeicher Längental (max. 66 m^3/s).
Abfluss: Wasserabfuhr nur über Triebwasserkanal zur Kraftwerks-Oberstufe Kühtai (max. 80 m^3/s).

Abwasserbeeinflussung: keine

Wassernutzung: Wasserkraftnutzung zur Stromerzeugung durch die TIWAG.

Besitzverhältnisse: KG Silz
Eigentümer: Tiroler Wasserkraftwerke AG (TIWAG)

Zugänglichkeit:
Von der Kühtaier Landesstraße führt eine Werkstraße (Sondergenehmigung) direkt zum Speichersee. Außerdem führt ein Höhenweg von der Bergstation des Drei-Seen-Liftes zum Speichersee und entlang dessen Ostufer bis zum Südufer.
Unterkunft: Hotels (und Alpenvereinshaus Dortmunder Hütte) in Kühtai.

Fischerei:

Fischereirechte: Revierzugehörigkeit: Revier Nr. 16.
Fischereiberechtigter: Tiroler Wasserkraftwerke AG (TIWAG).

Geschichtliches: Durch den Finstertaler Speichersee wurden die Becken des Vorderen und Hinteren Finstertaler Sees überstaut. Wegen der zu Baubeginn erfolgten fast vollständigen Entleerung des Vorderen Finstertaler Sees, der weitgehenden Umgestaltung des früheren Seebeckens durch Fels- und Schotterentnahme sowie die Dammschüttung, der Einschlämmung verbliebener Resttümpel durch Feinmaterial aus der Kieswäscherei und wegen sonstiger Auswirkungen des Baugeschehens ist davon auszugehen, dass vom Fischbestand des Vorderen Finstertaler Sees nichts übrig geblieben ist (Pechlaner et al., 1972a, b). Der Hintere Finstertaler See hingegen wurde lediglich um 5 m abgesenkt und blieb bis zur Überstauung als rund 5 m tiefes Gewässer samt seinem Fischbestand erhalten. Auf den Fischbestand des Hinteren Finstertaler Sees bezugnehmende Veröffentlichungen werden daher bei den Literaturhinweisen angeführt.

Fragebogenaktion: Laut Fischereiberechtigten enthält der Speichersee sicher Seesaiblinge (wahrscheinlich auch Bachforellen) aus dem Bestand des überstauten Hinteren Finstertaler Sees, sowie eingesetzte Regenbogenforellen.

Untersuchungen: Die Befischung (November 1994) ergab insgesamt 7 Regenbogenforellen mit Längen von 24-39 cm (32,80 ± 5,55), einem Gewicht von 163-564 g (414,70 ± 161,57) und einem Konditionsfaktor von 0,99-1,29 (1,13 ± 0,10), 9 Bachforellen mit Längen von 22-30 cm (25,40 ± 2,51), einem Gewicht von 113-267 g (118,80 ± 46,45) und einem

Konditionsfaktor von 0,99-1,25 (1,13 ± 0,08), sowie 49 Seesaiblinge mit Längen von 18-28 cm (22,90 ± 2,24), einem Gewicht von 31-157 g (98,10 ± 26,22) und einem Konditionsfaktor von 0,53-0,97 (0,53 ± 0,10) (siehe Abb. 48).
Der Magen war bei 77,78 % der untersuchten Forellen voll mit Insekten (Anflug), und bei 38,46 % der untersuchten Seesaiblinge vereinzelt mit Insekten (Larven) gefüllt (bei den restlichen Fischen war der Magen leer). Zooplankton hatte kein Fisch im Magen, wohl auch da der Planktonbestand (100 % Copeopden) extrem gering ist (<0,01 g/m^3).
Bei den untersuchten Seesaiblingen betrug das Verhältnis der Geschlechter (Weibchen zu Männchen) ca. 1:1,25, und 60,87 % waren bereits Laichreif (Männchen 93 % und Weibchen 7 %), 36,96 % vor der Laichreife (Männchen 6 % und Weibchen 94 %), und 2,17 % waren noch nicht Geschlechtsreif. Der Gonadosomatische Index betrug bei 6 untersuchten weiblichen Seesaiblingen 12,30-22,00 % (19,80 ± 7,50). Ein Laichplatz der Seesaiblinge wurde ca. 100 m östlich vom Haupteinrinn in etwa 23 m Tiefe mittels Echolotung geortet.

Beurteilung: Fischereilich nutzbar (gutes Wachstum bei Seesaiblingen und Regenbogenforellen).

Literatur: Heller (1869, 1871), Jäger (1978), Kraus (1980, 1981), Margreiter (1927), Pechlaner (1969, 1979, 1984b, 1985), Pechlaner et al. (1972), Steinböck (1938, 1949b, 1959b, 1951).

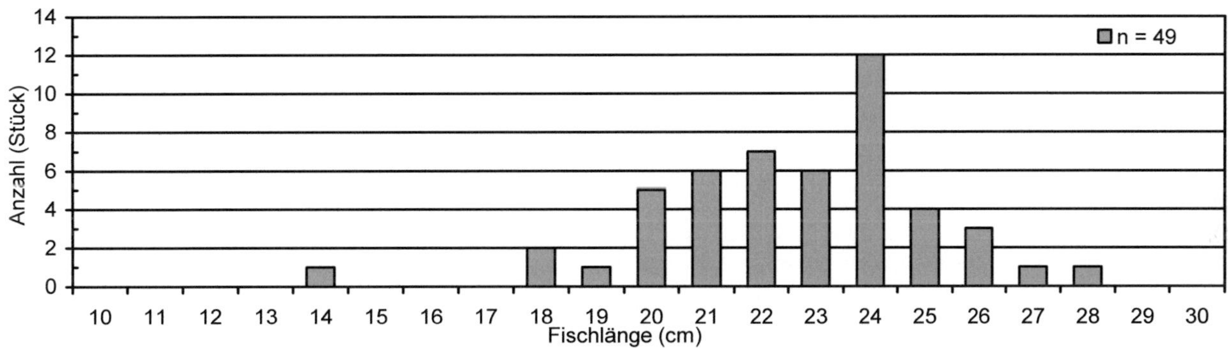

Abb. 48: Größenverteilung der Seesaiblinge im Finstertaler Speicher nach Fängen vom November 1994

Abb. 49: Informationstafel am Finstertaler Speicher (Foto: M. Hochleithner)

6.3.11. Oberer Plenderlesee (Nr. 79); Abb.: 50, 51, F52

Bezirk: Imst

Gemeinde: Silz

Geographische Lage: 2344 m ü. A.
47° 12' 13" N – 11° 02' 13" E
Stubaier Alpen,
ca. 600 m nordwestlich des Bockkogels,
ca. 400 m nordöstlich des Neunerkogels,
östlich des Unteren Plenderlesees.
Österreich-Karte: Nr. 146

Geologie: Ötztal – Stubaital – Kristallin

Entstehung: Tal-Felsbeckensee

Einzugsgebiet: ca. 97 ha

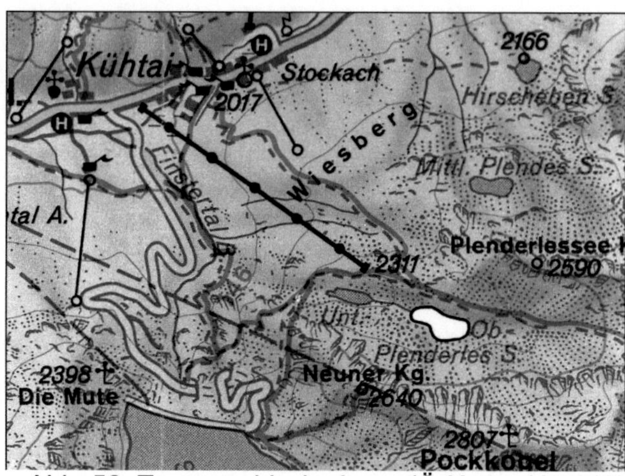

Abb. 50: Topographische Lage (Ö-Karte: Nr. 146)

Morphometrie: Der Böschungswinkel des Seebeckens beträgt durchschnittlich 20 %.

Areal: 2,10 ha	Länge: 260 m	Breite: 125 m
Größte Tiefe: 7,5 m	Mittlere Tiefe: 3,6 m	Volumen: 72.500 m^3

Zu- und Abflüsse:
Zufluss: Zwei oberirdische Zuflüsse, ein größerer Hauptzufluss am Ostufer, sowie ein kleinerer Quellzufluss am Nordostufer. Da die Wasserführung des Abfluss wesentlich größer ist als die der Zuflüsse, gibt es vermutlich auch unterirdische Zuflüsse.
Abfluss: Ein oberirdischer Abfluss am Westufer.

Abwasserbeeinflussung: keine

Wassernutzung: keine

Besitzverhältnisse: KG Silz
Eigentümer: Tiroler Wasserkraftwerke AG (TIWAG)

Zugänglichkeit:
Von der Bergstation des Drei-Seen-Liftes führt ein Fußweg zum See. Gehzeit: ca. 10 Minuten vom Lift bzw. ca. 60 Minuten von Kühtai.
Unterkunft: Hotels (und Alpenvereinshaus Dortmunder Hütte) in Kühtai.

Fischerei:
Fischereirechte: Revierzugehörigkeit: Revier Nr. 16.
Fischereiberechtigter: Tiroler Wasserkraftwerke AG (TIWAG).
Geschichtliches: Die Angaben von Heller (1869, 1871) über Seesaiblinge im „kesselförmigen Plenderlesee" bzw. „Plenderlesee" beziehen sich wahrscheinlich auf diesen See.
Untersuchungen: Fang von Seesaiblingen auch durch Institut für Zoologie, Innsbruck.
Reiner Seesaiblingsbestand (vorwiegend „Schwarzreuter" aber auch 4 „Wildfangsaiblinge" mit Längen von 33-62 cm nachgewiesen).
Beurteilung: Fischereilich nutzbar.
Literatur: Heller (1869, 1871), Leutelt-Kipke (1934), Pechlaner (1969, 1984b, 1985), Reimer (1984a, b, 1985, 1986), Steinböck (1929, 1938, 1949a, b, c, 1950b, 1951).

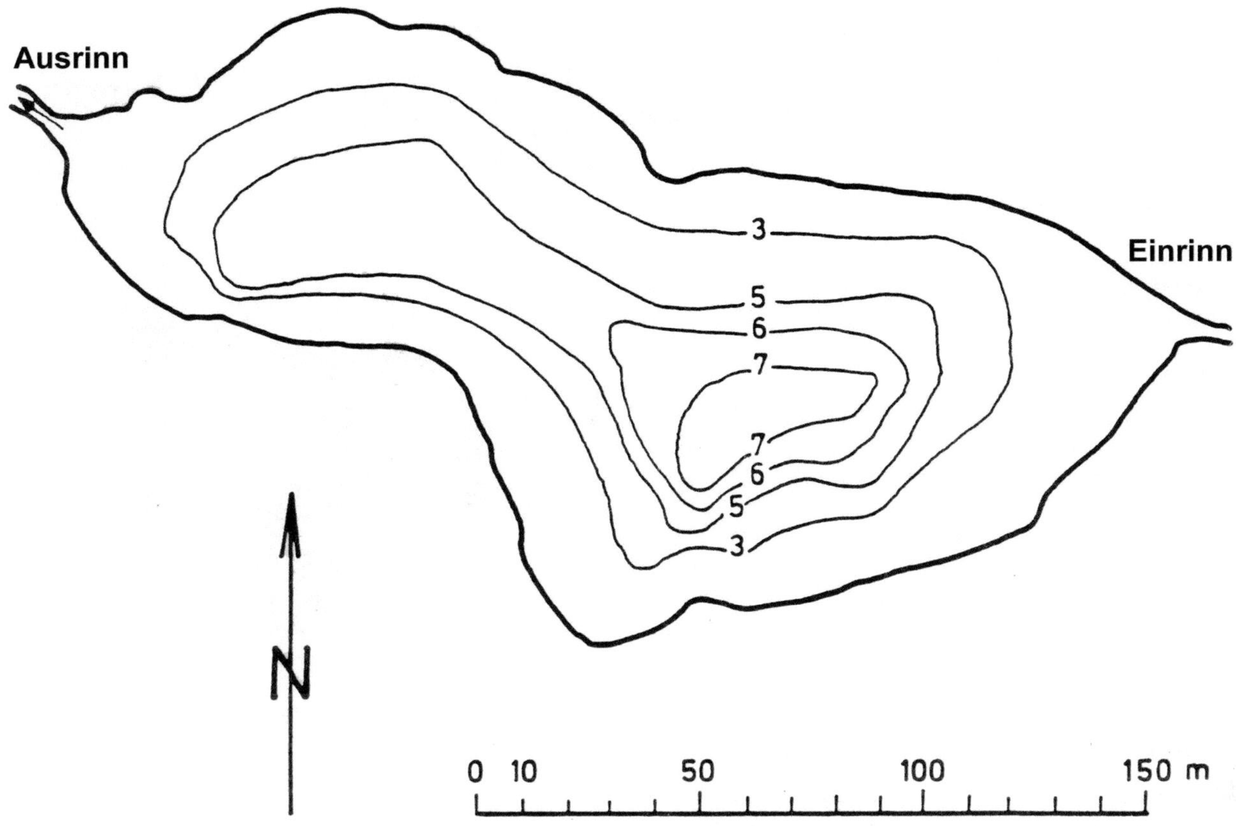

Abb. 51: Tiefenkarte des Oberen Plenderlesees (nach Vermessung von Leutelt-Kipke 1934, verändert)

6.3.12. Mittlerer Plenderlesee (Nr. 80); Abb.: 52, 53, F53

Bezirk: Imst

Gemeinde: Silz

Geographische Lage: 2317 m ü. A.
47° 12' 30" N – 11° 03' 19" E
Stubaier Alpen,
ca. 1,0 km nördlich des Bockkogels,
nördlich des Oberen Plenderlesees.
Österreich-Karte: Nr. 146

Geologie: Ötztal – Stubaital – Kristallin

Entstehung: Karsee mit Moränenwall

Einzugsgebiet: ca. 8 ha

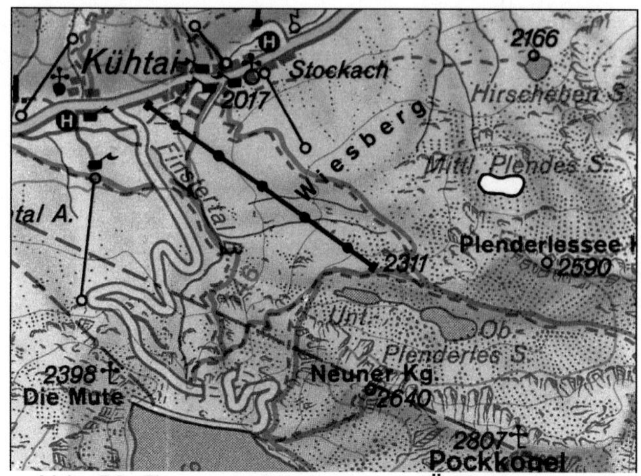

Abb. 52: Topographische Lage (Ö-Karte: Nr. 146)

Morphometrie: Der Böschungswinkel des Seebeckens beträgt durchschnittlich 18 %.

Areal: 1,58 ha	Länge: 216 m	Breite: 73 m
Größte Tiefe: 5,7 m	Mittlere Tiefe: 3,1 m	Volumen: 49.600 m^3

Zu- und Abflüsse: Sonnenscheindauer in Jahresdurchschnitt täglich 7,3 h.
Zufluss: Vorwiegend unterirdische Zuflüsse.
Abfluss: Ein oberirdischer Abfluss am Nordwestufer.

Abwasserbeeinflussung: keine

Wassernutzung: keine

Besitzverhältnisse: KG Silz
Eigentümer: Tiroler Wasserkraftwerke AG (TIWAG)

Zugänglichkeit:
Von der Bergstation des Drei-Seen-Liftes bzw. von Kühtai über den Hirschebensee oder direkt über Wiesberg führt ein Fußweg zum See. Gehzeit: ca. 20 Minuten vom Lift bzw. ca. 60 Minuten von Kühtai.
Unterkunft: Hotels (und Alpenvereinshaus Dortmunder Hütte) in Kühtai.

Fischerei:
Fischereirechte: Revierzugehörigkeit: Revier Nr. 16.
Fischereiberechtigter: Tiroler Wasserkraftwerke AG (TIWAG).
Geschichtliches: Seesaiblinge von R. Pechlaner im Jahre 1968/1969 beobachtet.
Untersuchungen: Fang von Seesaiblingen durch H. Kraus im Jahre 1981 (Kraus 1982a).
Es wurden nur Seesaiblinge mit Längen unter 20 cm gefangen.
Besatzmaßnahmen: 30 St. Bachforellen (ca. 25 cm Länge) im Jahre 1982, ein Teil dieser Fische war vom Transport so stark geschädigt, dass sie nicht überlebten.
Im August 1983 wurden dann 3 Bachforellen von H. Kraus gefangen.
Beurteilung: Fischereilich nutzbar.
Literatur: Kraus (1982a), Marinone (1982), Pechlaner (1984b, 1985), Reimer (1984a, b, 1985, 1986), Steinböck (1938).

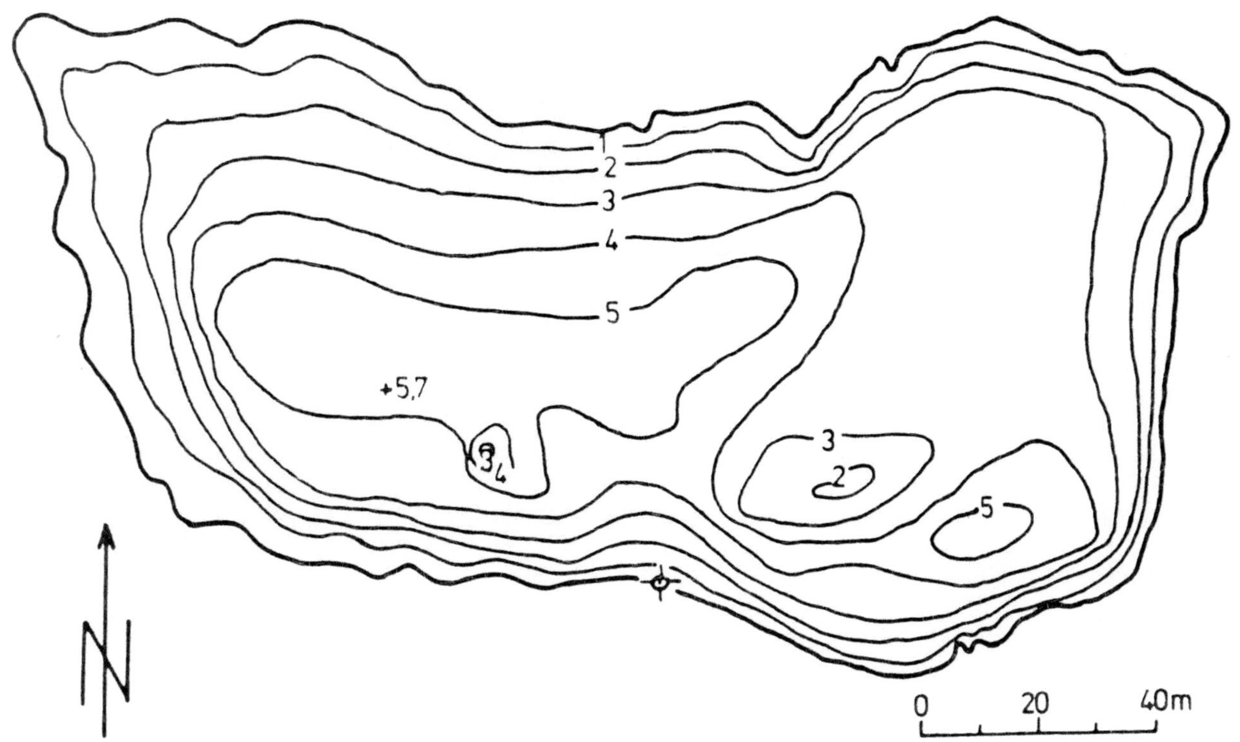

Abb. 53: Tiefenkarte des Mittleren Plenderlesees (nach Vermessung von Leiner 1982, aus Kraus 1982a)

6.3.13. Unterer Plenderlesee (Nr. 81); Abb.: 54, 55, F54, F52

Bezirk: Imst

Gemeinde: Silz

Geographische Lage: 2281 m ü. A.
47° 12' 15" N – 11° 02' 24" E
Stubaier Alpen,
ca. 800 m nordwestlich des Bockkogels,
ca. 400 m nördlich des Neunerkogels,
westlich des Oberen Plenderlesees.
Österreich-Karte: Nr. 146

Geologie: Ötztal – Stubaital – Kristallin

Entstehung: Tal-Felsbeckensee

Einzugsgebiet: ca. 67 ha

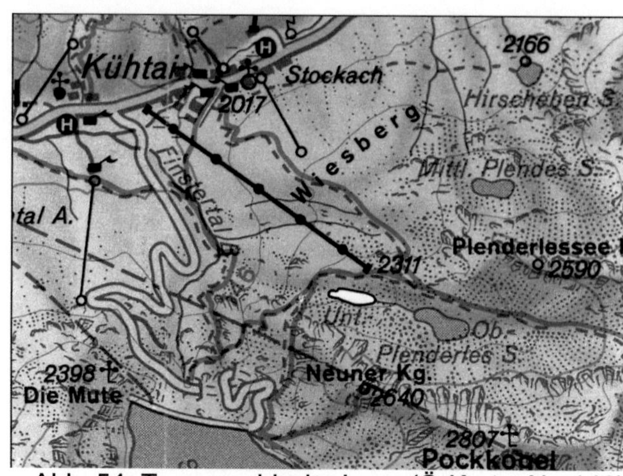

Abb. 54: Topographische Lage (Ö-Karte: Nr. 146)

Morphometrie: Der Böschungswinkel des Seebeckens beträgt durchschnittlich 23 %.
Starke Seespiegel- und Tiefenschwankungen im Jahresverlauf (Leutel-Kipke, 1934).

Areal: 1,39 ha	Länge: 200 m	Breite: 65 m
Größte Tiefe: 7,0 m	Mittlere Tiefe: 2,0 m	Volumen: 18.200 m^3

Zu- und Abflüsse:
Zufluss: Ein oberirdischer Zufluss am Westufer (Abfluss des Oberen Plenderlesees).
Abfluss: Ein unterirdischer Abfluss am Ostufer.

Abwasserbeeinflussung: Möglicherweise von Jausenstation am Drei-Seen-Lift.

Wassernutzung: Trinkwasserfassung am Zuflussbach.

Besitzverhältnisse: KG Silz, E Zl 591, Gp 6693
Eigentümer: Tiroler Wasserkraftwerke AG (TIWAG)

Zugänglichkeit:
Von der Bergstation des Drei-Seen-Liftes führt ein Fußweg zum See. Gehzeit: ca. 10 Minuten vom Lift bzw. ca. 60 Minuten von Kühtai.
Unterkunft: Hotels (und Alpenvereinshaus Dortmunder Hütte) in Kühtai.

Fischerei:
Fischereirechte: Revierzugehörigkeit: Revier Nr. 16.
Fischereiberechtigter: Tiroler Wasserkraftwerke AG (TIWAG).
Geschichtliches: Margreiter (1927): beichtet von „aus den Plenderleseen in den Ochsengartebach verpflanzten Setzlingen", die möglicherweise in den Längentalerbach eingewandert sind und dort im August 1927 als laichreife Fische von 25-30 cm Länge gefangen wurden.
Auch bezüglich der Finstertaler Seen spricht Margreiter (1927) von einem Seesaiblingseinsatz aus den Plenderleseen ohne zu erläutern, wann dies geschah und aus welchem der Plenderleseen die Fische stammten.
Seesaiblinge „Schwarzreuter" von R. Pechlaner im Jahre 1986 im See beobachtet.
Untersuchungen: Keine Befischung durchgeführt.
Beurteilung: Fischereilich beschränkt nutzbar (wegen Spiegelschwankungen).
Literatur: Leutelt-Kipke (1934), Margreiter (1927).

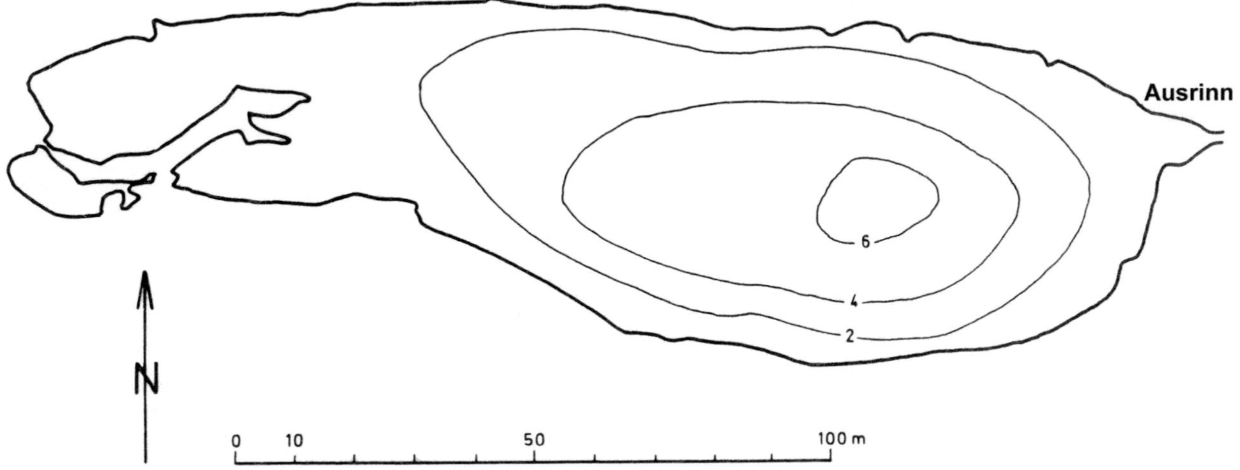

Abb. 55: Tiefenkarte des Unteren Plenderlesees (nach Vermessung von Leutelt-Kipke 1934, verändert)

6.3.14. Hirschebensee (Nr. 82); Abb.: 56, 57, F55, F53

Bezirk: Imst

Gemeinde: Silz

Geographische Lage: 2166 m ü. A.
47° 12' 50" N – 11° 03' 24" E
Stubaier Alpen,
ca. 1,5 km nördlich des Bockkogels,
ca. 500 m nördlich des Mittleren Plenderlesees.
Österreich-Karte: Nr. 146

Geologie: Ötztal – Stubaital – Kristallin

Entstehung: Karsee mit Moränenwall

Einzugsgebiet: ca. 13 ha

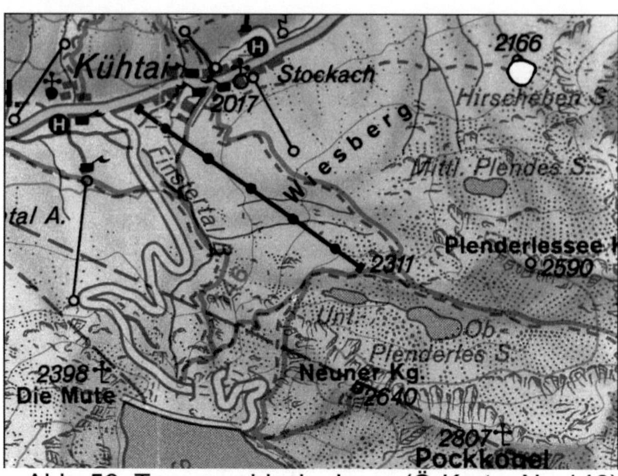

Abb. 56: Topographische Lage (Ö-Karte: Nr. 146)

Morphometrie: Der Böschungswinkel des Seebeckens beträgt durchschnittlich 19 %.

Areal: 1,0 ha	Länge: 140 m	Breite: 100 m
Größte Tiefe: 2,9 m	Mittlere Tiefe: 1,0 m	Volumen: 9.500 m^3

Zu- und Abflüsse: Sonnenscheindauer in Jahresdurchschnitt täglich 8,3 h.
Zufluss: Ein oberirdischer Zufluss (Quelle).
Abfluss: Ein oberirdischer Abfluss am Nordufer.

Abwasserbeeinflussung: keine

Wassernutzung: Fallweise Viehtränke im manipulierten Abfluss (Seespiegelabsenkung im Herbst).

Besitzverhältnisse: KG Silz
Eigentümer: Tiroler Wasserkraftwerke AG (TIWAG)

Zugänglichkeit:
Von der Bergstation des Drei-Seen-Liftes bzw. von Kühtai oder direkt über Wiesberg führt ein Fußweg zum See. Gehzeit: jeweils ca. 30 Minuten.
Unterkunft: Hotels (und Alpenvereinshaus Dortmunder Hütte) in Kühtai.

Fischerei:
Fischereirechte: Revierzugehörigkeit: Revier Nr. 16.
Fischereiberechtigter: Tiroler Wasserkraftwerke AG (TIWAG).
Geschichtliches: Pechlaner (1966): Bis 1960 ohne Fische. 1961: 500 St. sömmerige Regenbogenforellen (ca. 10 cm) besetzt. 1962: Regenbogenforellen in einem Jahr auf durchschnittlich 25 cm Länge abgewachsen (Konditionsfaktor 1,3). 1963: Regenbogenforellen mit 35-40 cm Länge gefangen, zusätzlich 400 St. Regenbogen- und 100 St. Bachforellen (jeweils sömmerig) besetzt. Bis 1965 wurden nur wenige Bachforellen gefangen. Nachbesatz mit Regenbogenforellen zeigte geringere Zuwächse als Erstbesatz (Konditionsfaktor 1,0).
Untersuchungen: Keine Untersuchung durchgeführt.
Beurteilung: Fischereilich nutzbar.
Literatur: Leutelt-Kipke (1934), Pechlaner (1966), Steinböck (1951).

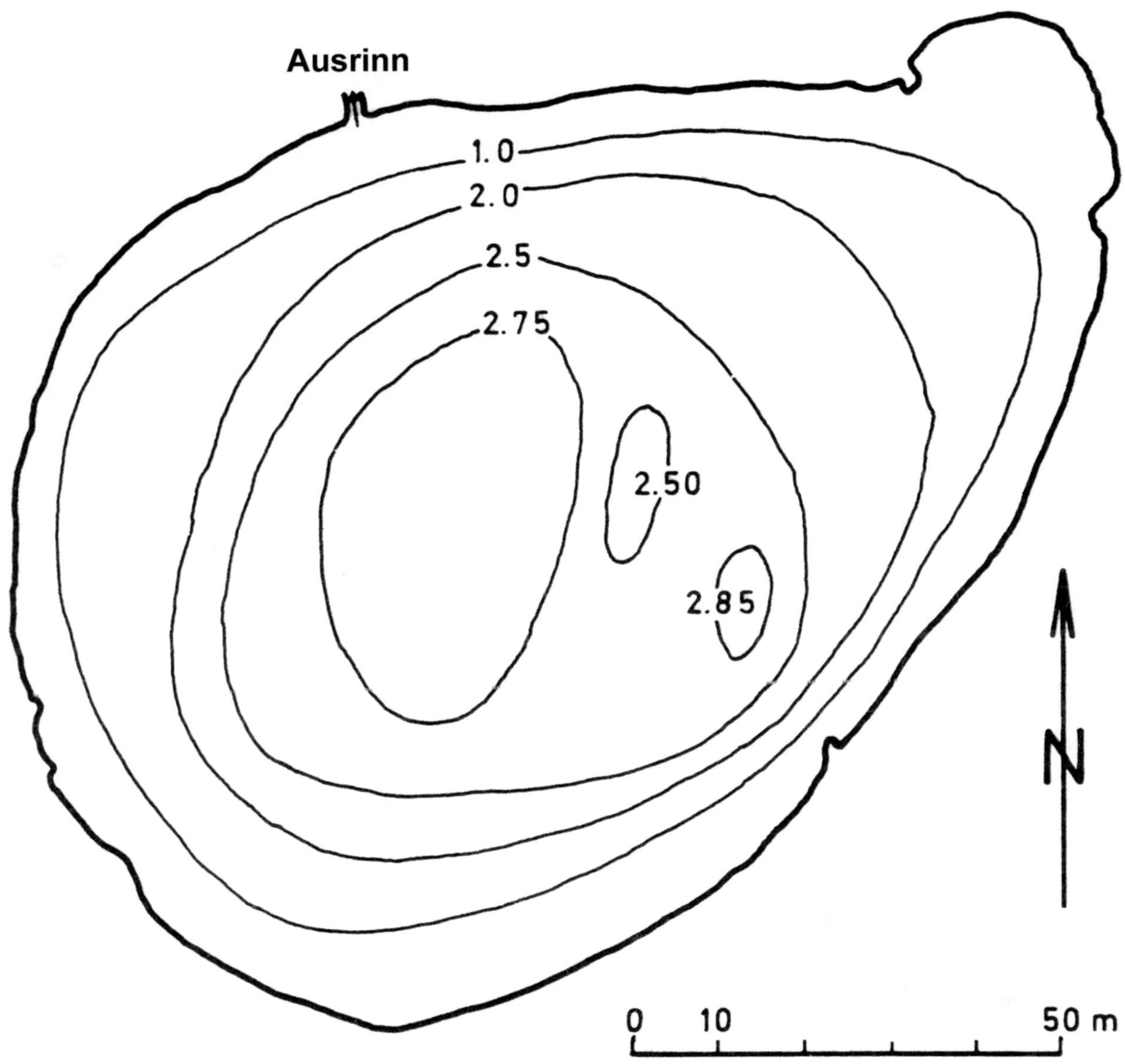

Abb. 57: Tiefenkarte des Hirschebensees (nach Vermessung von Leutelt-Kipke 1934, verändert)

6.3.15. Rotfelssee (Nr. 83); Abb.: 58, F56

Bezirk: Imst

Gemeinde: Silz

Geographische Lage: 2485 m ü. A.
47° 14' 53" N – 10° 00' 29" E
Stubaier Alpen,
nördlich oberhalb von Kühtai,
am Fuße des Pirchkogels,
südwestlich der Irzwände.
Österreich-Karte: Nr. 146

Geologie: Ötztal – Stubaital – Kristallin

Entstehung: Karsee mit Moränenwall

Einzugsgebiet: ca. 33 ha

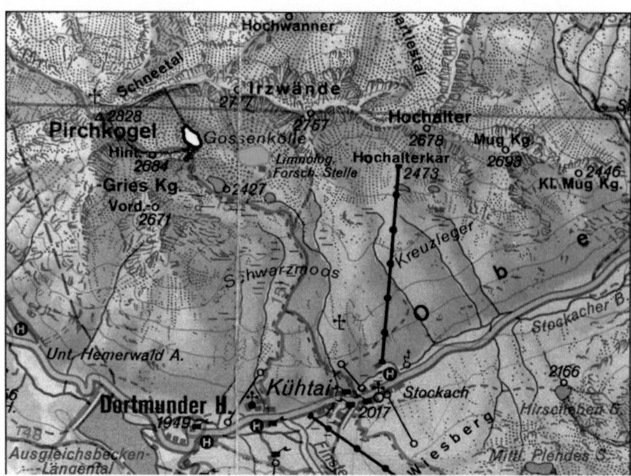

Abb. 58: Topographische Lage (Ö-Karte: Nr. 146)

Morphometrie: Im Sommer (der Seespiegel sinkt ab Herbst um mindestens 1 m).

Areal: 0,9 ha	Länge: 96 m	Breite: 97 m
Größte Tiefe: 5,0 m	Mittlere Tiefe:	Volumen:

Zu- und Abflüsse:
Zufluss: Mehrere unterirdische Zuflüsse (kein oberirdischer Zufluss).
Abfluss: Ein unterirdischer Abfluss am Südostufer (im Sommer deutlich hörbar).

Abwasserbeeinflussung: keine

Wassernutzung: keine

Besitzverhältnisse: KG Silz
Eigentümer: Tiroler Wasserkraftwerke AG (TIWAG)

Zugänglichkeit:
Von Kühtai führt ein markierter Fußweg in Richtung Pirchkogel am See vorbei. Gehzeit: ca. 90 Minuten.
Ankürzung durch Liftbenutzung im Winter möglich.
Unterkunft: Hotels (und Alpenvereinshaus Dortmunder Hütte) in Kühtai.

Fischerei:
Fischereirechte: Revierzugehörigkeit: Revier Nr. 16.
Fischereiberechtigter: Tiroler Wasserkraftwerke AG (TIWAG).
Geschichtliches: 1969 Besatz von 70 sömmerigen Seesaiblingen (aus Fuschlseepopulation) durch Institut für Zoologie, Innsbruck, in den bis dahin fischlosen See.
1971 Fang von 15 Seesaiblingen (Länge 12-20 cm, alle Männchen geschlechtsreif, Konditionsfaktor 0,85 (±0,07). 1984 Dezimierung der Seesaiblinge (Fische von mehr als 30 cm besonders stark unterernährt), Konditionsfaktor von 35 Tieren 0,63 (±0,15).
1986 Fang von durchwegs normalwüchsigen und gut genährten Seesaiblingen.
Untersuchungen: Wissenschaftliche Untersuchung im Gange.
Beurteilung: Fischereilich nutzbar.
Literatur:

6.3.16. Gossenköllesee (Nr. 84); Abb.: 59, 60, 61, F57

Bezirk: Imst

Gemeinde: Silz

Geographische Lage: 2413 m ü. A.
47° 13' 49" N – 11° 00' 51" E
Stubaier Alpen,
nördlich oberhalb von Kühtai,
am Fuße des Pirchkogels,
südlich der Irzwände.
Österreich-Karte: Nr. 146

Geologie: Ötztal – Stubaital – Kristallin

Entstehung: Moränensee

Abb. 59: Topographische Lage (Ö-Karte: Nr. 146)

Einzugsgebiet: ca. 30 ha
Die Umgebung um das Einzugsgebiet des Sees wurde 1977 zum UNESCO Biosphärenpark erklärt.

Morphometrie: Seespiegelschwankungen von bis zu 70 cm wurden beobachtet (Eppacher, 1968).

Areal: 1,67 ha	Länge: 203 m	Breite: 120 m
Größte Tiefe: 9,9 m	Mittlere Tiefe: 4,7 m	Volumen: 78.200 m^3

Zu- und Abflüsse: Niederschlag etwa 1200 mm/Jahr (rund die Hälfte davon als Schnee).
Zufluss: Mehrere unterirdische Zuflüsse (kein oberirdischer Zufluss).
Abfluss: Mehrere unterirdische Abflüsse am Südostufer (Wasserführung ca. 30 l/s).
Ein oberirdischer Abfluss am Südostufer temporär (nur zur Zeit intensiver Schneeschmelze).

Abwasserbeeinflussung: keine

Wassernutzung: Trink- und Brauchwasserentnahme für die Limnologische Station.

Besitzverhältnisse: KG Silz
Eigentümer: Tiroler Wasserkraftwerke AG (TIWAG)

Zugänglichkeit:
Von Kühtai führt ein markierter Weg direkt zum See. Gehzeit ca. 90 Minuten.
Eine Abkürzung ist durch die Benützung eines Liftes im Winter möglich.
Unterkunft: Otto-Steinböck-Station (Limnologische Station Kühtai), Außenstelle des Institutes für Zoologie der Universität Innsbruck, am Südufer des Sees.

Fischerei:
Fischereirechte: Revierzugehörigkeit: Revier Nr. 16.
Fischereiberechtigter: Tiroler Wasserkraftwerke AG (TIWAG).
Geschichtliches: Der See enthält einen reinen Bachforellenbestand (Donaustamm).
Der Fischbesatz erfolgte sehr wahrscheinlich im späten Mittelalter (Kaiser Maximilian I.).
Nach allen Beobachtungen von 1927-1981 erreichte keine Bachforelle dieses Sees mehr als 24 cm Länge, die allermeisten weniger als 20 cm Länge. Durch experimentelle Dezimierung des Fischbestandes von 1981-1983 (auf 40 % der Gesamtzahl geschlechtsreifer Fische) haben diese Bachforellen 1986 bis zu 34 cm Länge erreicht.
Untersuchungen: Weitere Entwicklung wird wissenschaftlich Untersucht.
Beurteilung: Fischereilich nutzbar (Forellenbestand wird jedoch nur für Forschungszwecke befischt).
Literatur: Eppacher (1966, 1968), Margreiter (1927), Pechlaner (1966, 1969, 1970, 1980), Pechlaner & Zaderer (1985), Steinböck (1938, 1951, 1955).

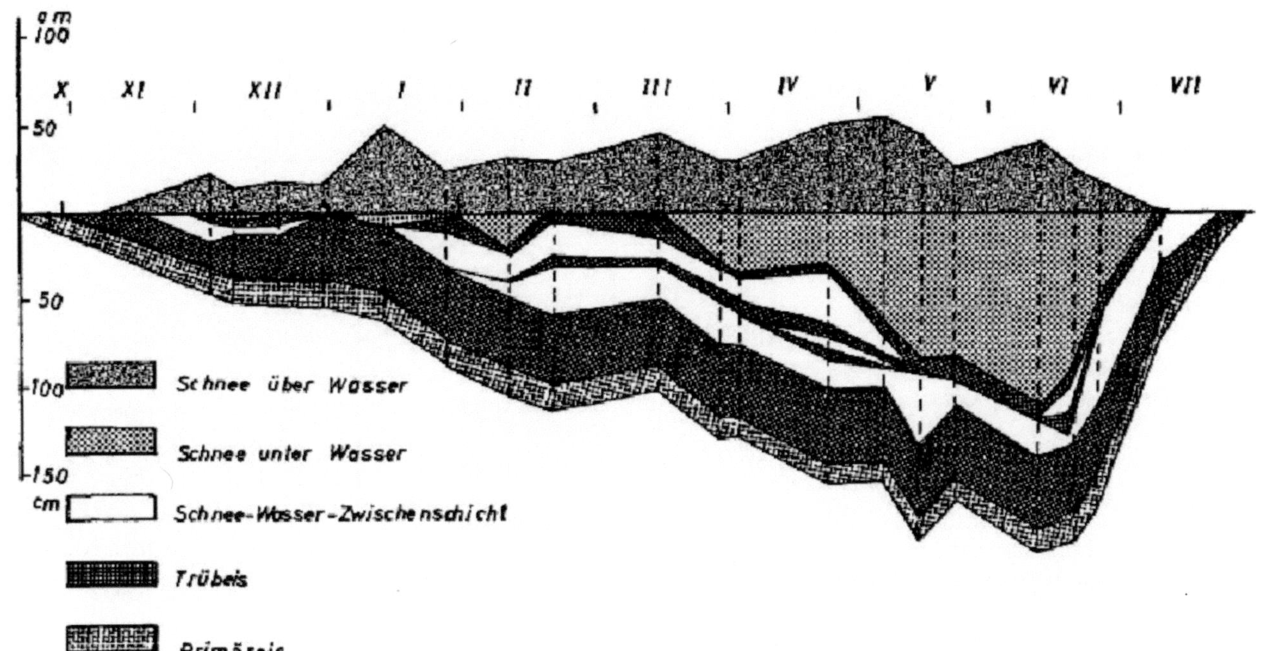

Abb. 60: Entwicklung der Winterdecke des Gossenköllesees im Winter 1964/1965 (aus Eppacher, 1968)

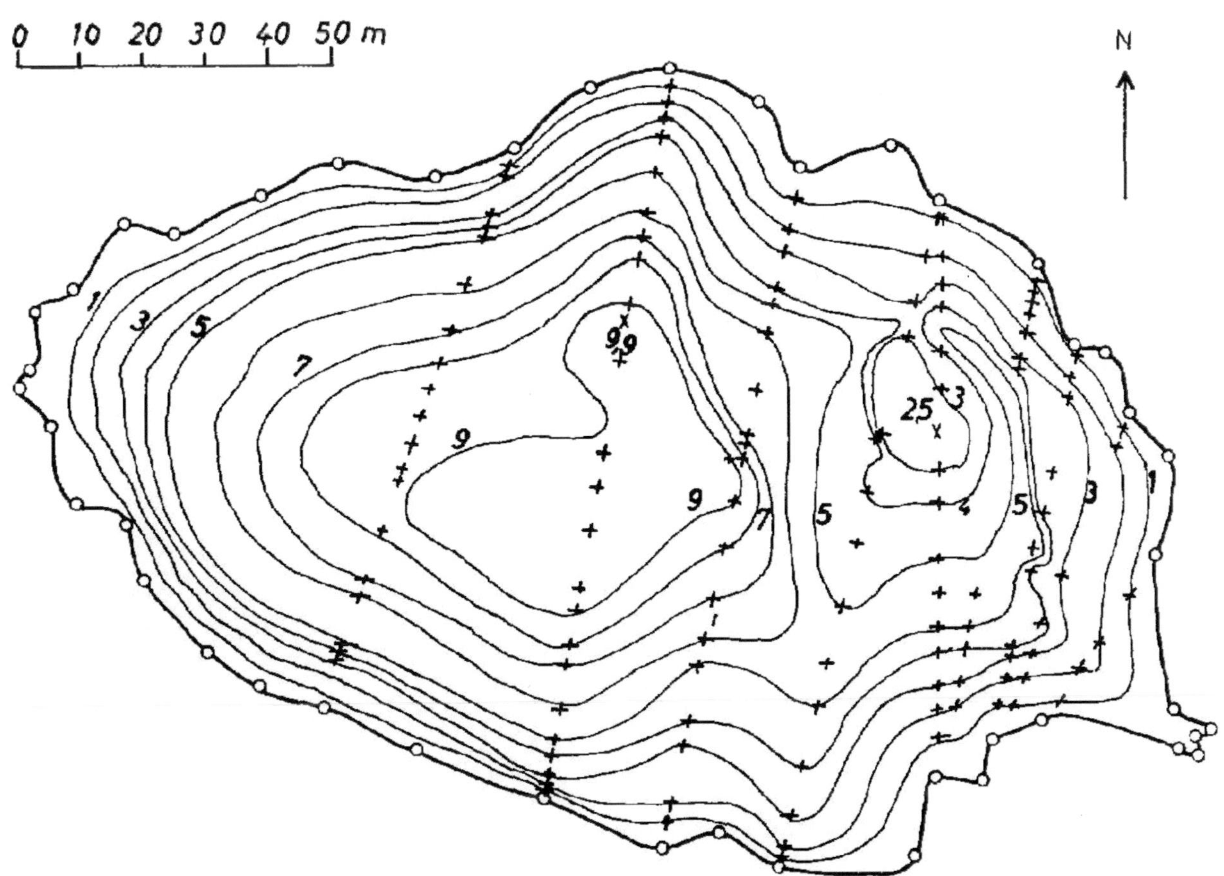

Abb. 61: Tiefenkarte des Gossenköllesees (nach Vermessung von H. Veneri 1960, aus Eppacher, 1968)

6.3.17. Rifflsee (Nr. 87); Abb.: 62, 63, F58, F4, F5, F7

Bezirk: Imst

Gemeinde: St. Leonhard im Pitztal

Geographische Lage: 2232 m ü. A.
46° 57' 59" N – 10° 50' 57" E
Ötztaler Alpen,
nördlich des Grubengrates,
südlich des Stein-, Zurag- und Brandkogels,
östlich des Muttenkopfs,
unterhalb des Löcherkogels.
Österreich-Karte: Nr. 173

Geologie: Ötztal – Kristallin (Gneise)

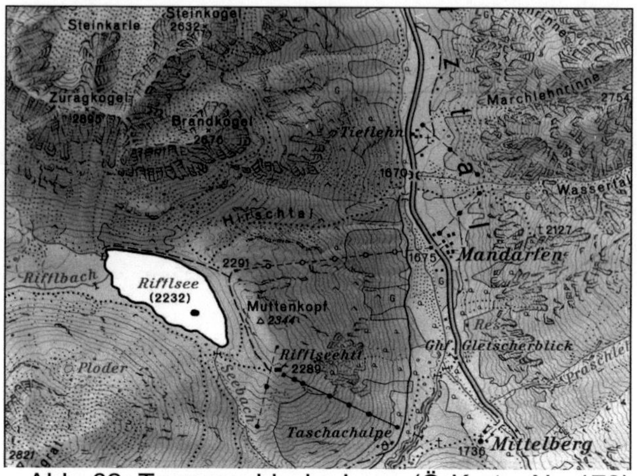

Abb. 62: Topographische Lage (Ö-Karte: Nr. 173)

Entstehung: Moränensee
Der See liegt am Ausgang eines flachen Hochtales, welches eine relativ flache Mulde bildet, unmittelbar vor dem Abfall zum Pitztal hin sperrt eine Felsbarriere den Ausgang des Hochtales ab.

Einzugsgebiet: ca. 1600 ha

Morphometrie:

Areal: 26,90 ha	Länge: 995 m	Breite: 393 m
Größte Tiefe: 24,0 m	Mittlere Tiefe: 11,0 m	Volumen: 2,950,000 m^3

Zu- und Abflüsse:
Zufluss: Ein oberirdischer Hauptzufluss am Westufer, mit starker Deltabildung (Wasserführung >1 m^3/s). Zwei oberirdische Nebenzuflüsse in der Nähe des Hauptzuflusses (mit geringer Wasserführung).
Abfluss: Ein oberirdischer Abfluss am Südufer (mit starker Wasserführung) = Seebach. Abflussmessungen des Seebaches über eine mehrjährige Periode liegen bei der TIWAG auf.

Abwasserbeeinflussung: Düngung durch Viehweide.

Wassernutzung: Wasserentnahme aus dem See für die darüber liegende Jausenstation (Pumpanlage). Wasserkraftnutzung des Seebaches für die Stromerzeugung durch die TIWAG.

Besitzverhältnisse: KG St. Leonhard, E Zl 273/II, Gp 5274
Eigentümer: Agrargemeinschaft Arzl i. P./Gemeinde St. Leonhard i. P.

Zugänglichkeit:
Mehrere gut markierte Aufstiegsmöglichkeiten vom Pitztal aus. Kürzester Anstieg: Von Mandarfen aus führt ein Fußweg in der Nähe der Lifttrasse direkt zum See. Gehzeit: ca. 90 Minuten. Alternative: Von Mandarfen aus mit Sessellift bis zur Bergstation und dann Abstieg zum See. Gehzeit: ca. 10 Minuten. Unterkunft: Rifflseehütte (2289 m ü. A.), Bergstation des Sesselliftes mit angeschlossener Jausenstation, ca. 10 Gehminuten entfernt. Kleine Holzhütte (Pumpstation für Jausenstation) am Nordufer des Sees.

Fischerei:
Fischereirechte: Revierzugehörigkeit: Revier Nr. 8b (Eigenrevier).
Fischereiberechtigter: R. Walser und H. Santeler, beide St. Leonhard
Geschichtliches: Heller (1871): Gibt als Fischbestand für den Rifflsee Bachforellen an.
Steinböck (1959): Gibt als Fischbestand für den Rifflsee Seesaiblinge an (er stützt sich auf die Angabe des damaligen Wirtes der Rifflseehütte).
Diem (1964): Gibt als Fischbestand für den Rifflsee Forellen an (Angaben aus dem Fischereibuch Kaiser Maximilians I.).
Fragebogenaktion: Keine Fänge bekannt, obwohl Besatz erfolgte. Besatz in den1950er Jahren vermutlich Bachforellen, in den 1970er Jahren 50-70 Regenbogenforellen (15-25 cm) und 700 Bachsaiblinge (5-6 cm), aus einer Fischzucht in der Nähe (Piller).
Untersuchungen: Befischung (Juli/August 1980) ergab insgesamt 26 Bachsaiblinge, 20 Regenbogenforellen, und 4 Bachforellen, 2 davon sind eventuell Seeforellen (siehe Fischfangliste).

Alle Fische zeigen sehr gute, die Bachsaiblinge weit über der Norm liegende Konditionsfaktoren (1,5-2,1). Die gefangenen Fischarten lassen sich Großteils auf die erfolgten Besatzmaßnahmen (siehe oben) zurückführen. Die Fortpflanzungs- und Aufkommensrate scheint besonders bei den Bachsaiblingen gering bis Null zu sein.

Besatzmaßnahmen: Im September 1983 erfolgte ein Besatz mit 1500 St. Seesaiblinge á 100 g, die bis Dezember 1983 um +10 % in Länge und Gewicht zunahmen, über Winter stagnierten, und bis 1986 auf ca. 28 cm Länge abwuchsen (Konditionsfaktotr ca. 1,0). Trots Fertilität konnten bis 1986 keine Jungfische festgestellt werden.

Beurteilung: Fischereilich nutzbar.

Literatur: Diem (1964), Heller (1869, 1871), Steinböck (1955, 1959).

Fischfangliste: (19. Juli 1980)

Regenbogenforelle Nr.	1	2	3	4	5	6						
Bachsaibling Nr.							1	2	3	4		
Seeforelle Nr.											1	2
Länge (cm)	40	28	24	25	23	21	35	35	31	30	30	28
Gewicht (g)	790	318	192	167	170	104	700	636	486	460	346	300
Gonaden (g)	4	1	1	1	2	1	10	10	2	2	2	1
Konditionsfaktor	1,23	1,37	1,31	1,07	1,31	1,12	1,63	1,48	1,56	1,62	1,28	1,30
Geschlecht	M	W	M	M	M	M	W	W	M	W	M	M

Fischfangliste: (05. August 1980)

Regenbogenforelle Nr.	1	2	3	4	5				
Bachsaibling Nr.						1	2	3	
Bachforelle Nr.									1
Länge (cm)	31	32	26	21	26	33	34	34	30
Gewicht (g)	414	450	250	130	242	622	746	690	412
Konditionsfaktor	1,39	1,37	1,42	1,31	1,30	1,73	1,90	1,66	1,53
Geschlecht	M	M	M	W	M	W	W	W	W

Anmerkung: M = Männchen (♂), W = Weibchen (♀).

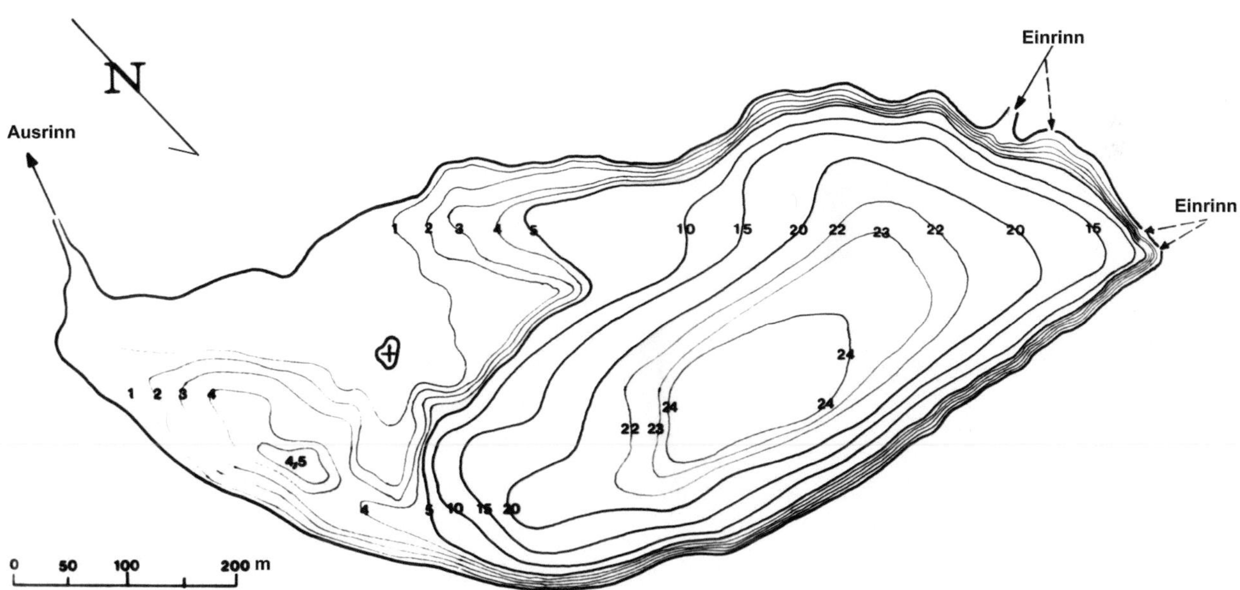

Abb. 63: Tiefenkarte des Rifflsees (nach Vermessung 1980)

6.3.18. Mittelberglessee (Nr. 88); Abb.: 64, 65, F59

Bezirk: Imst

Gemeinde: St. Leonhard im Pitztal

Geographische Lage: 2426 m ü. A.
47° 00' 07" N – 10° 50' 01" E
Ötztaler Alpen,
ca. 2,0 km westlich der Verpeilspitze,
am Kaunergrat.
Österreich-Karte: Nr. 145

Geologie: Ötztal – Kristallin

Entstehung: Moränensee (zwischen Stirnmoränen)

Einzugsgebiet: ca. 57 ha

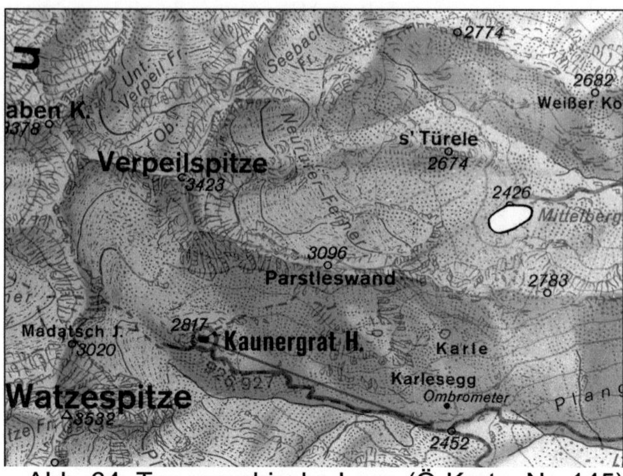

Abb. 64: Topographische Lage (Ö-Karte: Nr. 145)

Morphometrie:

Areal: 2,60 ha	Länge: 275 m	Breite: 132 m
Größte Tiefe: 18,0 m	Mittlere Tiefe: 7,8 m	Volumen: 203.600 m^3

Zu- und Abflüsse:
Zufluss: Ein oberirdischer Zufluss (Wasserfall) am Südwestufer (Wasserführung ca. 20 l/s).
Ein oberirdischer Zufluss (temporär) am Südwestufer (Wasserführung ca. 5 l/s).
Abfluss: Ein oberirdischer Sickerabfluss am Nordufer (durch grobes Blockwerk sichtbar und breitflächig).
Ein unterirdischer Abfluss am Ostufer.

Abwasserbeeinflussung: keine

Wassernutzung: keine

Besitzverhältnisse: KG St. Leonhard, E Zl 266/II, Gp 3901/2
Eigentümer: Gemeinde St. Leonhard i. P.

Zugänglichkeit:
Von Plangeroß führt ein gut markierter, schmaler und teilweise steiler Fußweg zum See. Der erste Teil des Anstieges führt über einen Wiesenhang in Richtung der Klamm, an deren Mündung ins Tal der markierte Fußweg beginnt. Gehzeit: ca. 2-3 Stunden.
Unterkunft: Keine in der Nähe.

Fischerei:
Fischereirechte: Revierzugehörigkeit: Revier Nr. 8.
Fischereiberechtigter: Gemeinde St. Leonhard.
Geschichtliches: Keine Hinweise auf Fischbestand.
Fragebogenaktion: Kein Fischbestand.
Untersuchungen: Kein Fischbestand (August 1983).
Beurteilung: Fischereilich nutzbar.
Literatur:

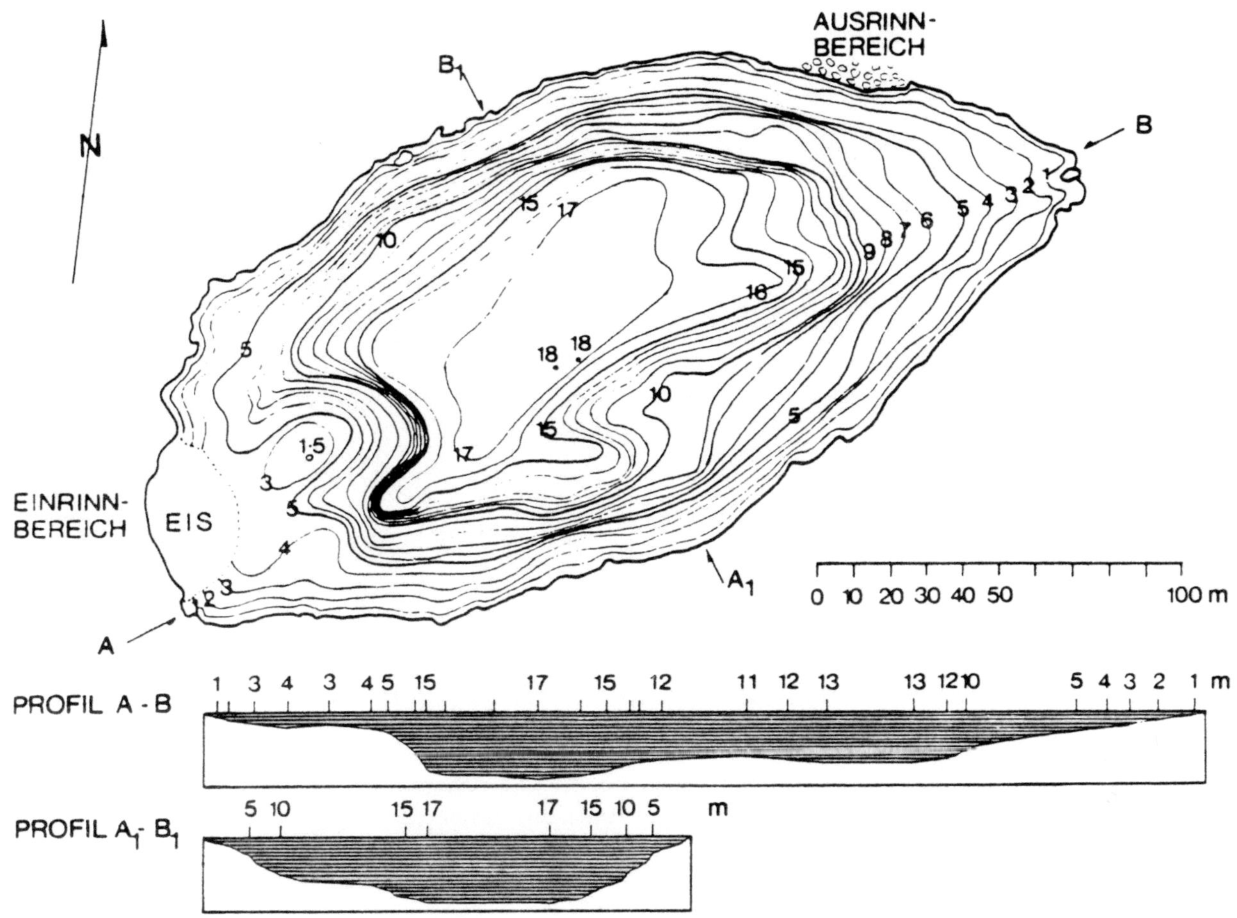

Abb. 65: Tiefenkarte des Mittelbergessees (nach Vermessung 1983)

6.3.19. Moalandlsee (Nr. 89); Abb.: 66, 67, F60

Bezirk: Imst

Gemeinde: St. Leonhard im Pitztal

Geographische Lage: 2526 m ü. A.
47° 02' 13" N – 10° 53' 06" E
Ötztaler Alpen,
ca. 500 m nordwestlich des Hundstalkogels,
ca. 250 m südöstlich des Wildgartenkogels.
Ursprung des Schitzbaches.
Österreich-Karte: Nr. 146

Geologie: Ötztal – Kristallin

Entstehung: Karsee

Einzugsgebiet: ca. 24 ha

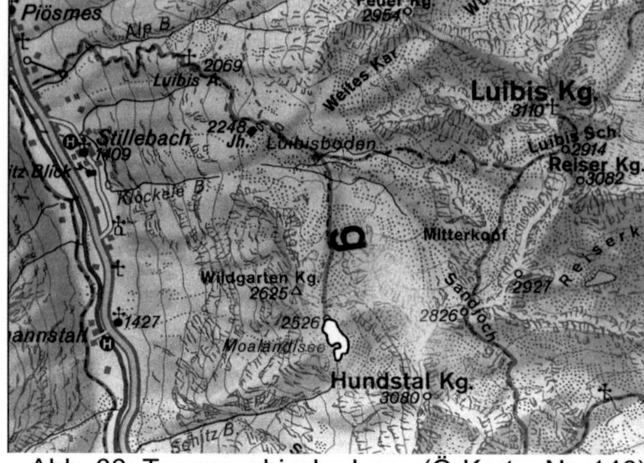

Abb. 66: Topographische Lage (Ö-Karte: Nr. 146)

Morphometrie:

Areal: 1,90 ha	Länge: 263 m	Breite: 109 m
Größte Tiefe: 15,0 m	Mittlere Tiefe: 4,3 m	Volumen: 82.000 m^3

Zu- und Abflüsse:
Zufluss: Mehrere kleinere Sickerzuflüsse am Nord- und Ostufer (Wasserführung gering).
Abfluss: Ein oberirdischer Hauptabfluss am Südufer (Wasserführung ca. 20 l/s).

Abwasserbeeinflussung: keine

Wassernutzung: keine

Besitzverhältnisse: KG St. Leonhard, E Zl 262/II, Gp 2801
Eigentümer: Gemeinde St. Leonhard i. P.

Zugänglichkeit:
Von St. Leonhard, Fraktion Piösmes, führt ein markierter Fußweg über die Luibis-Alpe zum See. Gehzeit: ca. 4 Stunden.
Unterkunft: Keine in der Nähe.

Fischerei:
Fischereirechte: Revierzugehörigkeit: Revier Nr. 8.
Fischereiberechtigter: Gemeinde St. Leonhard.
Geschichtliches: Keine Hinweise auf Fischbestand.
Fragebogenaktion: Kein Fischbestand.
Untersuchungen: Kein Fischbestand (August 1982).
Starkes Auftreten von Fischnährtieren (Insektenlarven) im Seichtwasser beobachtet.
Beurteilung: Voraussichtlich fischereilich nutzbar.
Literatur:

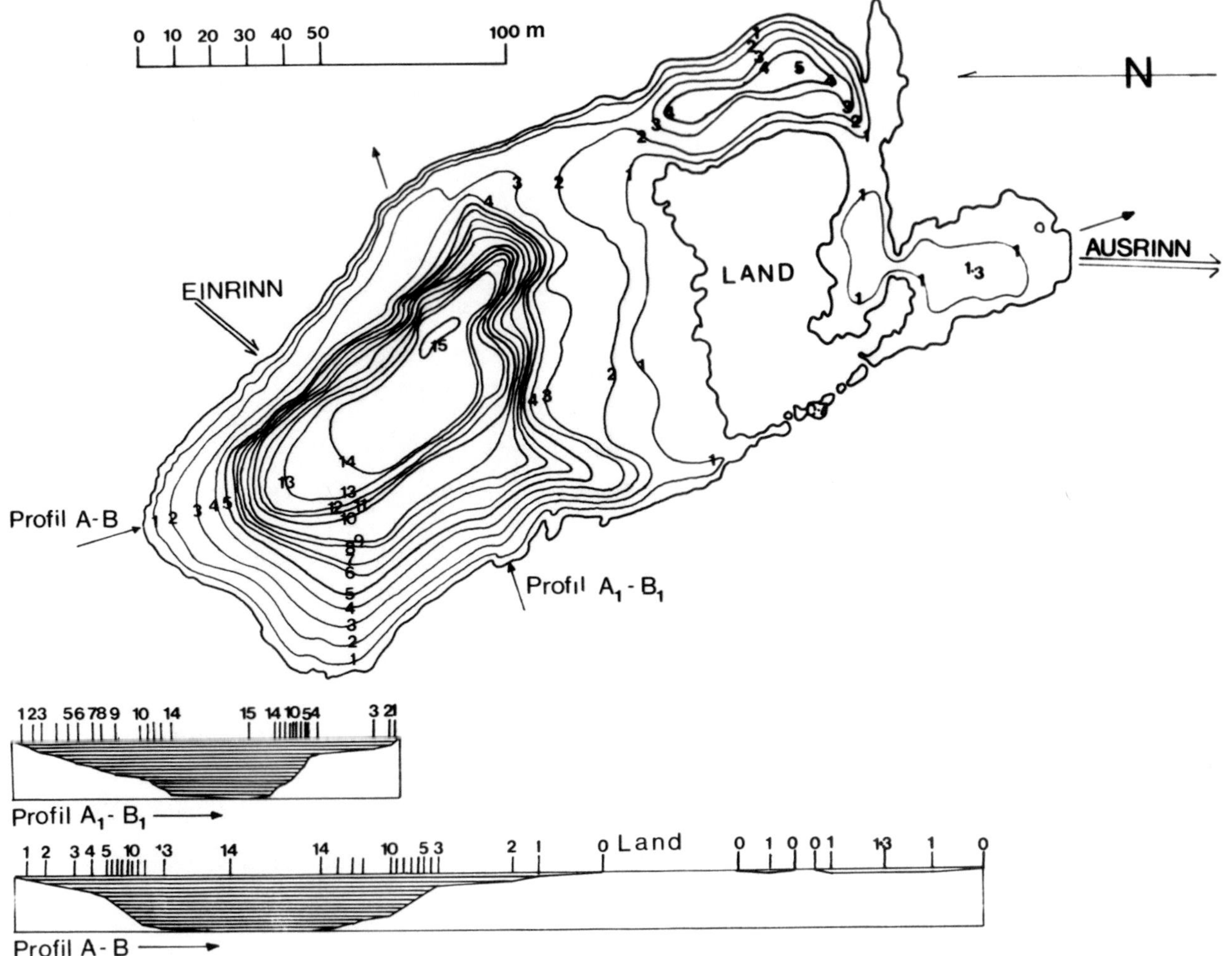

Abb. 67: Tiefenkarte des Moalandlsees (nach Vermessung 1982)

6.3.20. Großer Drei-Seen-See (Nr. 91); Abb.: 68, 69, F14, F61

Bezirk: Imst

Gemeinde: St. Leonhard im Pitztal

Geographische Lage: 2270 m ü. A.
47° 05' 18" N – 10° 52' 06" E
Ötztaler Alpen,
südwestlich der Grieskögpfe,
nordwestlich des Blockkogels,
ca. 600 m südöstlich des Rotpleiskopfes.
Österreich-Karte: Nr. 146

Geologie: Ötztal – Kristallin

Entstehung: Karsee

Einzugsgebiet: ca. 83 ha

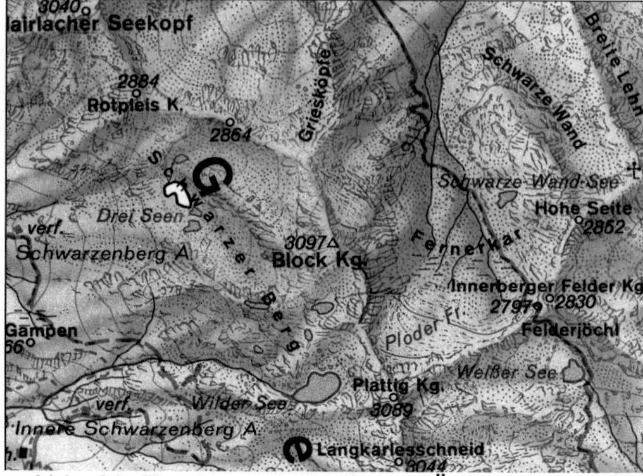

Abb. 68: Topographische Lage (Ö-Karte: Nr. 146)

Morphometrie:

Areal: 1,20 ha	Länge: 190 m	Breite: 98 m
Größte Tiefe: 10,7 m	Mittlere Tiefe: 3,2 m	Volumen: 36.000 m^3

Zu- und Abflüsse:
Zufluss: Ein oberirdischer Hauptzufluss am Nordwestufer (Wasserführung ca. 20 l/s), der den Abfluss eines 30-40 m darüber liegenden Sees (<0,7 ha) darstellt.
Ein temporärer Nebenzufluss am Nordufer (Wasserführung ca. 1-2 l/s).
Abfluss: Ein Abfluss am Südostufer, der durch Blockwerk in einen darunter liegenden See führt.

Abwasserbeeinflussung: keine

Wassernutzung: keine

Besitzverhältnisse: KG St. Leonhard, E Zl 272/II, Gp 2792
Eigentümer: Gemeinde Arzl i. P.

Zugänglichkeit:
Von St. Leonhard, Fraktion Bichl, führt ein Steig zur Äußeren Schwarzenberg Alm. Von dort ist der See über relativ steile Hänge (kein vorgegebener Weg) zu Fuß erreichbar. Gehzeit: ca. 2-3 Stunden.
Unterkunft: Keine in der Nähe.

Fischerei:
Fischereirechte: Revierzugehörigkeit: Revier Nr. 8.
Fischereiberechtigter: Gemeinde St. Leonhard.
Geschichtliches: Keine Hinweise auf Fischbestand.
Fragebogenaktion: Kein Fischbestand.
Untersuchungen: Kein Fischbestand (August 1982).
Beurteilung: Voraussichtlich fischereilich nutzbar.
Literatur:

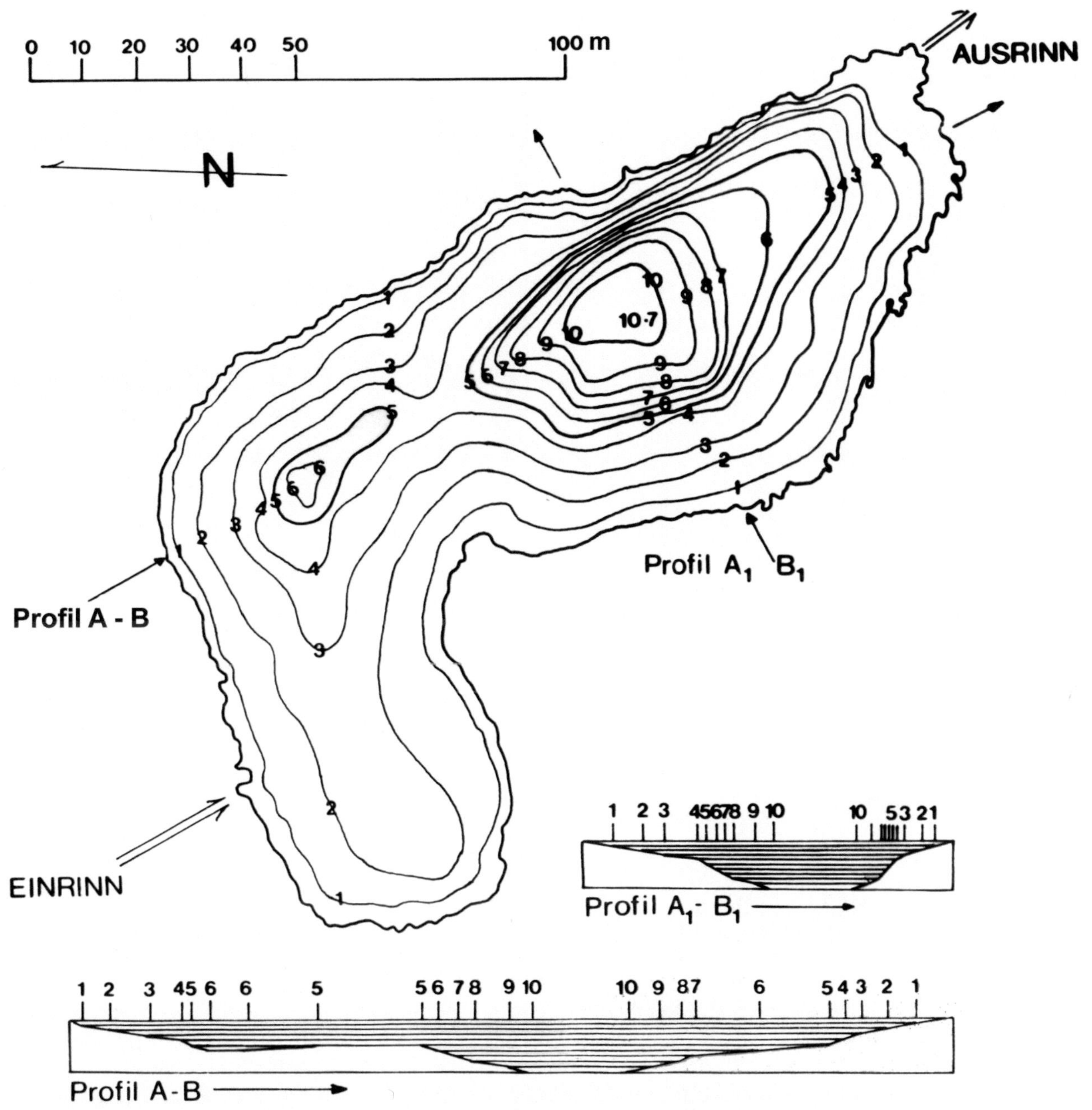

Abb. 69: Tiefenkarte des Großen Drei-Seen-Sees (nach Vermessung 1982)

6.3.21. Krummer See (Nr. 92); Abb.: 70, 71, F62

Bezirk: Imst

Gemeinde: St. Leonhard im Pitztal

Geographische Lage: 2584 m ü. A.
47° 05' 11" N – 10° 46' 53" E
Ötztaler Alpen,
ca. 350 m nördlich des Vorderen Stupfarri,
östlich des Kugleter Sees.
Österreich-Karte: Nr. 145

Geologie: Ötztal – Stubaital – Kristallin
(Gneise, Glimmerschiefer)

Entstehung: Felsbeckensee

Einzugsgebiet: ca. 27 ha

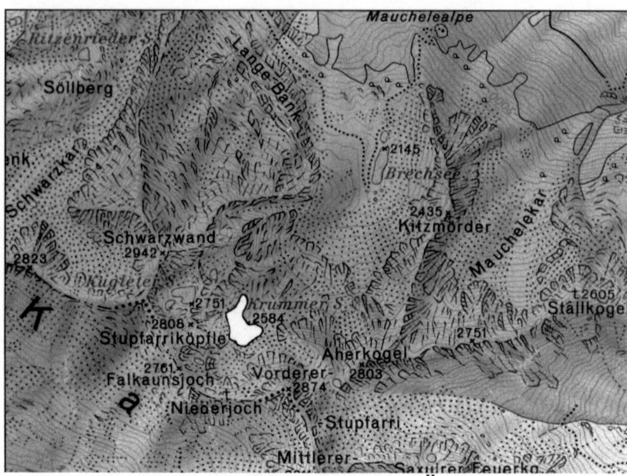

Abb. 70: Topographische Lage (Ö-Karte: Nr. 145)

Morphometrie:

Areal: 3,10 ha	Länge: 282 m	Breite: 194 m
Größte Tiefe: 8,3 m	Mittlere Tiefe: 3,7 m	Volumen: 113.200 m^3

Zu- und Abflüsse:
Zufluss: Drei oberirdische Zuflüsse am Südwestufer (Wasserführung jeweils ca. 2-10 l/s).
Abfluss: Ein oberirdischer Abfluss am Nordostufer, teils Sickerabfluss durch Geröll (Wasserführung ca. 15 l/s).

Abwasserbeeinflussung: keine

Wassernutzung: keine

Besitzverhältnisse: KG St. Leonhard, E Zl 260/II, Gp 1695/1
Eigentümer: Gemeinde St. Leonhard i. P.

Zugänglichkeit:
Vom Zaunhof im Pitztal (Talseite gegenüber) führt ein Fahrweg ziemlich weit an den See heran (bis etwa 1800 Höhenmeter). Vom Ende dieses Fahrweges führt ein gut markierter und begehbarer Fußsteig durch einen dichten Hochwald bis zum Brechsee. Gehzeit: ca. 1 Stunde vom Ende des Fahrweges.
Vom Brechsee orographisch rechts bis zum Wasserfall (ca. 100 m über dem Brechsee), dann Querung nach links über eine Geröllhalde, bis zum See. Gehzeit: ca. 1,5 Stunden vom Brechsee.
Unterkunft: Keine in der Nähe.

Fischerei:
Fischereirechte: Revierzugehörigkeit: unklar.
Geschichtliches: Keine Hinweise auf Fischbestand.
Fragebogenaktion: Kein Fischbestand.
Untersuchungen: Kein Fischbestand (August 1983).
Beurteilung: Voraussichtlich fischereilich nutzbar.
Literatur:

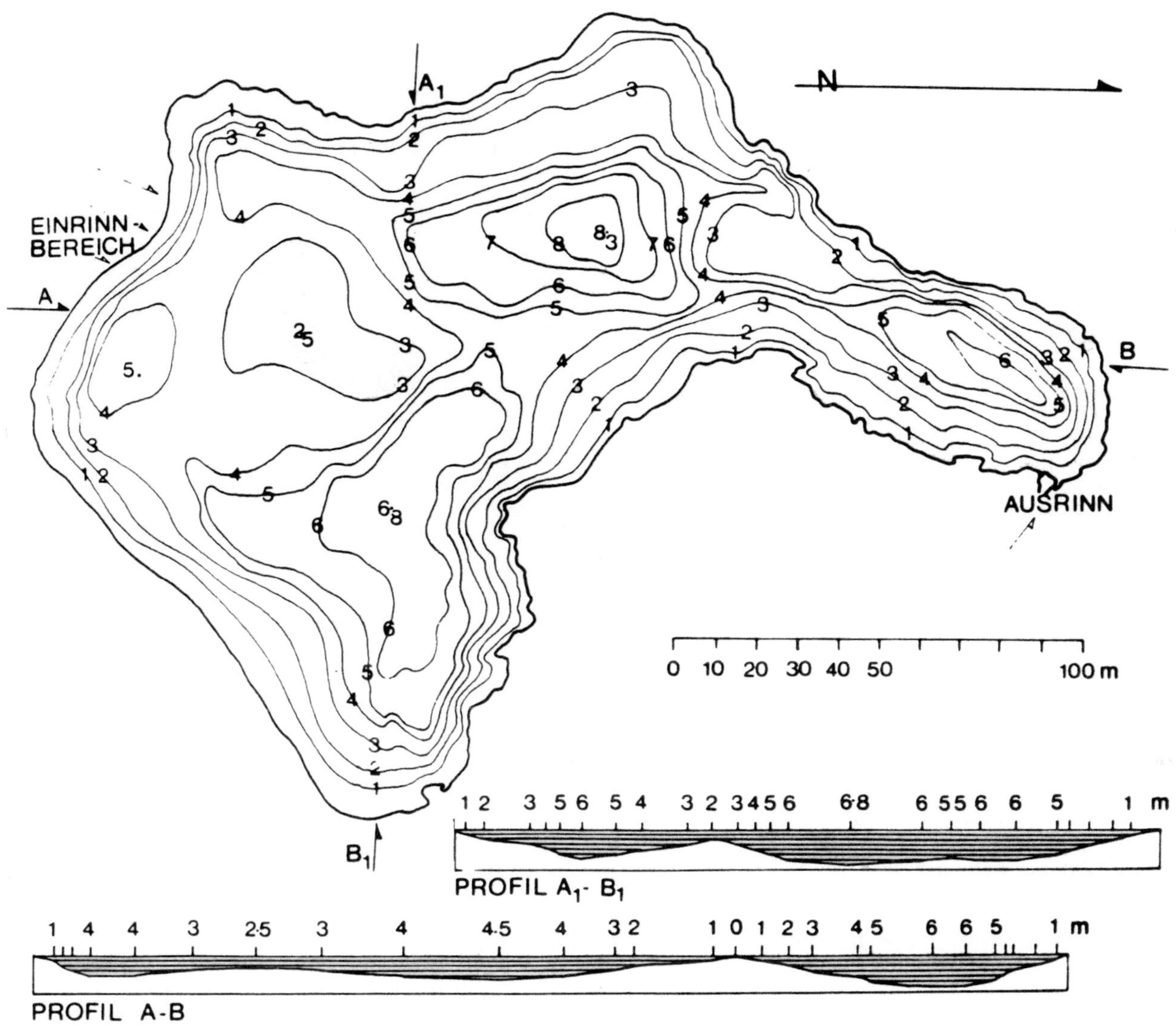

Abb. 71: Tiefenkarte des Krummen Sees (nach Vermessung 1983)

6.3.22. Kugleter See (Nr. 93); Abb.: 72, 73, F63

Bezirk: Imst

Gemeinde: St. Leonhard im Pitztal

Geographische Lage: 2751 m ü. A.
47° 05' 16" N – 10° 46' 36" E
Ötztaler Alpen,
ca. 100 m nördlich des Stupfarriköpfle,
westlich des Krummer Sees.
Österreich-Karte: Nr. 145

Geologie: Ötztal – Stubaital – Kristallin

Entstehung: Felsbeckensee

Einzugsgebiet: ca. 6 ha

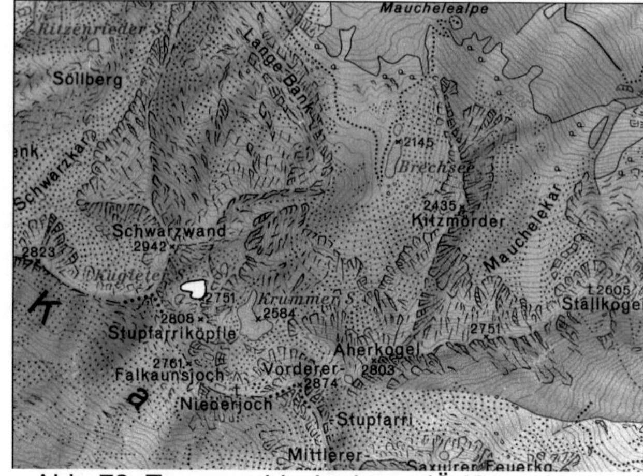

Abb. 72: Topographische Lage (Ö-Karte: Nr. 145)

Morphometrie:

Areal: 1,00 ha	Länge: 150 m	Breite: 118 m
Größte Tiefe: 6,0 m	Mittlere Tiefe: 2,7 m	Volumen: 26.900 m^3

Zu- und Abflüsse:
Zufluss: Ein unterirdischer Sickerzufluss am Süd- und Westufer, aus einem etwa 10 m höher gelegenen See und einem Schneefeld.
Abfluss: Ein oberirdischer Abfluss am Ostufer (Wasserführung ca. 5 l/s).

Abwasserbeeinflussung: keine

Wassernutzung: keine

Besitzverhältnisse: KG St. Leonhard, E Zl 260/II, Gp 1695/2
Eigentümer: Gemeinde St. Leonhard i. P.

Zugänglichkeit:
Vom Zaunhof im Pitztal (Talseite gegenüber) führt ein Fahrweg ziemlich weit an den See heran (bis etwa 1800 Höhenmeter). Vom Ende dieses Fahrweges führt ein gut markierter und begehbarer Fußsteig durch einen dichten Hochwald bis zum Brechsee. Gehzeit: ca. 1 Stunde vom Ende des Fahrweges.
Vom Brechsee orographisch rechts bis zum Wasserfall (ca. 100 m über dem Brechsee), dann Querung nach links über eine Geröllhalde, bis zum Krummer See. Gehzeit: ca. 1,5 Stunden vom Brechsee.
Der See ist schwer zugänglich, da felsiges und teilweise steiles Gelände vorhanden und Markierungen fehlen. Vom Krummer See aus am besten über die nordseitige Route, welche über einen kleinen See führt, bis zum See. Gehzeit: ca. 1 Stunde vom Krummer See bzw. 3,5 Stunden vom Ende des Fahrweges.
Unterkunft: Keine in der Nähe.

Fischerei:
Fischereirechte: Revierzugehörigkeit: unklar.
Geschichtliches: Keine Hinweise auf Fischbestand.
Fragebogenaktion: Kein Fischbestand.
Untersuchungen: Kein Fischbestand (August 1983).
Beurteilung: Fischereilich beschränkt nutzbar (wegen geringem Einzugsgebiet).
Literatur:

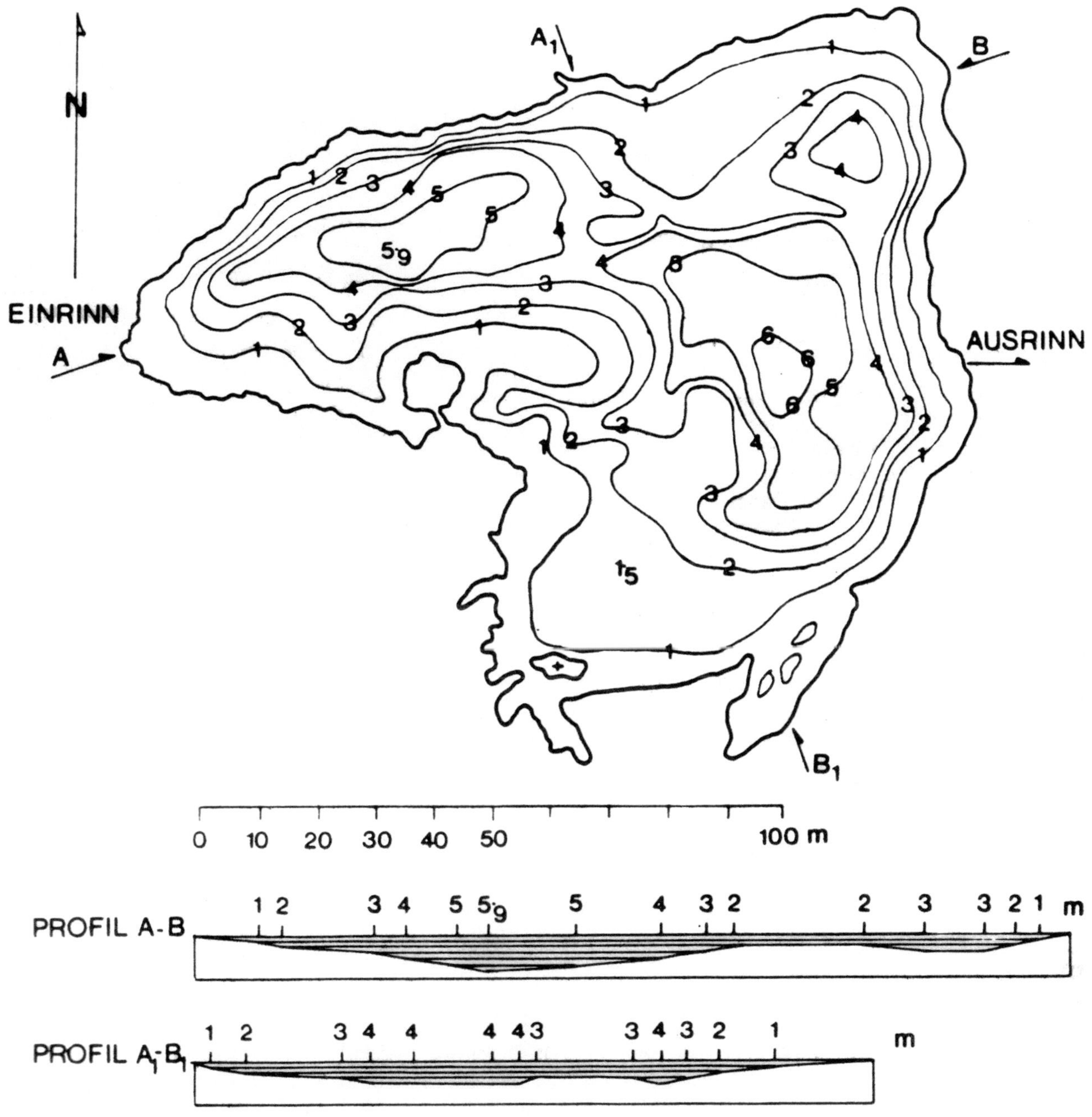

Abb. 73: Tiefenkarte des Kugleter Sees (nach Vermessung 1983)

6.3.23. Brechsee (Nr. 94); Abb.: 74, 75, F64

Bezirk: Imst

Gemeinde: St. Leonhard im Pitztal

Geographische Lage: 2145 m ü. A.
47° 05' 41" N – 10° 47' 33" E
Ötztaler Alpen,
ca. 400 m nordwestlich des Kitzmörders,
unterhalb des Krummer Sees.
Österreich-Karte: Nr. 145

Geologie: Ötztal – Stubaital – Kristallin

Entstehung: Morphologisch vorgeprägtes Seebecken – Verlängerung des Hochtales. Die Umgebung zeigt grobes Blockwerk aus Felsstürzen und Moränen.

Abb. 74: Topographische Lage (Ö-Karte: Nr. 145)

Einzugsgebiet: ca. 126 ha

Morphometrie:

Areal: 1,36 ha	Länge: 235 m	Breite: 87 m
Größte Tiefe: 6,1 m	Mittlere Tiefe: 3,2 m	Volumen: 43.000 m^3

Zu- und Abflüsse:
Zufluss: Zwei oberirdische Zuflüsse am Südufer (Wasserführung insgesamt ca. 20 l/s). Die Zuflüsse entspringen als Quellen aus einem bewachsenen Schuttkegel in der Nähe.
Abfluss: Ein oberirdischer Abfluss am Nordufer, sickert durch Blockwerk (Wasserführung ca. 20-30 l/s).

Abwasserbeeinflussung: Eventuell geringfügig durch Almwirtschaft.

Wassernutzung: keine

Besitzverhältnisse: KG St. Leonhard, E Zl 259/II, Gp 1531
Eigentümer: Gemeinde St. Leonhard i. P.

Zugänglichkeit:
Vom Zaunhof im Pitztal (Talseite gegenüber) führt ein Fahrweg ziemlich weit an den See heran (bis etwa 1800 Höhenmeter). Vom Ende dieses Fahrweges führt ein gut markierter und begehbarer Fußsteig durch einen dichten Hochwald bis zum See. Gehzeit: ca. 1 Stunde vom Ende des Fahrweges.
Unterkunft: Keine in der Nähe.

Fischerei:
Fischereirechte: Revierzugehörigkeit: unklar.
Geschichtliches: Keine Hinweise auf Fischbestand.
Fragebogenaktion: Kein Fischbestand.
Untersuchungen: Kein Fischbestand (August 1983).
Beurteilung: Voraussichtlich fischereilich nutzbar.
Literatur:

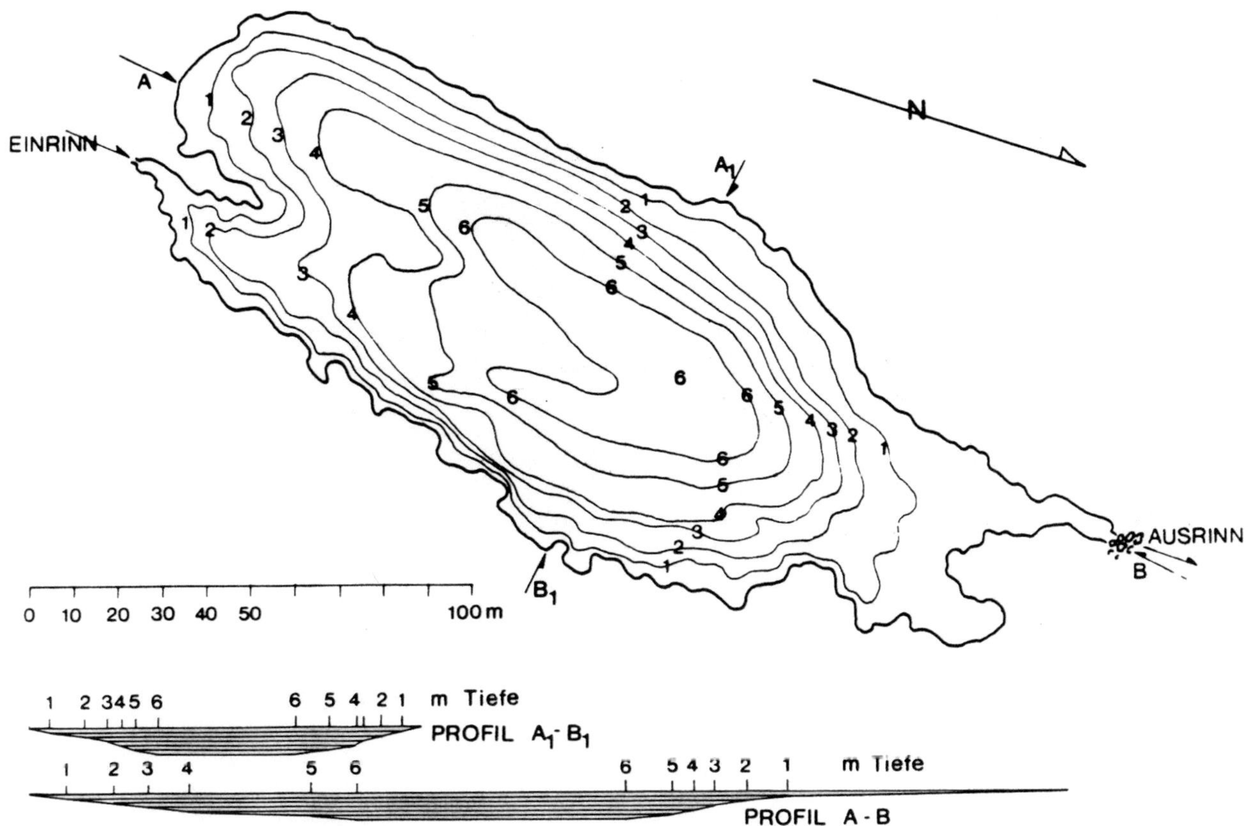

Abb. 75: Tiefenkarte des Brechsees (nach Vermessung 1983)

6.4.1. Mölser See (Nr. 97); Abb.: 76, 77, 78, F65

Bezirk: Innsbruck-Land

Gemeinde: Wattenberg

Geographische Lage: 2238 m ü. A.
47° 10' 26" N – 11° 36' 38" E
Tuxer Alpen,
ca. 350 m nordöstlich der Mölser Scharte,
Ursprungsgebiet des Mölsbaches.
Österreich-Karte: Nr. 149

Geologie: Quarzphyllitzone
Grenzbereich zwischen zentralalpinem Mesozoikum und metamorphem Paleozoikum.

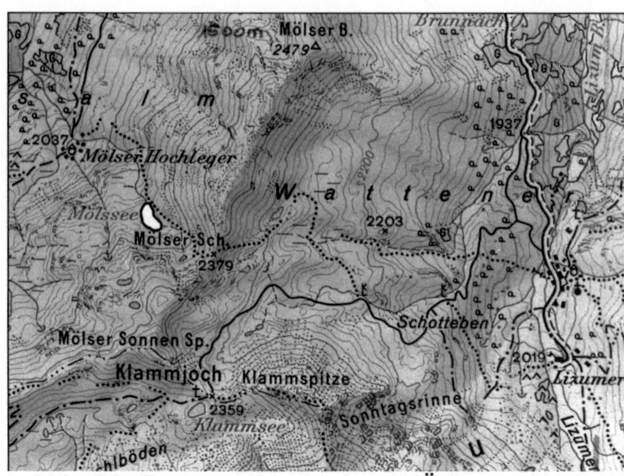

Abb. 76: Topographische Lage (Ö-Karte: Nr. 149)

Entstehung: Karsee (Abdämmungs-Felsbeckensee)

Einzugsgebiet: ca. 25 ha

Morphometrie: Seespiegelschwankungen von bis zu 30 cm wurden beobachtet (Gutmann, 1962).

Areal: 0,84 ha	Länge: 144 m	Breite: 65 m
Größte Tiefe: 6,8 m	Mittlere Tiefe: 3,1 m	Volumen: 26.500 m^3

Zu- und Abflüsse:
Zufluss: Ein oberirdischer Hauptzufluss am Südufer (stammt aus ca. 80 m oberhalb gelegenen Quellsee). Zwei oberirdische Nebenzuflüsse (aus Quellen nahe dem See). Da die Wasserführung des Abflusses größer ist als die der Zuflüsse, gibt es vermutlich auch unterirdische Zuflüsse.
Abfluss: Ein oberirdischer Abfluss am Nordufer (mündet unterhalb des Mölser Hochlegers in Mölsbach).

Abwasserbeeinflussung: keine

Wassernutzung: Wasserentnahme am gestauten Abfluss zur Düngerverteilung beim Mölser Hochleger.

Besitzverhältnisse: KG Wattenberg, E Zl 87, Gp 905
Eigentümer: Republik Österreich

Zugänglichkeit:
Von Walchen führt ein Fahrweg des Bundesheeres (Pionierstraße, Sondererlaubnis für Befahrung erforderlich) zum Mölser Hochleger. Von dort führt ein guter und markierter Fußweg zum See. Gehzeit: ca. 30 Minuten ab Mölser Hochleger bzw. ca. 2 Stunden ab Walchen.
Ein weiterer Zugang ist vom Lager Lizum möglich (schlechte Markierung). Gehzeit: ca. 1 Stunde.
Unterkunft: Mölser Hochleger (Almhütte, 2073 m ü. A.), ca. 30 Gehminuten entfernt.

Fischerei:
Fischereirechte: Revierzugehörigkeit: Revier Nr. 56.
Fischereiberechtigter: Trapp'sche Union.
Geschichtliches: Diem (1964): Nach Fischereibuch Kaiser Maximilian (1504) „zwen Wildsee in Meelß (im Mölstal südlich Wattens) … die seinen besetzt mit vörhen (= Forellen) und renckchen (= Renken) …". Nach Fischwasserberichte (1768) „wenige Sälblinge und Forellen" (Sälblinge = Seesaiblinge). Heller (1871): Seesaiblinge.
Gutmann (1955, 1962): Findet den Mölsersee als reinen Seesaiblingssee vor und schätzt den Bestand auf 100-150 Exemplare.
Fragebogenaktion: Keine konkreten Angaben.
Nutzung: Bis 1972 keine, von 1972-1980 Nutzung und Besatz durch Fischereiberechtigten (Dr. H. Hintner, Hall).
Untersuchungen: Die Befischung (1969-1972) ergab einen reinen Seesaiblingssee.
Die Durchschnittsgröße der geschlechtsreifen Fische betrug 18-22 cm.
Die Seesaiblinge des Mölser Sees zeigen fast ausschließlich den Habitus der „Schwarzreuter", lediglich ein im September 1970 gefangenes Exemplar mit 32 cm Länge wich davon ab. Eine 1969 durchgeführte Bestandsschätzung ergab eine

Populationsgröße von 1500 (±210) geschlechtsreifen Fischen (Steiner, 1978, Steiner & Pechlaner, 1975). Nach später an anderen Hochgebirgsseen gemachten Erfahrungen wird dieser außergewöhnlich hohe Schätzwert jedoch bezweifelt (Pechlaner, 1985).

Beurteilung: Fischereilich nutzbar (gezielte Hegemaßnahmen).

Literatur: Diem (1964), Gutmann (1955, 1962), Heller (1871), Pechlaner (1985), Steinböck (1955), Steiner (1972), Steiner & Pechlaner (1975).

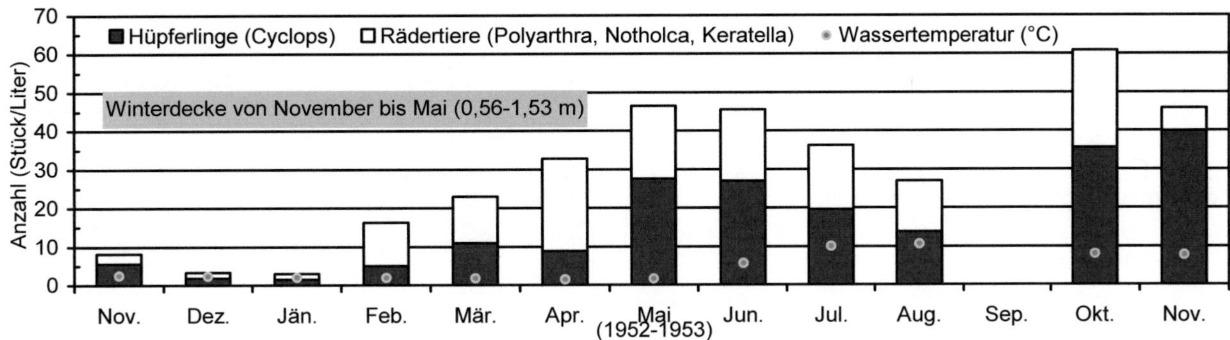

Abb. 77: Änderung der Zooplanktonmenge im Mölser See von 1952-1953 (nach Gutmann, 1962)

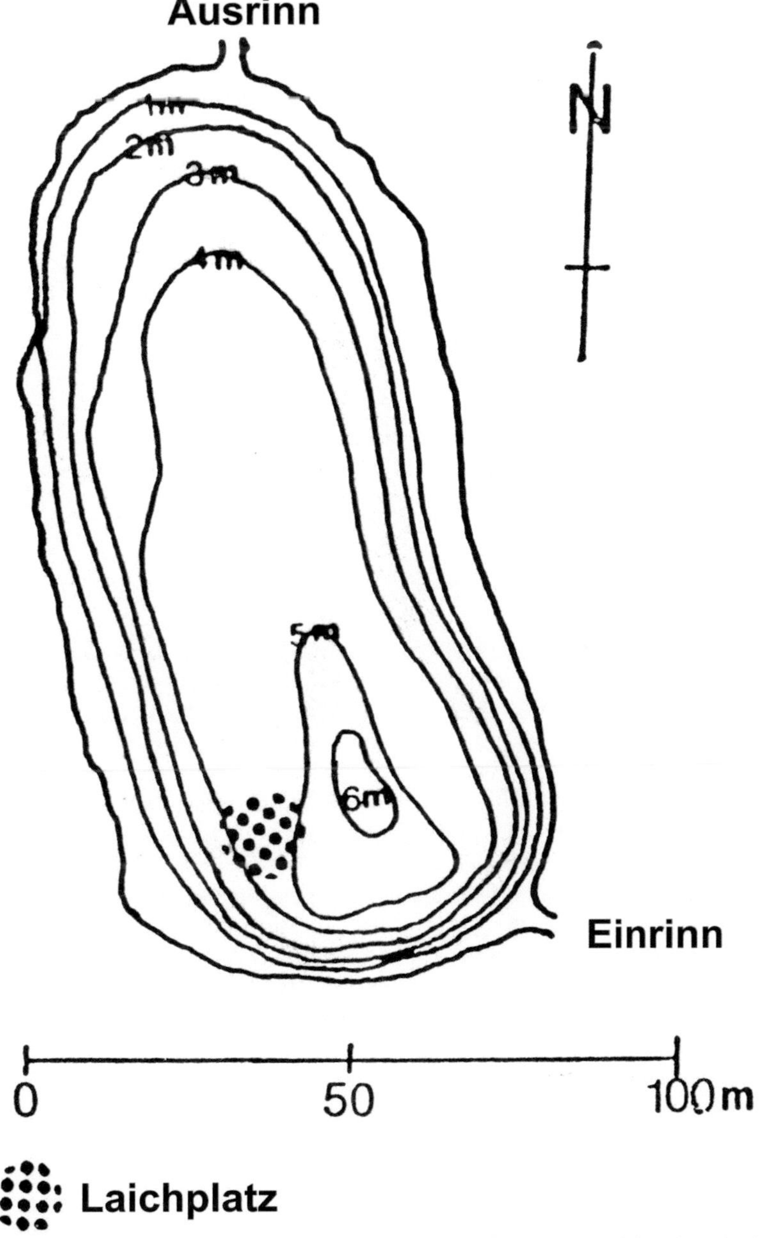

Abb. 78: Tiefenkarte des Mölser Sees (nach Vermessung von Gutmann 1962, Laichplatz n. Steiner 1972)

6.4.2. Lichtsee (Nr. 99); Abb.: 79, F66

Bezirk: Innsbruck-Land

Gemeinde: Obernberg am Brenner

Geographische Lage: 2104 m ü. A.
47° 01' 55" N – 11° 24' 23" E
Stubaier Alpen,
ca. 450 m westlich des Rohrsees,
ca. 250 m südlich des Kastnerbergs.
Österreich-Karte: Nr. 148

Geologie: Zentralalpines Paleozoikum

Entstehung: Karsee

Einzugsgebiet: ca. 11 ha

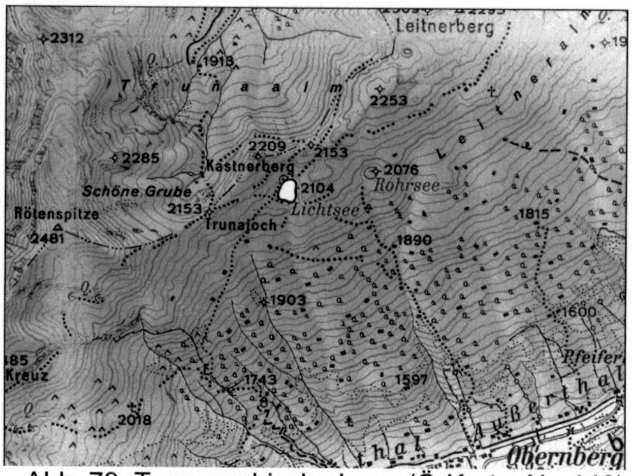

Abb. 79: Topographische Lage (Ö-Karte: Nr. 148)

Morphometrie:

Areal: 0,80 ha	Länge: 130 m	Breite: 102 m
Größte Tiefe: 8,0 m	Mittlere Tiefe:	Volumen:

Zu- und Abflüsse:
Zufluss: Zwei oberirdische Zuflüsse am Nordwestufer (kleine Rinnsale).
Abfluss: Ein oberirdischer Abfluss am Südwestufer (versickert nach etwa 200 m).

Abwasserbeeinflussung: keine

Wassernutzung: keine

Besitzverhältnisse: KG Obernberg, E Zl 11/II, Gp 518
Eigentümer: Alfred Egg, Obernberg

Zugänglichkeit:
Von Obernberg führen gut markierte Fußwege direkt zum See. Gehzeit: ca. 1,5 Stunden. Ein befahrbarer Wirtschaftsweg (Sondergenehmigung erforderlich) kürzt die Gehzeit auf etwa 40 Minuten ab.
Unterkunft: Fischerhütte, ca. 50 m entfernt.

Fischerei:
Fischereirechte: Revierzugehörigkeit: Revier Nr. 2-46b (Eigenrevier).
Fischereiberechtigter: W. Gschwenter, Innsbruck.
Geschichtliches: Diem (1964): Nach Fischereibuch Kaiser Maximilian (1504) „wolgesmach vorhen (= Forellen) innen". Aus einer anderen Urkunde zitiert Diem (1964) das der Lichtsee mit 200 Stück Forellen besetzt wurde „Ain wildt see genant der liechtensee ligt am obernperg auf der recht handt hab ich zwai hundert vorhen darein tragen lassen die zollner sein pach hueter da zu …".
W. Gschwenter (1981 mündlich): Vor 1973 fischleer. Revierbildung erfolgte 1975.
Besatzmaßnahmen: 1973-1978 jährlich etwa 100 Stück hauptsächlich Regenbogenforellen und einige Bachforellen (jeweils 12-15 cm), von 1979-1981 kein weiterer Besatz da eine Überbevölkerung befürchtet werden muss.
Fragebogenaktion: Fischbestand Regenbogenforellen, Bachforellen, Elritzen.
Der Fischbestand wird von Herrn W. Gschwenter gehegt. Die Durchschnittsgröße der in den letzten Jahren gefangenen Fische betrug bei Regenbogen- und Bachforellen 20-30 cm (jedoch schlechter Ernährungszustand). Für beide Fischarten ist keine Vermehrung nachgewiesen.
Untersuchungen: Keine Befischung durchgeführt.
Beurteilung: Fischereilich nutzbar.
Literatur: Diem (1964).

6.4.3. Grünausee (Nr. 105); Abb.: 80

Bezirk: Innsbruck-Land

Gemeinde: Neustift im Stubaital

Geographische Lage: 2328 m ü. A.
46° 59' 25" N – 11° 12' 18" E
Stubaier Alpen,
ca. 1,6 km westlich der Blauen Lacke,
ca. 1,0 km nördlich des Gamsspitzels,
unterhalb der Seeschneide.
Österreich-Karte: Nr. 174

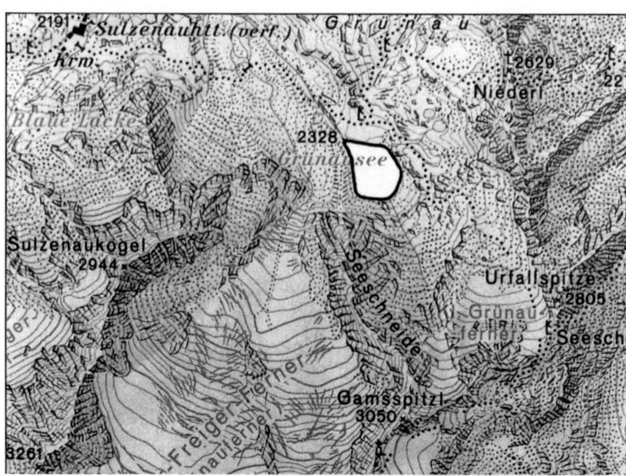

Abb. 80: Topographische Lage (Ö-Karte: Nr. 174)

Geologie: Ötztal – Stubaital – Kristallin

Entstehung:

Einzugsgebiet: ca. 87 ha

Morphometrie: Morphometrische Daten liegen am Geographischen Institut der Universität Innsbruck auf.

Areal: 4,50 ha	Länge:	Breite:
Größte Tiefe:	Mittlere Tiefe:	Volumen:

Zu- und Abflüsse:
Zufluss: Mehrere oberirdische Zuflüsse.
Abfluss: Ein oberirdischer Abfluss.

Abwasserbeeinflussung: keine

Wassernutzung: keine

Besitzverhältnisse: KG Neustift
Eigentümer:

Zugänglichkeit:
Unterkunft:

Fischerei:
Fischereirechte: Revierzugehörigkeit:
Geschichtliches: Keine Hinweise auf Fischbestand.
Fragebogenaktion: Wahrscheinlich fischleer (R. Pechlaner mündlich).
Untersuchungen: Keine Befischung durchgeführt.
Beurteilung: Voraussichtlich fischereilich nutzbar.
Literatur:

6.4.4. Kraspessee (Nr. 110); Abb.: 81, 82, F67

Bezirk: Innsbruck-Land

Gemeinde: St. Sigmund im Sellrain

Geographische Lage: 2549 m ü. A.
47° 10' 39" N – 11° 03' 34" E
Stubaier Alpen,
ca. 400 m östlich der Weitkarspitze,
ca. 350 m nordwestlich der Haidenspitze.
Österreich-Karte: Nr. 146

Geologie: Stubaital – Ötztal – Kristallin

Entstehung: Karsee

Einzugsgebiet: ca. 137 ha

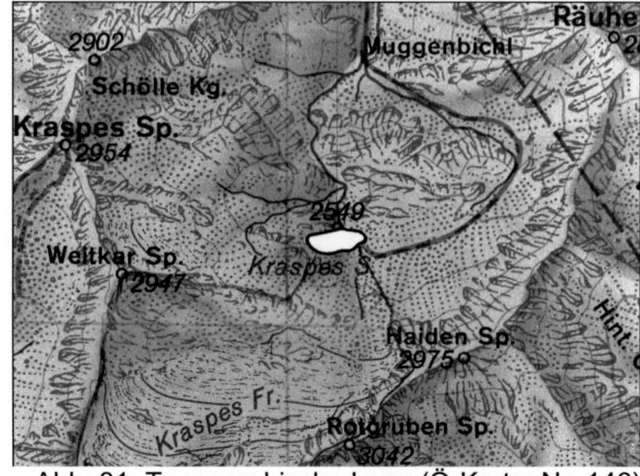

Abb. 81: Topographische Lage (Ö-Karte: Nr. 146)

Morphometrie:

Areal: 1,45 ha	Länge: 253 m	Breite: 80 m
Größte Tiefe: 5,3 m	Mittlere Tiefe: 2,8 m	Volumen: 41.300 m^3

Zu- und Abflüsse:
Zufluss: Ein oberirdischer Hauptzufluss am Nordwestufer, mit starker Deltabildung.
Zwei oberirdische Sickerzuflüsse am West- und Nordufer, nur temporär.
Abfluss: Ein oberirdischer Sickerabfluss am Südufer, durch grobes Blockwerk (Wasserführung >10 l/s).

Abwasserbeeinflussung: keine

Wassernutzung: keine

Besitzverhältnisse: KG St. Sigmund, E Zl 9 oder 31/II, Gp 327
Eigentümer: Agrargemeinschaft Kraspes

Zugänglichkeit:
Von Haggen führt ein markierter Fußweg (Unterbrechung bei der Querung des Kraspesbaches im unteren Wegstreckenteil) durch das Kraspestal bis zum See. Gehzeit: ca. 3 Stunden.
Unterkunft: Unterstand (2025 m ü. A.), ca. 60 Gehminuten entfernt.

Fischerei:
Fischereirechte: Revierzugehörigkeit: Revier Nr. 32b.
Fischereiberechtigter: Prämonstratenser Chorherren-Stift Wilten, Innsbruck
Geschichtliches: Stolz (1936): Erwähnung eines Hochgebirgssees im Kraspestal, direkt unter dem Ferner, aber keine näheren Angaben zur Fischerei.
1969 Besatz von 200 sömmerigen Seesaiblingen (aus Fuschlseepopulation) durch R. Pechlaner. 1971 Befischung im Auftrag von R. Pechlaner, aber keinen Fisch gefangen.
Fragebogenaktion:
Untersuchungen: Kein Fischbestand (August 1983).
Beurteilung: Voraussichtlich fischereilich nicht nutzbar.
Literatur:

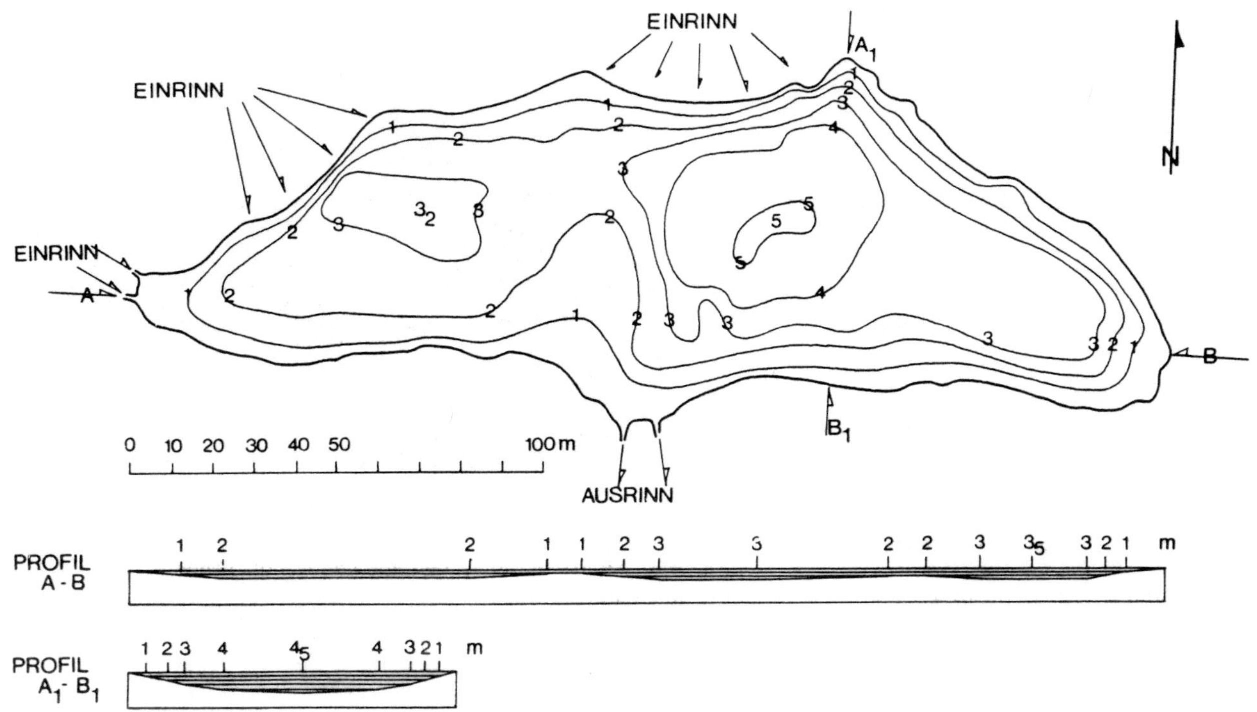

Abb. 82: Tiefenkarte des Kraspessees (nach Vermessung 1983)

6.4.5. Hundstalsee (Nr. 112); Abb.: 83, 84, F68

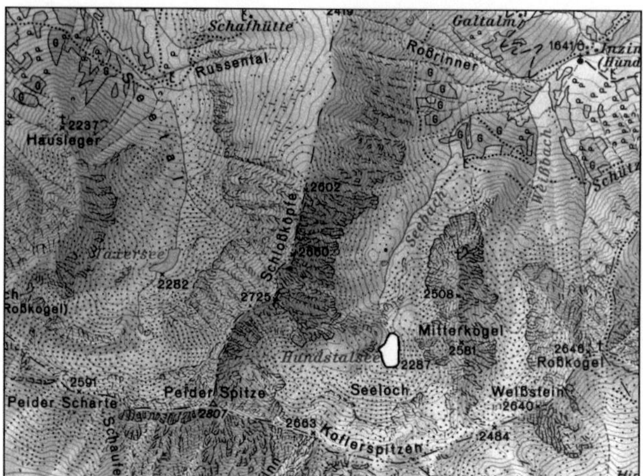

Abb. 83: Topographische Lage (Ö-Karte: Nr. 147)

Bezirk: Innsbruck-Land

Gemeinde: Inzing

Geographische Lage: 2287 m ü. A.
47° 13' 24" N – 11° 08' 12" E
Stubaier Alpen,
ca. 400 m westlich des Mitterkogels,
nördlich des Seelochs.
Ursprung des Seebaches.
Österreich-Karte: Nr. 147

Geologie: Stubaital – Ötztal – Kristallin

Entstehung: Karsee mit Moränenstau

Einzugsgebiet: ca. 106 ha

Morphometrie:

Areal: 1,20 ha	Länge: 210 m	Breite: 124 m
Größte Tiefe: 5,0 m	Mittlere Tiefe: 3,7 m	Volumen: 44.500 m^3

Zu- und Abflüsse:
Zufluss: Ein oberirdischer Hauptzufluss am Südostufer, über Wiesenfläche (Wasserführung ca. 15 l/s). Mehrere oberirdische Nebenzuflüsse am Südwestufer.
Abfluss: Ein oberirdischer Sickerabfluss am Nordufer, durch grobes Blockwerk (Wasserführung ca. 50-60 l/s).

Abwasserbeeinflussung: keine

Wassernutzung: keine

Besitzverhältnisse: KG Inzing, E Zl 390/II, Gp 1981
Eigentümer: Österreichische Bundesforste

Zugänglichkeit:
Von Inzing führt ein Fahrweg in Serpentinen zur Inziger Alm. Von dort führt ein guter und markierter Fußweg direkt zum See. Gehzeit: ca. 2 Stunden.
Unterkunft: Keine in der Nähe.

Fischerei:
Fischereirechte: Revierzugehörigkeit: ev. Revier Nr. 10 (unklar).
Fischereiberechtigter: Fischereigesellschaft Innsbruck (Revierinhaber).
Geschichtliches: Pechlaner (1979): Bildet die Textstelle aus dem Fischereibuch Kaiser Maximilians I. ab, wo gesagt wird, „er hat vorhen innen", mit dem Hinweis, dass man diese Forellen dem Landesfürsten mit Stellnetzen fängt.
Fragebogenaktion:
Untersuchungen: Kein Fischbestand (August 1983).
Beurteilung: Voraussichtlich fischereilich nutzbar.
Literatur: Diem (1964), Pechlaner (1979).

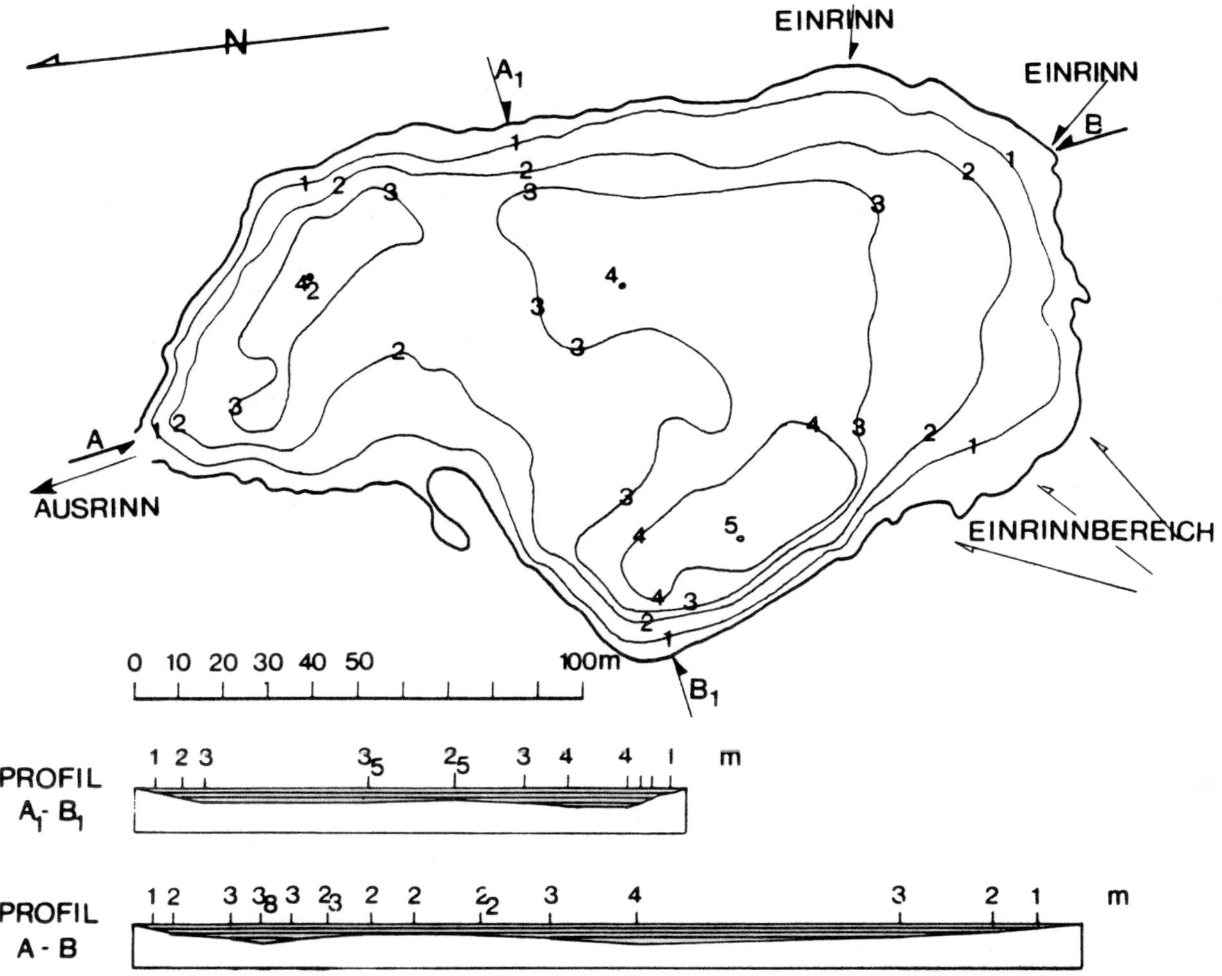

Abb. 84: Tiefenkarte des Hundstalsees (nach Vermessung 1983)

6.5.1. Langer See (Nr. 116); Abb.: 85

Bezirk: Schwaz

Gemeinde: Stummerberg

Geographische Lage: 2232 m ü. A.
47° 15' 55" N – 11° 59' 15" E
Kitzbühler Alpen,
südlich des Katzenköpfels,
östlich des Rifflerkogels,
nördlich der Wilden Krimml.
Ursprung des Krummbachs.
Österreich-Karte: Nr. 120

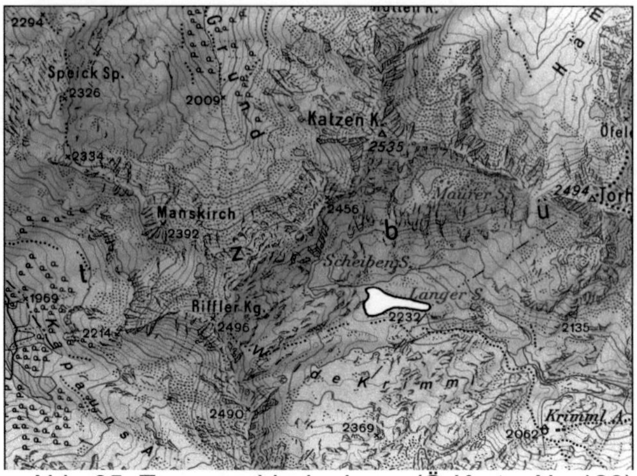

Abb. 85: Topographische Lage (Ö-Karte: Nr. 120)

Geologie:

Entstehung:

Einzugsgebiet: ca. 20 ha

Morphometrie:

Areal: 3,20 ha	Länge:	Breite:
Größte Tiefe:	Mittlere Tiefe:	Volumen:

Zu- und Abflüsse:
Zufluss: Mehrere oberirdische Zuflüsse (kleine Gerinne).
Abfluss: Ein oberirdischer Abfluss (= Krummbach).

Abwasserbeeinflussung: keine

Wassernutzung: keine

Besitzverhältnisse: Laut Gemeinde unbekannt.
Eigentümer:

Zugänglichkeit:
Von Gerlos führt ein Fahrweg über die Krummbachalm zur Neuhüttenalm. Von dort führt ein gut markierter Fußweg über die Krimml-Alm direkt zum See. Gehzeit: ca. 1-2 Stunden.
Unterkunft: Krimml-Alm (2062 m ü. A.).

Fischerei:
Fischereirechte: Revierzugehörigkeit: Revier Nr. 28.
Fischereiberechtigter: Herr Platzer, Gerlos.
Geschichtliches: Keine Hinweise auf Fischbestand.
Fragebogenaktion: Fischbestand: Regenbogenforelle, Bachforellen, Bachsaiblinge, Elritzen.
Besatzmaßnahmen: In den letzten Jahren in größerem Umfang durchgeführt.
Nutzung: Sportfischerei – Gästekarten.
Untersuchungen: Keine Befischung durchgeführt.
Beurteilung: Fischereilich nutzbar.
Literatur:

6.5.2. Junssee (Nr. 125); Abb.: 86, 87, F69

Bezirk: Schwaz

Gemeinde: Tux

Geographische Lage: ca. 2650 m ü. A.
47° 08' 18" N – 11° 38' 14" E
Tuxer Alpen,
südwestlich des Junsjochs,
ca. 300 m südöstlich der Geier Spitze.
Ursprung des Junsbaches.
Österreich-Karte: Nr. 149

Geologie: Obere Schieferhülle
(Kalkglimmerschiefer, Kalkphyllite)

Entstehung: Felsbeckensee

Abb. 86: Topographische Lage (Ö-Karte: Nr. 149)

Einzugsgebiet: ca. 16 ha

Morphometrie:

Areal: 1,70 ha	Länge: 216 m	Breite: 101 m
Größte Tiefe: 14,0 m	Mittlere Tiefe: 7,4 m	Volumen: 126.000 m^3

Zu- und Abflüsse:
Zufluss: Ein Hauptzufluss am Nordufer, nur geringer Teil oberirdisch (<1 l/s), größerer Teil unterirdisch. Ein temporärer Nebenzufluss am Westufer (Wasserführung ca. 1 l/s), von einem Schneefeld.
Abfluss: Ein oberirdischer Abfluss am Südufer (Wasserführung ca. 5 l/s) = Junsbach mündet in den Tuxbach zwischen Mattseiten und Juns.

Abwasserbeeinflussung: keine

Wassernutzung: keine

Besitzverhältnisse: KG Tux, E Zl 287, Gp 103/1
Eigentümer: Gemeinde Tux

Zugänglichkeit:
Von Lanersbach führt ein Fahrweg bis zum Hochleger Steinkaserne, Junsbergalpe. Von dort führt ein markierter Fußweg zum See. Gehzeit: ca. 2 Stunden.
Alternative: Über das Heereslager Wattener Lizum führt ein gut markierter Fußweg auf die Geier Spitze. Von dort ist der See über eine relativ flache Schutthalde erreichbar. Gehzeit: ca. 2 Stunden bis Geier Spitze und weitere 15 Minuten bis zum See.
Unterkunft: Keine in der Nähe.

Fischerei:
Fischereirechte: Revierzugehörigkeit: Revier 19a.
Fischereiberechtigter: Herr W. Kirchler.
Geschichtliches: Keine Hinweise auf Fischbestand.
Fragebogenaktion: Kein Fischbestand.
Untersuchungen: Kein Fischbestand (September 1982).
Beurteilung: Voraussichtlich fischereilich nutzbar (Sauerstoffversorgung unter Eis prüfen).
Literatur:

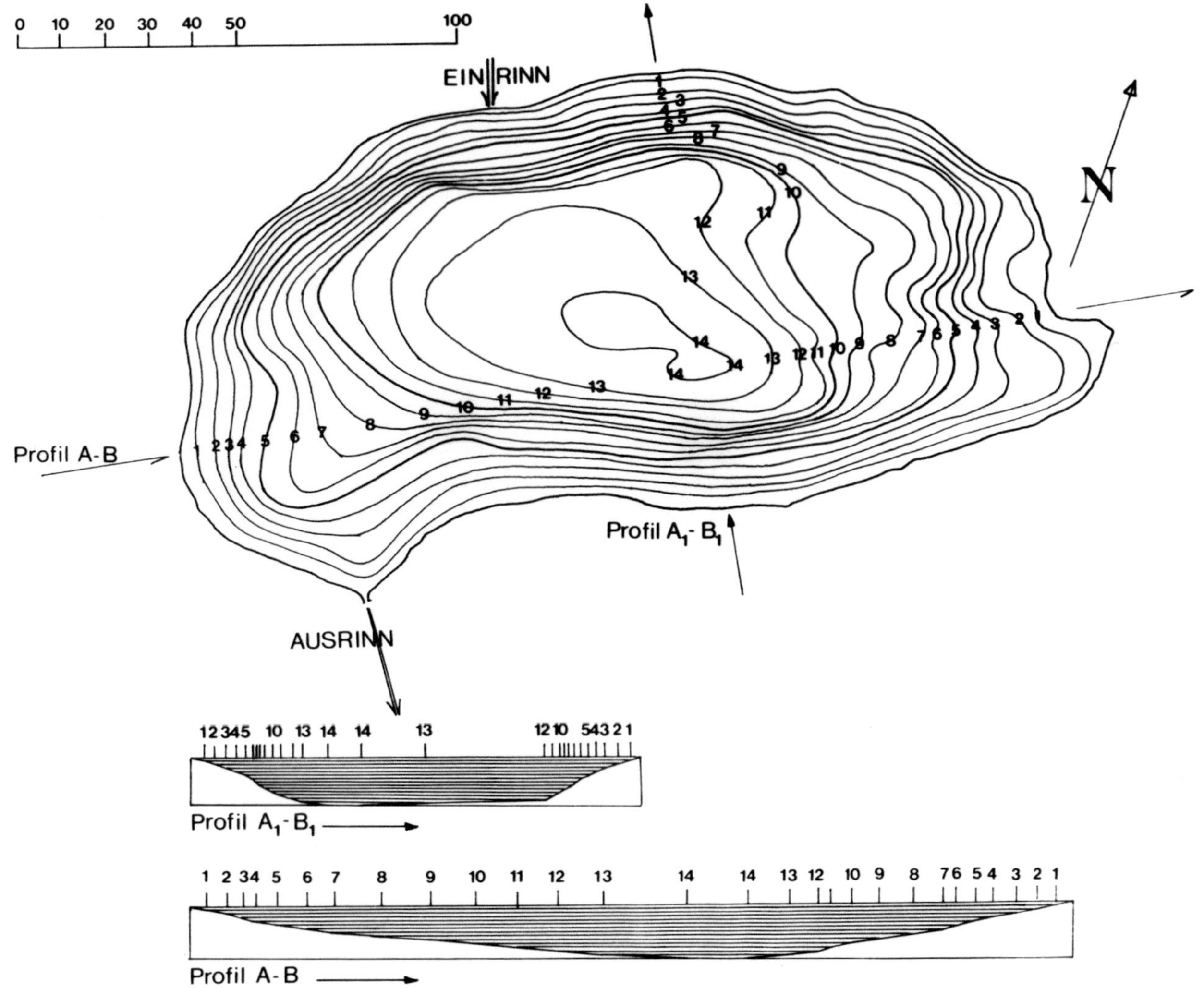

Abb. 87: Tiefenkarte des Junssees (nach Vermessung 1982)

6.6.1. Mittlerer Wildalpensee (Nr. 127); Abb.: 88, F70

Bezirk: Kitzbühel

Gemeinde: Hopfgarten im Brixental

Geographische Lage: 2028 m ü. A.
47° 18' 40" N – 12° 08' 10" E
Kitzbühler Alpen,
ca. 900 m nordwestlich der Neuen Bamberger Hütte,
ca. 350 m westlich des Unteren Wildalpensees.
Österreich-Karte: Nr. 121

Geologie: Nördliche Grauwackenzone

Entstehung:

Einzugsgebiet: ca. 22 ha

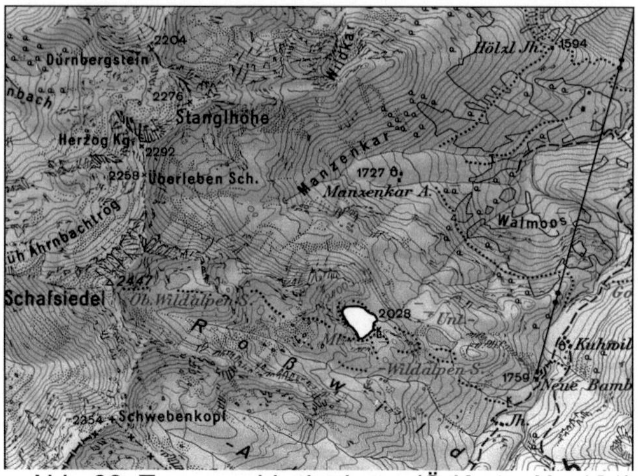

Abb. 88: Topographische Lage (Ö-Karte: Nr. 121)

Morphometrie:

Areal: 2,50 ha	Länge:	Breite:
Größte Tiefe:	Mittlere Tiefe:	Volumen:

Zu- und Abflüsse:
Zufluss: Ein oberirdischer Zufluss (geringe Wasserführung).
Abfluss: Ein oberirdischer Abfluss.

Abwasserbeeinflussung: keine

Wassernutzung: keine

Besitzverhältnisse: KG Hopfgarten, E Zl 76, Gp 5914
Eigentümer: Österreichische Bundesforste

Zugänglichkeit:
Von Hopfgarten führt eine Asphaltstraße über Kelchsau zur Wegscheid-Hütte. Von dort führt eine Forststraße (Genegmigungspflicht) zur Neuen Bamberger Hütte. Von dort führt dann ein Fußsteig über den Unteren Wildalpensee zum See. Gehzeit: ca. 3 Stunden ab Wegscheid-Hütte.
Unterkunft: Neue Bamberger Hütte (1759 m ü. A.), Deutscher Alpenverein, ca. 60 Gehminuten entfernt.

Fischerei:
Fischereirechte: Revierzugehörigkeit: Revier Nr. 30 (Eigenrevier).
Fischereiberechtigter: Herr M. Moritz, Hopfgarten.
Geschichtliches: Keine Hinweise auf Fischbestand.
Fragebogenaktion: Fischbestand: Regenbogenforelle, Elritzen.
Besatzmaßnahmen: 1962 Elritzen, 1974 Regenbogenforellen.
Nutzung: Spotfischerei – Tageskarte.
Betreuung: Seit 1962 durch M. und J. Moritz, Hopfgarten.
Untersuchungen: Keine Befischung durchgeführt.
Beurteilung: Voraussichtlich fischereilich nutzbar (Fischbestand hegebedürftig).
Literatur:

6.6.2. Unterer Wildalpensee (Nr. 128); Abb.: 89, F71

Bezirk: Kitzbühel

Gemeinde: Hopfgarten im Brixental

Geographische Lage: 1950 m ü. A.
47° 18' 40" N – 12° 08' 35" E
Kitzbühler Alpen,
ca. 550 m nordwestlich der Neuen Bamberger Hütte,
ca. 350 m östlich des Mittleren Wildalpensees.
Österreich-Karte: Nr. 121

Geologie: Nördliche Grauwackenzone

Entstehung:

Einzugsgebiet: ca. 8 ha

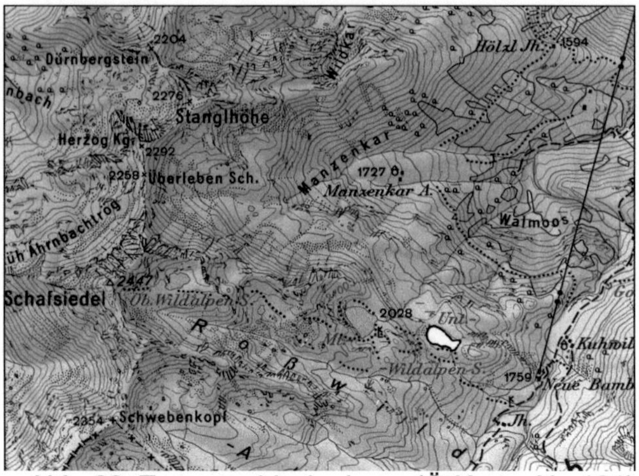

Abb. 89: Topographische Lage (Ö-Karte: Nr. 121)

Morphometrie:

Areal: 1,40 ha	Länge:	Breite:
Größte Tiefe:	Mittlere Tiefe:	Volumen:

Zu- und Abflüsse:
Zufluss: Ein oberirdischer Zufluss (= Schafsiedelbach).
Abfluss: Ein oberirdischer Abfluss (= Überlauf über Staudamm).

Abwasserbeeinflussung: keine

Wassernutzung: Wasserentnahme für die Stromversorgung der Neuen Bamberger Hütte.

Besitzverhältnisse: KG Hopfgarten, E Zl 76, Gp 5916
Eigentümer: Österreichische Bundesforste

Zugänglichkeit:
Von Hopfgarten führt eine Asphaltstraße über Kelchsau zur Wegscheid-Hütte. Von dort führt eine Forststraße (Genegmigungspflicht) zur Neuen Bamberger Hütte. Von dort führt dann ein Fußsteig zum See. Gehzeit: ca. 2,5 Stunden ab Wegscheid-Hütte.
Unterkunft: Neue Bamberger Hütte (1759 m ü. A.), Deutscher Alpenverein, ca. 30 Gehminuten entfernt.

Fischerei:
Fischereirechte: Revierzugehörigkeit: Revier Nr. 30 (Eigenrevier).
Fischereiberechtigter: Herr M. Moritz, Hopfgarten.
Geschichtliches: Keine Hinweise auf Fischbestand.
Fragebogenaktion: Fischbestand: Regenbogenforelle, Elritzen.
Besatzmaßnahmen: 1962 Elritzen, 1965+1974 Regenbogenforellen.
Nutzung: Spotfischerei – Tageskarte.
Betreuung: Seit 1962 durch M. und J. Moritz, Hopfgarten.
Durch die Wasserentnahme der Neuen Bamberger Hütte soll (nach Angabe von M. Moritz, 1981) der Fischbestand im See (hauptsächlich Regenbogenforellen) im Jahre 1976 durch einen „Ansaugeffekt" des unvergitterten Rohres stark dezimiert oder ganz vernichtet worden sein. Aus diesem Grund erfolgten keine weiteren Besatzmaßnahmen.
Untersuchungen: Keine Befischung durchgeführt.
Beurteilung: Voraussichtlich fischereilich nutzbar.
Literatur:

6.7.1. Zireiner See (Nr. 131); Abb.: 90, F72, F73

Bezirk: Kufstein

Gemeinde: Münster

Geographische Lage: 1799 m ü. A.
47° 27' 55" N – 11° 47' 40" E
Rofan Gebirge,
ca. 650 m westlich der Marchspitze,
ca. 350 m nördlich des Latschbergs.
Österreich-Karte: Nr. 119

Geologie:

Entstehung:

Einzugsgebiet: ca. 12 ha

Abb. 90: Topographische Lage (Ö-Karte: Nr. 119)

Morphometrie:
Areal: 4,60 ha | Länge: 350 m | Breite: 200 m
Größte Tiefe: 14,0 m | Mittlere Tiefe: | Volumen:

Zu- und Abflüsse:
Zufluss: Mehrere oberirdische Zuflüsse (kleinere Gerinne).
Abfluss: Ein oberirdischer Abfluss, versickert etwas unterhalb des Sees.

Abwasserbeeinflussung: Düngung durch Weidevieh.

Wassernutzung: keine

Besitzverhältnisse: KG Münster, E Zl 90, Gp 2058
Eigentümer: Agrargemeinschaft Ludoi-Zirein

Zugänglichkeit:
Ein Fahrweg führt bis zur Zireiner Alm (1698 m), von dort führen mehrere Wege, zwei davon markierte Fußwege, zum See. Gehzeit: ca. 1-2 Stunden. Eine Abkürzung, auf etwa eine Stunde Gehzeit, ist durch die Benutzung des Kramsacher Liftes möglich.
Unterkunft: Almhütte (Unterstand) in Seenähe.

Fischerei:
Fischereirechte: Revierzugehörigkeit: keine.
Geschichtliches: Diem (1964): Der Zireiner See enthält „vörken, tolben und phrilen" (nach Fischereibuch Kaiser Maximilians I.), also Bachforellen, Koppen und Elritzen.
Heller (1869, 1871): Erwähnt für diesen See, Bachforellen. Margreiter (1936): hingegen keine Bachforellen, sondern Seesaiblinge, Aalrutten, Koppen und Elritzen.
Pechlaner (1979, 1984a): Fand auch diese 4 Fischarten bei einer Versuchsfischerei mit Stellnetzen im Jahre 1966.
Fragebogenaktion: Fischbestand: Regenbogen-, Bachforellen, Seesaiblinge, Rutten, Koppen, Elritzen.
Besatzmaßnahmen: 1970 – 300 St. Regenbogen- und 150 St. Bachforellen.
1974 – 650 St. Regenbogenforellen, 1979 – 1000 St. Regenbogen- und Bachforellen.
Nutzung: Sportfischerei – Tageskarte.
Wie aus der Geschichte und den Besatzmaßnahmen ersichtlich ist, zeigt der Zireiner See besonders heute einen sehr artenreichen Fischbestand, der in dieser Zusammensetzung als Sonderfall angesehen werden sollte. Die intensiven Besatzmaßnahmen der letzen Jahre werden sich höchstwahrscheinlich ungünstig auf das Wachstum zumindest einiger Fischarten auswirken.
Untersuchungen: Keine Befischung durchgeführt.
Beurteilung: Fischereilich nutzbar (Besatzmaßnahmen reduzieren).
Literatur: Heller (1869, 1871), Margreiter (1936), Pechlaner (1979, 1984a), Steinböck (1949b, d, 1950b, 1951).

6.8.1. Grauer See (Nr. 134); Abb.: 91, 92, F74

Bezirk: Lienz

Gemeinde: Matrei in Osttirol

Geographische Lage: 2500 m ü. A.
47° 08' 30" N – 12° 30' 50" E
Hohe Tauern,
südwestlich des Bärenköpfers,
ca. 350 m nordöstlich des Meßeling-Kogels.
Ursprungsgebiet des Meßelingbaches.
Österreich-Karte: Nr. 152

Geologie: Obere Tauern – Schieferhülle (Penninicum)

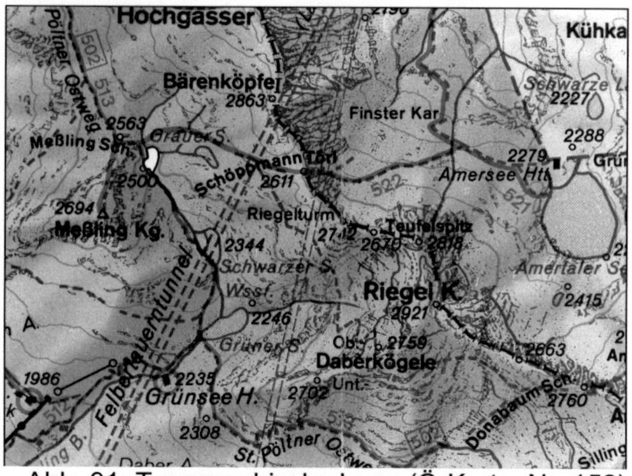

Entstehung: Karsee

Abb. 91: Topographische Lage (Ö-Karte: Nr. 152)

Einzugsgebiet: ca. 83 ha

Morphometrie:

Areal: 1,00 ha	Länge: 170 m	Breite: 80 m
Größte Tiefe: 3,0 m	Mittlere Tiefe:	Volumen:

Zu- und Abflüsse:
Zufluss: Zwei oberirdische Zuflüsse am Nordufer.
Abfluss: Ein oberirdischer Abfluss am Südufer (= Meßelingbach).

Abwasserbeeinflussung: keine

Wassernutzung: keine

Besitzverhältnisse: KG Matrei, E Zl 325/II, Gp 3785
Eigentümer: Agrargemeinschaft Meßelingalpe

Zugänglichkeit:
Vom Matreier Tauernhaus führt ein leicht begehbarer, markierter Fußweg über die Grünseehütte, sowie über den Grünen und Schwarzen See zum See. Gehzeit: ca. 3 Stunden.
Es besteht die Möglichkeit der Benützung eines Sesselliftes (Venedigerblick-Lift) vom Matreier Tauernhaus (1512 m) bis zur Bergstation (ca. 2000 m). Von dort führt ein gut markierter Fußweg über den Grünen und Schwarzen See zum See. Gehzeit: ca. 2 Stunden von der Bergstation.
Unterkunft: Grünseehütte (2235 m ü. A.), ÖAV Sektion Matrei, ca. 60 Gehminuten entfernt.

Fischerei:
Fischereirechte: Revierzugehörigkeit: Revier Nr. 19.
Fischereiberechtigter: Herr H. Obwexer, Hotel Rauter, Matrei.
Geschichtliches: Keine Hinweise auf Fischbestand.
Fragebogenaktion: Kein Fischbestand.
Untersuchungen: Kein Fischbestand (August 1980).
Beurteilung: Voraussichtlich fischereilich nutzbar.
Literatur:

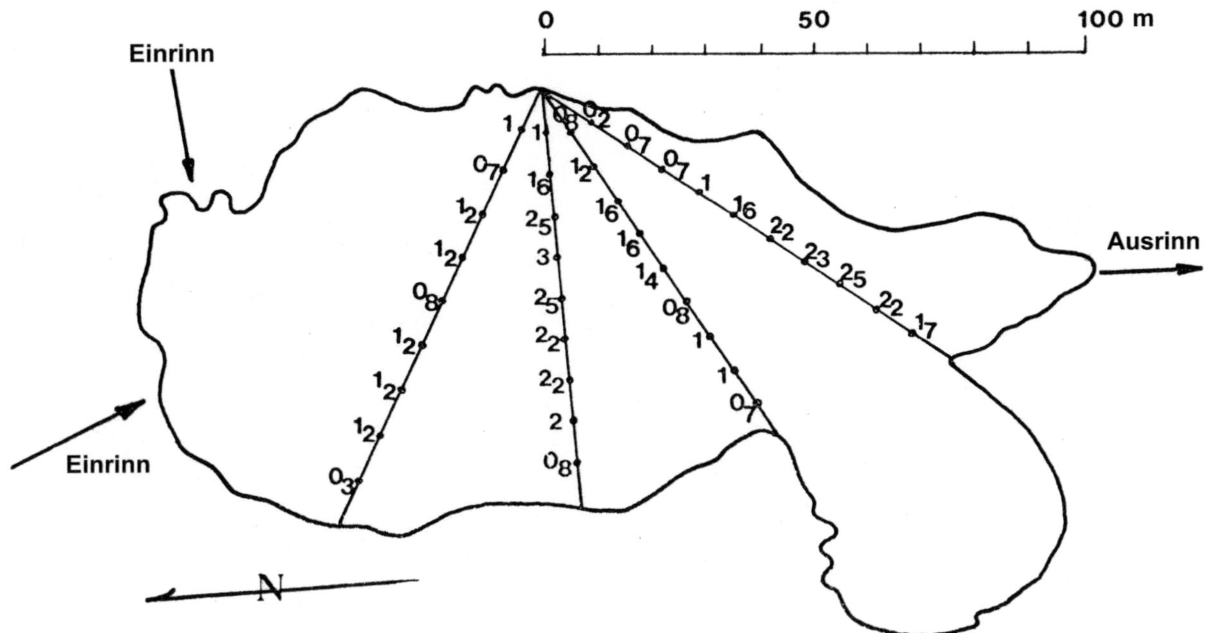

Abb. 92: Tiefenkarte des Grauen Sees (nach Vermessung 1980)

6.8.2. Schwarzer See (Nr. 136); Abb.: 93, 94, F75

Bezirk: Lienz

Gemeinde: Matrei in Osttirol

Geographische Lage: 2344 m ü. A.
47° 08' 10" N – 12° 31' 05" E
Venediger Gruppe,
ca. 300 m östlich des Meßeling-Kogels.
Direkt über dem Felbertauerntunnel.
Österreich-Karte: Nr. 152

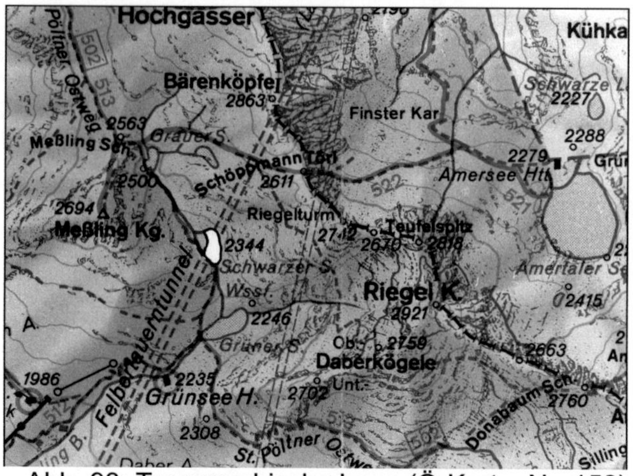

Geologie: Obere Tauern – Schieferhülle (Penninicum)

Entstehung: Felsbeckensee

Einzugsgebiet: ca. 155 ha

Abb. 93: Topographische Lage (Ö-Karte: Nr. 152)

Morphometrie:

Areal: 1,50 ha	Länge: 227 m	Breite: 113 m
Größte Tiefe: 11,5 m	Mittlere Tiefe:	Volumen:

Zu- und Abflüsse:
Zufluss: Ein oberirdischer Hauptzufluss am Westufer.
Zwei oberirdische Nebenzüflusse am Nord- und Ostufer.
Abfluss: Ein oberirdischer Abfluss am Südufer (= Meßelingbach).

Abwasserbeeinflussung: keine

Wassernutzung: keine

Besitzverhältnisse: KG Matrei, E Zl 348/II, Gp 3784
Eigentümer: Agrargemeinschaft Meßelingalpe

Zugänglichkeit:
Vom Matreier Tauernhaus führt ein leicht begehbarer, markierter Fußweg über die Grünseehütte zum See. Gehzeit: ca. 3 Stunden.
Es besteht die Möglichkeit der Benützung eines Sesselliftes (Venedigerblick-Lift) vom Matreier Tauernhaus (1512 m) bis zur Bergstation (ca. 2000 m). Von dort führt ein gut markierter Fußweg über den Grünen See zum See. Gehzeit: ca. 90 Minuten von der Bergstation.
Unterkunft: Grünseehütte (2235 m ü. A.), ÖAV Sektion Matrei, ca. 30 Gehminuten entfernt.

Fischerei:
Fischereirechte: Revierzugehörigkeit: Revier Nr. 19.
Fischereiberechtigter: Herr H. Obwexer, Hotel Rauter, Matrei.
Geschichtliches: Keine Hinweise auf Fischbestand.
Fragebogenaktion: Kein Fischbestand.
Untersuchungen: Kein Fischbestand (August 1980).
Beurteilung: Voraussichtlich fischereilich nutzbar.
Literatur:

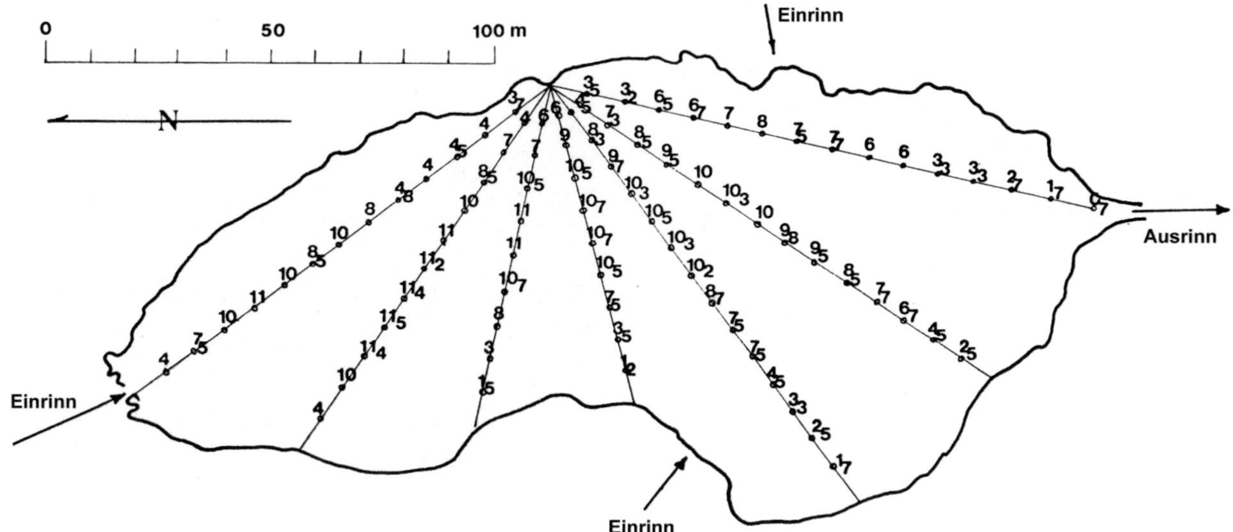

Abb. 94: Tiefenkarte des Schwarzen Sees (nach Vermessung 1980)

6.8.3. Grüner See (Nr. 137); Abb.: 95, 96, F76

Bezirk: Lienz

Gemeinde: Matrei in Osttirol

Geographische Lage: 2246 m ü. A.
47° 08' 00" N – 12° 31' 10" E
Venediger Gruppe,
westlich des Riegelkopfs,
ca. 500 m südöstlich des Meßeling-Kogels,
In der Nähe der Grünseehütte.
Österreich-Karte: Nr. 152

Abb. 95: Topographische Lage (Ö-Karte: Nr. 152)

Geologie: Obere Tauern – Schieferhülle (Penninicum)

Entstehung: Felsbeckensee (mit Lockermaterial verfüllt)

Einzugsgebiet: ca. 258 ha

Morphometrie:

Areal: 2,50 ha	Länge: 320 m	Breite: 150m
Größte Tiefe: 3,5 m	Mittlere Tiefe:	Volumen:

Zu- und Abflüsse:
Zufluss: Zwei oberirdische Zuflüsse am Nordostufer (starke Wasserführung).
Abfluss: Ein oberirdischer Abfluss am Südwestufer (= Meßelingbach).

Abwasserbeeinflussung: keine

Wassernutzung: Provisorische Wasserleitung quert den Abfluss (Funktion unbekannt).

Besitzverhältnisse: KG Matrei, E Zl 348/II, Gp 3783
Eigentümer: Gemeinde Matrei i. O.

Zugänglichkeit:
Vom Matreier Tauernhaus führt ein leicht begehbarer, markierter Fußweg über die Grünseehütte zum See. Gehzeit: ca. 2,5 Stunden.
Es besteht die Möglichkeit der Benützung eines Sesselliftes (Venedigerblick-Lift) vom Matreier Tauernhaus (1512 m) bis zur Bergstation (ca. 2000 m). Von dort führt ein gut markierter Fußweg zum See. Gehzeit: ca. 60 Minuten von der Bergstation.
Unterkunft: Grünseehütte (2235 m ü. A.), ÖAV Sektion Matrei, ca. 150 m entfernt.

Fischerei:
Fischereirechte: Revierzugehörigkeit: Revier Nr. 19.
Fischereiberechtigter: Herr H. Obwexer, Hotel Rauter, Matrei.
Geschichtliches: Keine Hinweise auf Fischbestand.
Fragebogenaktion: Kein Fischbestand.
Untersuchungen: Kein Fischbestand (August 1980).
Beurteilung: Voraussichtlich fischereilich nutzbar.
Literatur:

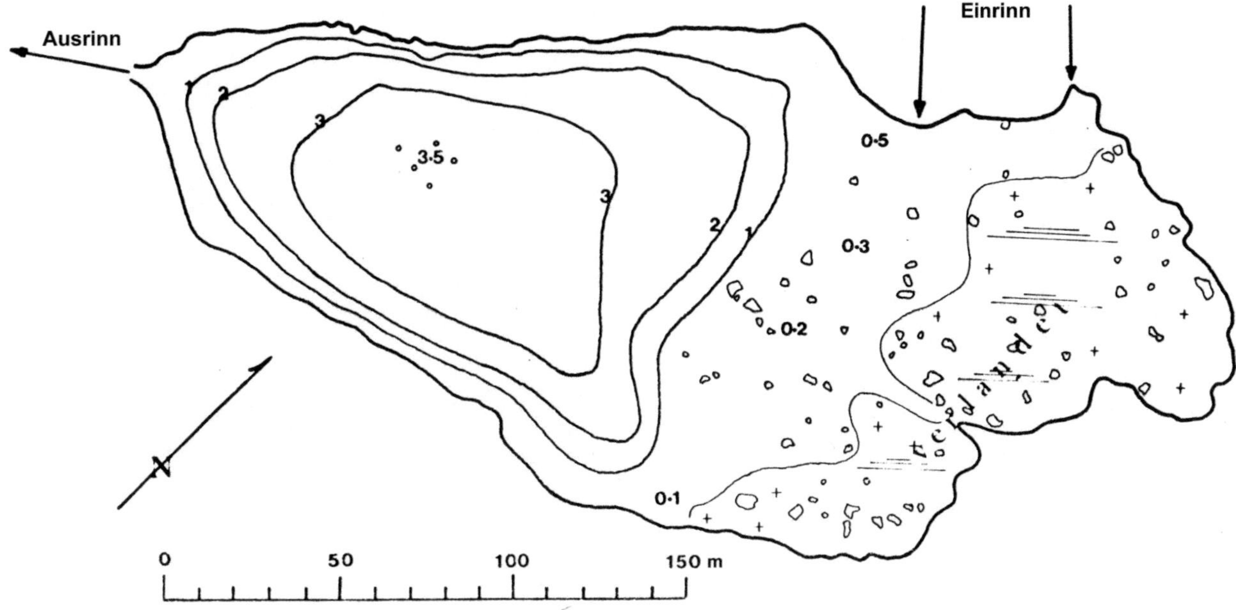

Abb. 96: Tiefenkarte des Grünen Sees (nach Vermessung 1980)

6.8.4. Löbbensee (Nr. 142); Abb.: 97, 98, F77

Bezirk: Lienz

Gemeinde: Matrei in Osttirol

Geographische Lage: 2225 m ü. A.
47° 06' 25" N – 12° 28' 40" E
Venediger Gruppe,
östlich des Wilden Kogels,
westlich des Spitzkogels,
ca. 600 m nördlich des Wildensees.
Österreich-Karte: Nr. 152

Geologie: Obere Tauern – Schieferhülle (Penninicum)

Entstehung: Abdämmungs-Felsbeckensee

Abb. 97: Topographische Lage (Ö-Karte: Nr. 152)

Einzugsgebiet: ca. 230 ha

Morphometrie:

Areal: 3,00 ha	Länge: 243 m	Breite: 156 m
Größte Tiefe: 15,0 m	Mittlere Tiefe:	Volumen:

Zu- und Abflüsse:
Zufluss: Ein oberirdischer Zufluss am Südufer (vom Wildensee).
Abfluss: Ein oberirdischer Abfluss am Nordufer (= Löbbenbach).

Abwasserbeeinflussung: keine

Wassernutzung: keine

Besitzverhältnisse: KG Matrei, E Zl 164, Gp 3701/1 und 3701/2
Eigentümer: Österreichischer Alpenverein (ÖAV)

Zugänglichkeit:
Vom Matreier Tauernhaus führt ein gut markierter Fußweg entlang des Löbbenbaches zum See. Gehzeit: ca. 2,5 Stunden.
Unterkunft: Keine in der Nähe.

Fischerei:
Fischereirechte: Revierzugehörigkeit: Revier Nr. 19.
Fischereiberechtigter: Herr H. Obwexer, Hotel Rauter, Matrei.
Geschichtliches: Keine Hinweise auf Fischbestand.
Fragebogenaktion: Fischbestand: Saiblinge.
Nutzung: Sportfischerei – Zeitweise intensiv.
Untersuchungen: Die Befischung (September 1980) ergab insgesamt 7 Saiblinge (siehe Fischfangliste). Der Löbbensee ist ein reiner Seesaiblingssee, dessen Fischbestand auf frühere Besatzmaßnahmen zurückzuführen ist. Die gefangenen Seesaiblinge weisen relativ gute Konditionsfaktoren auf und sind „Schwarzreuter", doch sollen auch Kilogramm schwere Fische gefangen worden sein (F. Trost 1986 mündlich zu R. Pechlaner).
Beurteilung: Fischereilich nutzbar (Aufwertung durch Hegemaßnahmen möglich).
Literatur:

Fischfangliste:

Seesaibling Nr.	1	2	3	4	5	6	7
Länge (cm)	21	19	22	19	20	10	11
Gewicht (g)	74	66	118	64	64	7	10
Konditionsfaktor	0,8	0,9	1,0	0,9	0,9	0,8	0,9
Geschlecht	M	M	M	M	M	M	W
Gonaden (g)	1	2	3	1	3	1	1

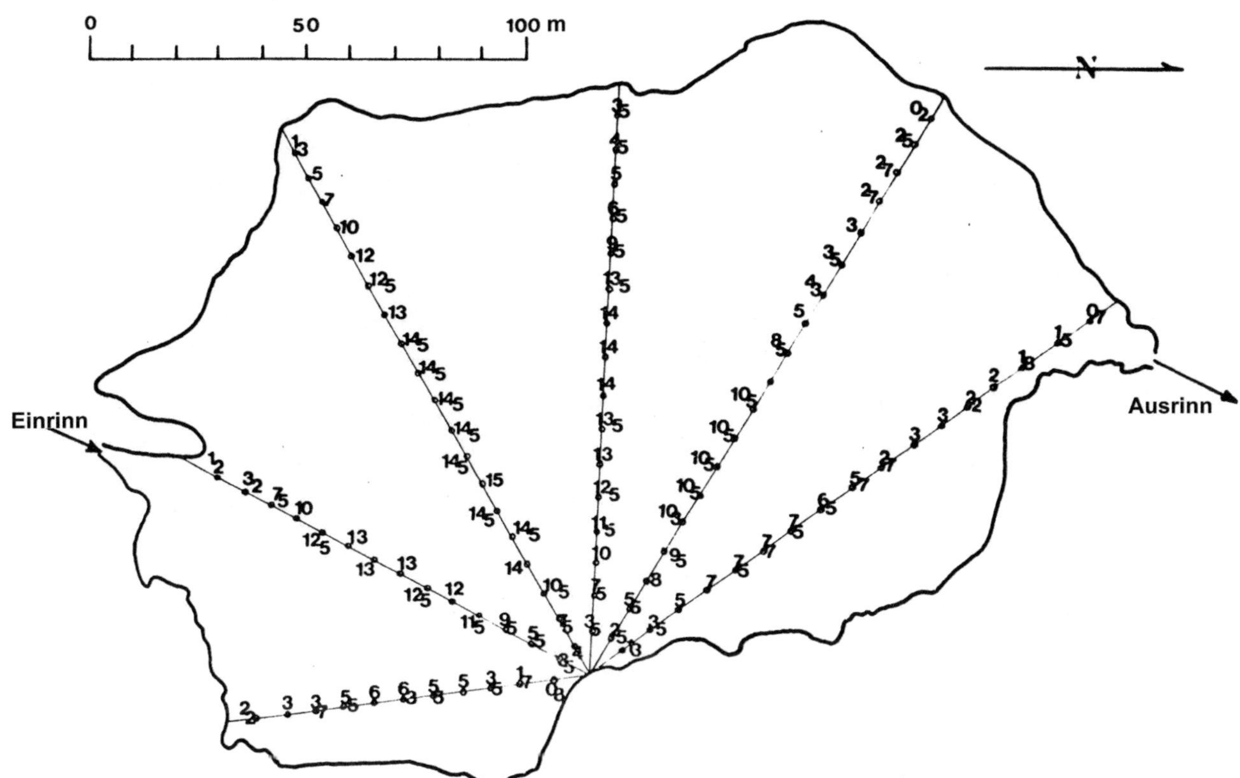

Abb. 98: Tiefenkarte des Löbbensees (nach Vermessung 1980)

6.8.5. Wildensee (Nr. 143); Abb.: 99, F78

Bezirk: Lienz

Gemeinde: Matrei in Osttirol

Geographische Lage: 2514 m ü. A.
47° 05' 55" N – 12° 28' 30" E
Venediger Gruppe,
ca. 1,0 km südöstlich des Wilden Kogels,
ca. 400 m westlich des Schildkogels,
ca. 600 m südlich des Löbbensees.
Österreich-Karte: Nr. 152

Geologie: Obere Tauern – Schieferhülle (Penninicum)

Entstehung: Felsbeckensee

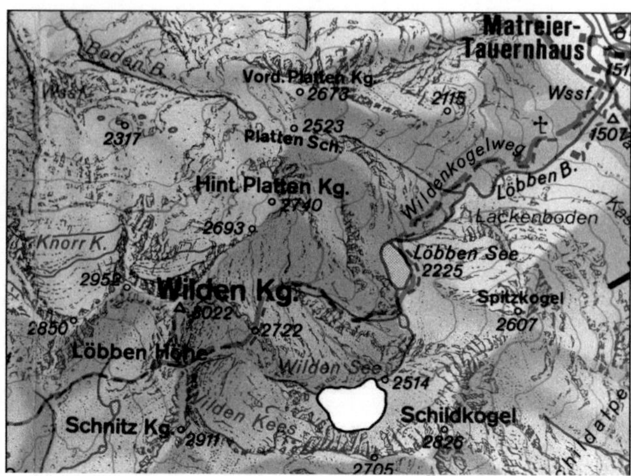

Abb. 99: Topographische Lage (Ö-Karte: Nr. 152)

Einzugsgebiet: ca. 70 ha

Morphometrie: Der See war zur Zeit der Begehung noch zu ¾ eisbedeckt (keine Vermessungen).

Areal: 5,00 ha	Länge:	Breite:
Größte Tiefe:	Mittlere Tiefe:	Volumen:

Zu- und Abflüsse:
Zufluss: Ein oberirdischer Zufluss am Nordwestufer.
Abfluss: Ein oberirdischer Abfluss am Nordostufer (rinnt in den Löbbensee).

Abwasserbeeinflussung: keine

Wassernutzung: keine

Besitzverhältnisse: KG Matrei, E Zl 164, Gp 3701/1 und 3701/2
Eigentümer: Österreichischer Alpenverein (ÖAV)

Zugänglichkeit:
Vom Matreier Tauernhaus führt ein gut markierter Fußweg entlang des Löbbenbaches zum Löbbensee. Vom Löbbensee zum Wildensee gibt es keinen markierten Weg. Der direkte Anstieg führt vom Löbbensee über einen steilen Geröllhang zum See. Gehzeit: ca. 3 Stunden.
Unterkunft: Keine in der Nähe.

Fischerei:
Fischereirechte: Revierzugehörigkeit: Revier Nr. 19.
Fischereiberechtigter: Herr H. Obwexer, Hotel Rauter, Matrei.
Geschichtliches: Kofler (1980): Hält ein Vorkommen von Seesaiblingen für möglich.
Fragebogenaktion: Fischbestand: Keine konkreten Angaben. Besatzmaßnahmen: keine Hinweise.
Die Angabe der Gemeinde zur Tiefe des Sees (100 m) dürfte spekulativ sein.
Untersuchungen: Die Befischung (August 1980) ergab nur 1 Seesaibling (Rogner, 16,5 cm, 18 g).
Es konnten jedoch zahlreiche Seesaiblinge beobachtet werden. Das Vorhandensein von weiteren Fischarten kann nicht ausgeschlossen werden. Die Seesaiblinge sind dem „Schwarzreuter"-Typ zuzurechnen.
Beurteilung: Voraussichtlich fischereilich nutzbar.
Literatur:

6.8.6. Obersee am Staller Sattel (Nr. 156); Abb.: 100, 101, F79

Bezirk: Lienz

Gemeinde: St. Jakob im Defereggen

Geographische Lage: 2016 m ü. A.
46° 53' 30" N – 12° 12' 20" E
Staller Sattel,
ca. 300 m nordöstlich des Staller Sattels,
Direkt an der Staller Sattel Autostraße.
Österreich-Karte: Nr. 177

Geologie:

Entstehung:

Einzugsgebiet: ca. 210 ha

Abb. 100: Topographische Lage (Ö-Karte: Nr. 177)

Morphometrie:

Areal: 12,90 ha	Länge: 624 m	Breite: 286 m
Größte Tiefe: 26,7 m	Mittlere Tiefe: 15,1 m	Volumen: 1.946.200 m^3

Zu- und Abflüsse:
Zufluss: Mehrere oberirdische Zuflüsse am Nord-, Süd- und Ostufer.
Abfluss: Ein oberirdischer Abfluss am Ostufer (= Staller Almbach).

Abwasserbeeinflussung: Eventuell Beeinflussung durch Sickerabwässer der Staller Sattel Hütte.

Wassernutzung: keine

Besitzverhältnisse: KG St. Jakob, E Zl 201/II, Gp 1459
Eigentümer: Gemeinde St. Jakob i. D.

Zugänglichkeit:
Über die Autostraße Staller Sattel (seit 1974) zum See.
Unterkunft: Staller Sattel Hütte, in unmittelbarer Nähe.

Fischerei:
Fischereirechte: Revierzugehörigkeit: Revier Nr. 33 (Eigenrevier).
Fischereiberechtigter: Gemeinde St. Jakob i. D.
Geschichtliches: Heller (1869, 1871): Gibt das Vorkommen von Seesaiblingen und Bachforellen an.
Fragebogenaktion: Fischbestand: Seesaiblinge und Bachforellen, eventuell auch die „Marmorierte Bachforelle", sowie Koppen und Elritzen.
Besatzmaßnahmen: In den letzten Jahren Regenbogen- und Bachforellen.
Untersuchungen: Keine Befischung durchgeführt.
Beurteilung: Fischereilich nutzbar.
Literatur: Heller (1869, 1871).

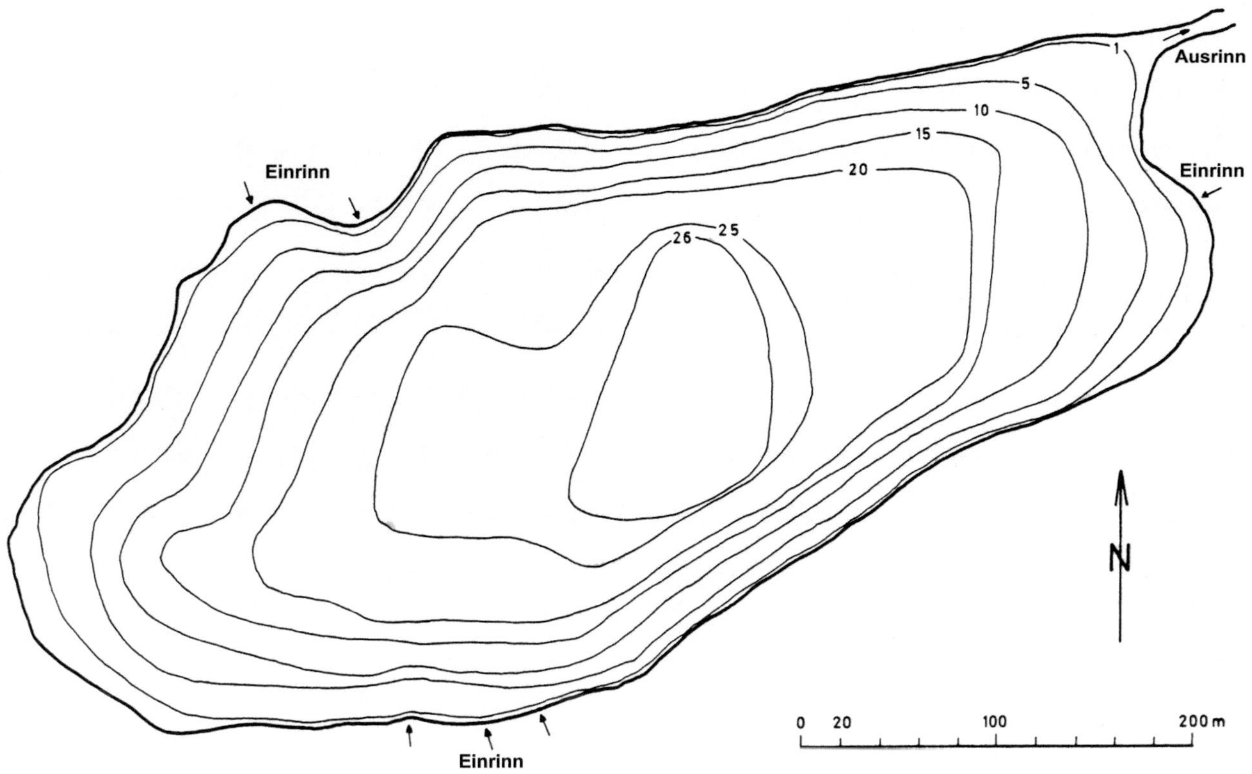

Abb. 101: Tiefenkarte des Obersees (nach Vermessung von E. Döbel und G. Wagner 1983)

6.8.7. Mondsee (Nr. 160); Abb.: 102, 103, F80

Bezirk: Lienz

Gemeinde: Hopfgarten im Defereggen

Geographische Lage: 2356 m ü. A.
46° 51' 35" N – 12° 31' 55" E
Defereggер Gebirge,
ca. 700 m nördlich des Bocksteins,
ca. 100 m westlich des Schwarzsees.
Oberlauf des Grünalpenbaches.
Österreich-Karte: Nr. 178

Geologie: Höheres Ostalpin (Paragneise)

Entstehung: Felsbeckensee
(mit Lockermaterial verfüllt)

Abb. 102: Topographische Lage (Ö-Karte: Nr. 178)

Einzugsgebiet: ca. 211 ha

Morphometrie:

Areal: 2,00 ha	Länge: 265 m	Breite: 115 m
Größte Tiefe: 4,7 m	Mittlere Tiefe:	Volumen:

Zu- und Abflüsse:
Zufluss: Zwei oberirdische Zuflüsse am Süd- und Westufer (einer vom Ochsensee).
Abfluss: Ein oberirdischer Abfluss am Nordufer (mündet in den Grünalpenbach).

Abwasserbeeinflussung: keine

Wassernutzung: keine

Besitzverhältnisse: KG Hopfgarten, E Zl 92/II, Gp 1926
Eigentümer: Agrargemeinschaft Dölacher Ochsalm

Zugänglichkeit:
Von Dölach führt ein befahrbarer Güterweg bis zur Dölacher Alm (1660 m). Von dort führt ein markierter Fußweg zum See. Gehzeit: ca. 3 Stunden.
Unterkunft: Almhütte (2046 m ü. A.), talauswärts, ca. 45 Gehminuten entfernt.

Fischerei:
Fischereirechte: Revierzugehörigkeit: Revier Nr. 25.
Fischereiberechtigter: Herr F. Veider, Hopfgarten i. D. (Dorfwirt).
Geschichtliches: A. Brugger und J. Dellacher 1986 mündlich zu R. Pechlaner: See hat früher (1967/1968) sehr viele und relativ große Seesaiblinge enthalten.
Fragebogenaktion: Fischbestand: Einige Forellen. Nutzung: keine.
Untersuchungen: Die Befischung (August 1980) ergab insgesamt 24 Seesaiblinge (siehe Fischfangliste).
Die meisten der gefangenen Seesaiblinge waren „Schwarzreuter".
Der Großteil der Fische wurde für wissenschaftliche Untersuchungen konserviert.
Beurteilung: Fischereilich nutzbar (Hegemaßnahmen erforderlich).
Literatur:

Fischfangliste:

Seesaibling Nr.	1	2	3	4	5	6	7	8	9	10	11	12	13	14
Länge (cm)	17	18	19	18	19	18	20	17	21	18	16	18	17	25
Gewicht (g)	52	54	60	52	52	52	72	48	90	62	44	58	44	160
Geschlecht	M	W	W	M	M	M	W	M	M	M	M	M	W	M
Gonaden (g)	1	1	2	1	1	1	2	1	1	1	1	1	4	3

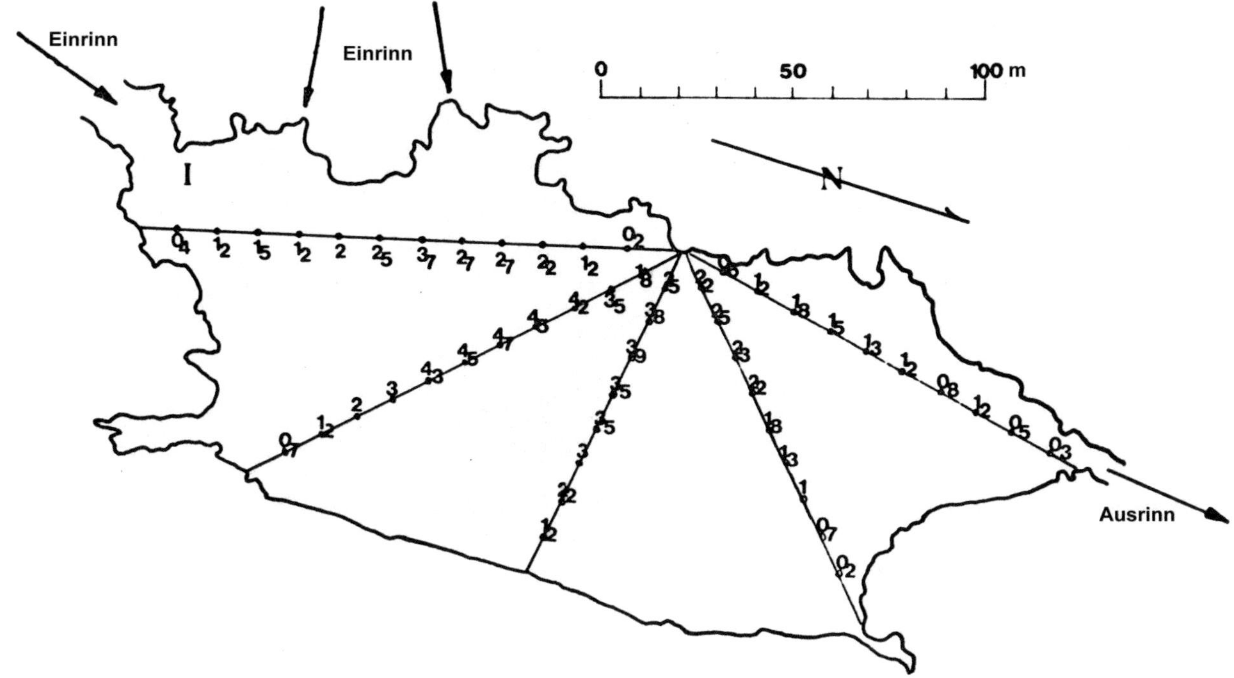

Abb. 103: Tiefenkarte des Mondsees (nach Vermessung 1980)

6.8.8. Schwarzsee bei Hopfgarten (Nr. 161); Abb.: 104, 105, F81

Bezirk: Lienz

Gemeinde: Hopfgarten im Defereggen

Geographische Lage: 2356 m ü. A.
46° 51' 40" N – 12° 32' 00" E
Deferegger Gebirge,
ca. 750 m nördlich des Bocksteins,
ca. 100 m östlich des Mondsees.
Oberlauf des Grünalpenbaches.
Österreich-Karte: Nr. 178

Geologie: Höheres Ostalpin (Paragneise)

Entstehung: Abdämmungs-Felsbeckensee
Ein flacher Moränenwall bedeckt talauswärts die Felsbecken begrenzende Felsbarriere.

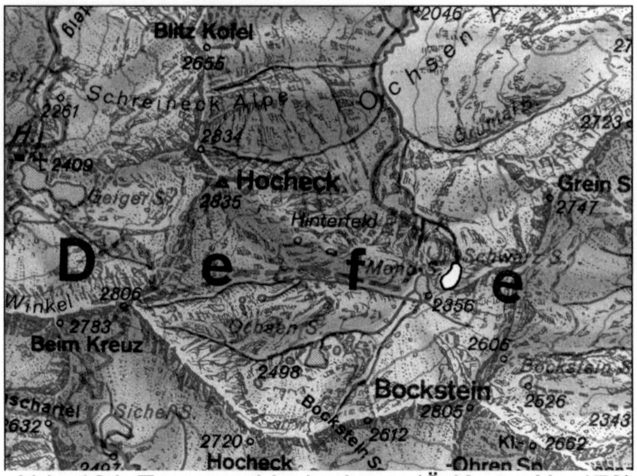

Abb. 104: Topographische Lage (Ö-Karte: Nr. 178)

Einzugsgebiet: ca. 8 ha

Morphometrie:

Areal: 2,00 ha	Länge: 180 m	Breite: 100 m
Größte Tiefe: 11,5 m	Mittlere Tiefe:	Volumen:

Zu- und Abflüsse:
Zufluss: Ein oberirdischer Zufluss am Südufer, mit geringer Wasserführung.
Abfluss: Ein oberirdischer Abfluss am Nordufer, mit geringer Wasserführung.

Abwasserbeeinflussung: keine

Wassernutzung: keine

Besitzverhältnisse: KG Hopfgarten, E Zl 92/II, Gp 1925
Eigentümer: Agrargemeinschaft Dölacher Ochsalm

Zugänglichkeit:
Von Dölach führt ein befahrbarer Güterweg bis zur Dölacher Alm (1660 m). Von dort führt ein nicht besonders gut markierter Fußweg zum See. Gehzeit: ca. 3 Stunden.
Unterkunft: Keine in der Nähe.

Fischerei:
Fischereirechte: Revierzugehörigkeit: Revier Nr. 25a.
Fischereiberechtigter: Herr F. Veider, Hopfgarten i. D. (Dorfwirt).
Geschichtliches: Keine Hinweise auf Fischbestand.
Fragebogenaktion: Fischbestand: Forellen. Nutzung: keine.
Untersuchungen: Die Befischung (August 1980) ergab insgesamt 13 Seesaiblinge (siehe Fischfangliste). Die gefangenen Seesaiblinge waren durchwegs dem „Schwarzreuter"-Typ zuzurechnen, auch wenn sie deutlich größer waren als typische Schwarzreuter. Sie zeigten die für die Seesaiblingsbestände der meisten Hochgebirgsseen typischen Konditionsfaktoren in dieser Saison (durchschnittlich 0,8). Der Schwarzsee ist ein reiner Seesaiblingssee.
Beurteilung: Fischereilich nutzbar.
Literatur:

Fischfangliste:

Seesaibling Nr.	1	2	3	4	5	6	7	8	9	10	11	12	13
Länge (cm)	22	23	23	20	21	22	20	20	25	23	19	22	21
Gewicht (g)	80	117	88	72	72	82	78	72	136	103	67	88	68
Geschlecht	M	W	W	W	W	W	W	M	W	W	M	M	M
Gonaden (g)	1	2	2	1	1	2	2	2	2	2	1	1	1

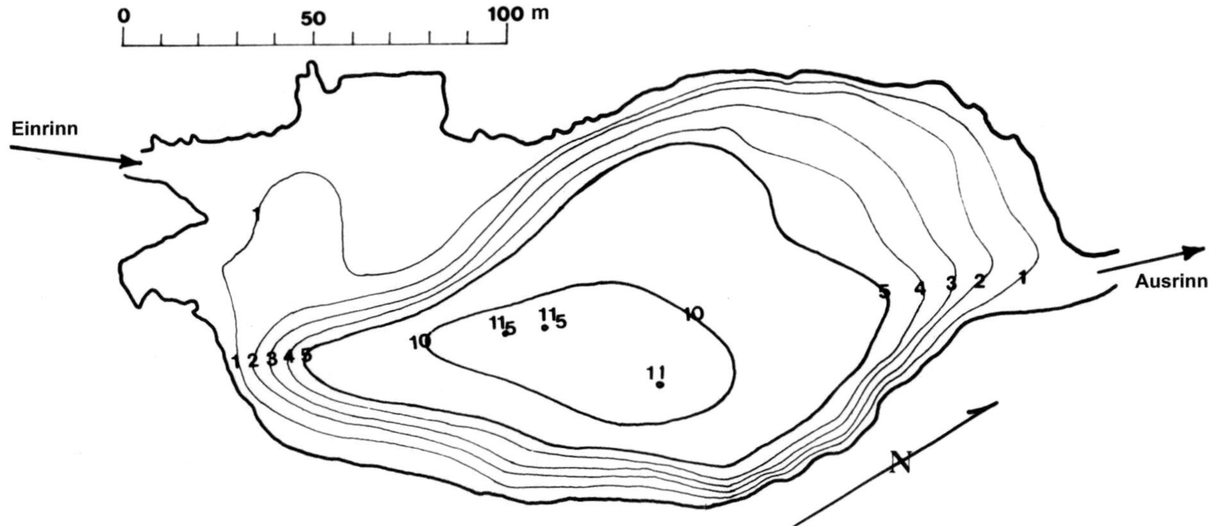

Abb. 105: Tiefenkarte des Schwarzsees bei Hopfgarten (nach Vermessung 1980)

6.8.9. Ochsensee (Nr. 162); Abb.: 106, 107, F82

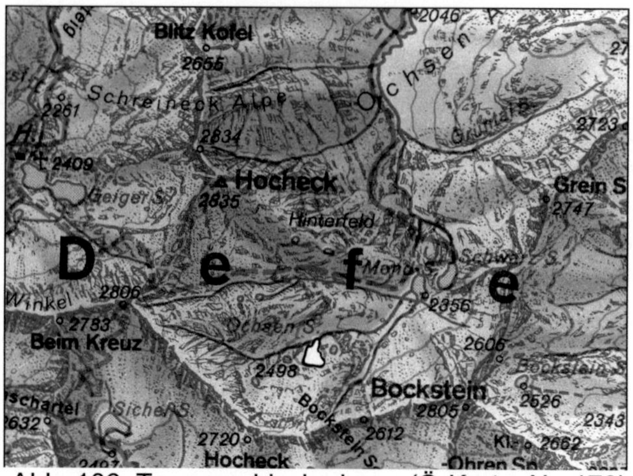

Bezirk: Lienz

Gemeinde: Hopfgarten im Defereggen

Geographische Lage: 2498 m ü. A.
46° 51' 20" N – 12° 31' 25" E
Defereggen Gebirge,
ca. 650 m südwestlich des Mondsees,
ca. 500 m südöstlich des Hochecks.
Oberlauf des Grünalpenbaches.
Österreich-Karte: Nr. 178

Geologie: Höheres Ostalpin (Paragneise)

Entstehung: Felsbeckensee

Abb. 106: Topographische Lage (Ö-Karte: Nr. 178)

Einzugsgebiet: ca. 50 ha

Morphometrie:

Areal: 1,60 ha	Länge: 175 m	Breite: 121 m
Größte Tiefe: 3,0 m	Mittlere Tiefe:	Volumen:

Zu- und Abflüsse:
Zufluss: Zwei oberirdische Zuflüsse am Süd- und Westufer.
Abfluss: Ein oberirdischer Abfluss am Nordostufer, mündet in den Mondsee (Wasserführung ca. 100 l/s).

Abwasserbeeinflussung: keine

Wassernutzung: keine

Besitzverhältnisse: KG Hopfgarten, E Zl 92/II, Gp 1924
Eigentümer: Agrargemeinschaft Dölacher Ochsalm

Zugänglichkeit:
Von Dölach führt ein befahrbarer Güterweg bis zur Dölacher Alm (1660 m). Von dort führt ein schlecht markierter Fußsteig zum Mond- und Schwarzsee. Von dort führt dann ein nicht markierter Steig zum See.
Gehzeit: ca. 3,5 Stunden.
Unterkunft: Keine in der Nähe.

Fischerei:
Fischereirechte: Revierzugehörigkeit: Revier Nr. 25a.
Fischereiberechtigter: Herr F. Veider, Hopfgarten i. D. (Dorfwirt).
Geschichtliches: Keine Hinweise auf Fischbestand.
Fragebogenaktion: Kein Fischbestand.
Untersuchungen: Kein Fischbestand (August 1980).
Beurteilung: Voraussichtlich fischereilich nutzbar.
Literatur:

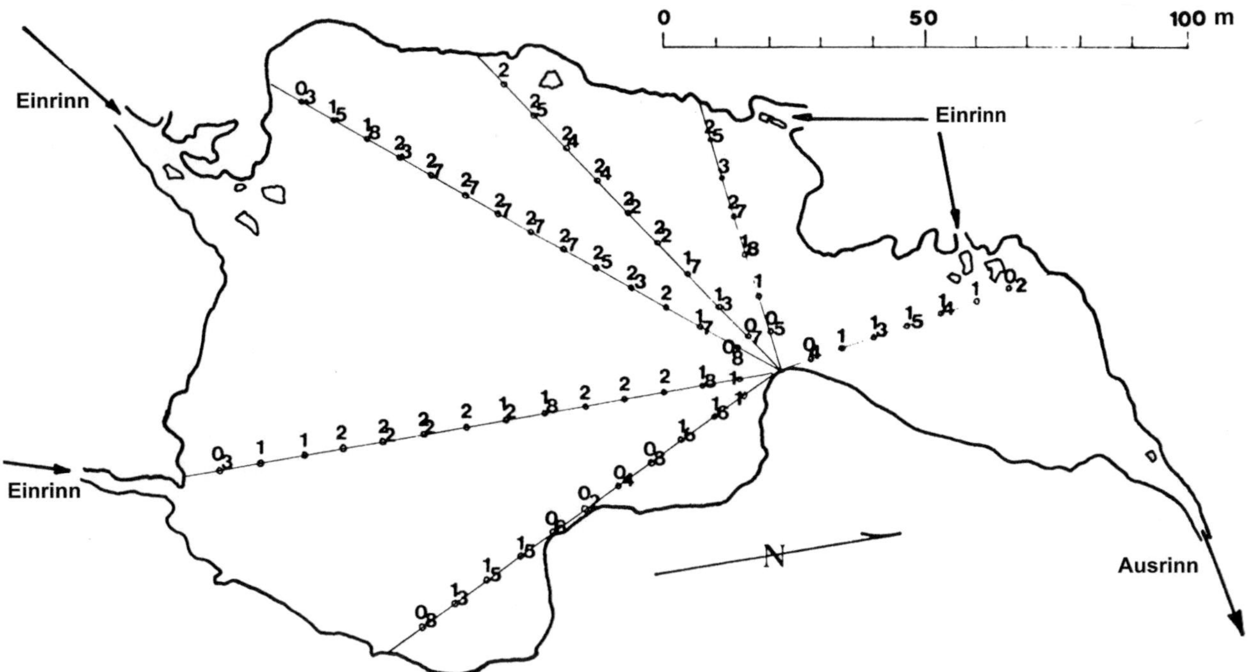

Abb. 107: Tiefenkarte des Ochsensees (nach Vermessung 1980)

6.8.10. Dorfer See (Nr. 163); Abb.: 108, 109, F83, F84

Bezirk: Lienz

Gemeinde: Kals am Großglockner

Geographische Lage: 1935 m ü. A.
47° 05' 32" N – 12° 37' 05" E
Hohe Tauern,
ca. 3,5 km nordöstlich des Muntaniz,
zwischen Granatspitze und Großglockner,
östlich der Seewand.
Oberlauf des Seebaches.
Österreich-Karte: Nr. 153

Geologie: Zentralgneis

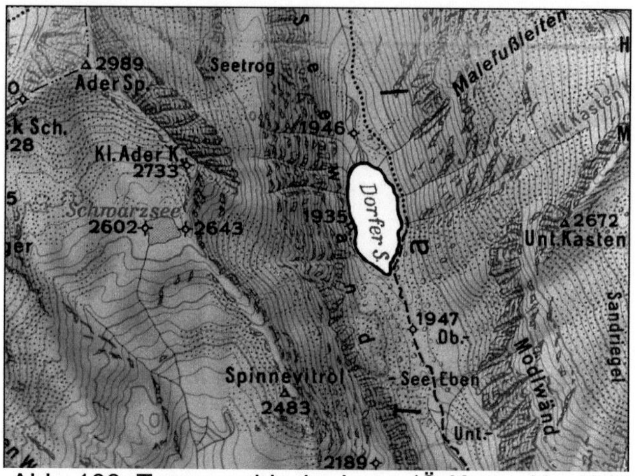

Abb. 108: Topographische Lage (Ö-Karte: Nr. 153)

Entstehung:
Das durch den Eiszeitgletscher entstandene Trogtal wurde auf einer Breite von ca. 700 m von gewaltigen Felssturzmassen bedeckt, was den Aufstau des Dorferbaches bewirkt.

Einzugsgebiet: ca. 800 ha

Morphometrie:

Areal: 7,60 ha	Länge: 511 m	Breite: 232 m
Größte Tiefe: 9,5 m	Mittlere Tiefe: 3,5 m	Volumen: 266.000 m^3

Zu- und Abflüsse:
Zufluss: Ein oberirdischer Hauptzufluss am Nordufer (= Dorferbach, Wasserführung ca. 500-800 l/s).
Drei kleinere Nebenzuflüsse am Ostufer (Wasserführung insgesamt ca. 15-20 l/s).
Vier kleinere Nebenzuflüsse am Westufer (Wasserführung geringer als im Osten).
Der Hauptzufluss schiebt einen breiten Sedimentfächer in den See der fast 1/3 bedeckt.
Abfluss: Ein oberirdischer Abfluss am Südufer (Wasserführung entspricht in etwa den Zuflüssen).
Der Abfluss verschwindet im groben Blockwerk, taucht nach kurzer Strecke noch zweimal auf, verschwindet dann wieder und tritt nach ca. 400 m an zwei etwa 120 m voneinander entfernten Stellen wieder aus.

Abwasserbeeinflussung: keine

Wassernutzung: keine

Besitzverhältnisse: KG Kals, E Zl 102/II, Gp 1391
Eigentümer: Gemeinde Kals a. G.

Zugänglichkeit:
Von Kals führt eine Asphaltstraße bis zum Taurerwirt. Von dort führt ein Schotterweg (Sondergenehmigung notwendig) bis zum Kalser Tauernhaus. Von dort führt dann ein gut markierter Fußweg bis zum See. Gehzeit: ca. 30 Minuten.
Unterkunft: Kalser Tauernhaus (1755 m ü. A.), ca. 2 km südlich und 30 Gehminuten entfernt.

Fischerei:
Fischereirechte: Revierzugehörigkeit: Revier Nr. 20/21.
Fischereiberechtigter: Gemeinde Kals.
Geschichtliches: Keine Hinweise auf Fischbestand.
Fragebogenaktion: Kein Fischbestand.
Untersuchungen: Kein Fischbestand (August 1981).
Beurteilung: Voraussichtlich fischereilich nutzbar.
Literatur:

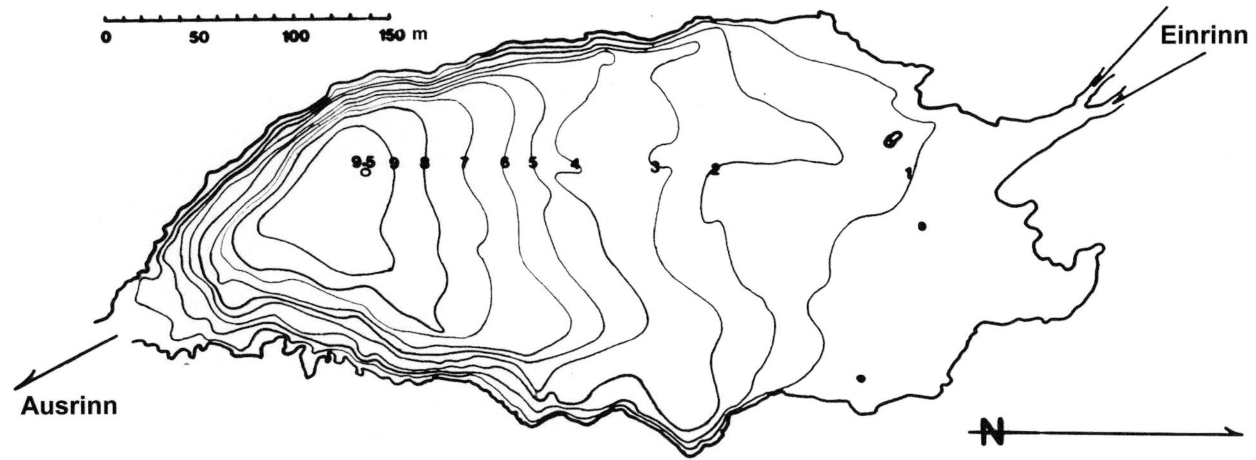

Abb. 109: Tiefenkarte des Dorfer Sees (nach Vermessung 1981)

6.8.11. Barrenlesee (Nr. 167); Abb.: 110, 111, F85, F86

Bezirk: Lienz

Gemeinde: Ainet

Geographische Lage: 2727 m ü. A.
46° 55' 08" N – 12° 43' 03" E
Schobergruppe,
nordöstlich des Hohen Prijakt,
ca. 500 m westlich der Großen Mirnitz-Spitze.
Österreich-Karte: Nr. 179

Geologie: Altkristallin

Entstehung: Felsbeckensee

Einzugsgebiet: ca. 33 ha

Abb. 110: Topographische Lage (Ö-Karte: Nr. 179)

Morphometrie: Im Juni 1944 war die Eisdecke ca. 8 m unter normalem Wasserstand (Turnowsky, 1946).

Areal: 2,30 ha	Länge: 208 m	Breite: 148 m
Größte Tiefe: 17,5 m	Mittlere Tiefe: 8,1 m	Volumen: 184.000 m^3

Zu- und Abflüsse:
Zufluss: Zwei oberirdische Zuflüsse am Ost- und Südufer, von Schneefeldern gespeist.
Abfluss: Ein unterirdischer Abfluss am Westufer, sickert durch Blockwerk.

Abwasserbeeinflussung: keine

Wassernutzung: keine

Besitzverhältnisse: KG Alkus, E Zl 30/II, Gp 741
Eigentümer: Agrargemeinschaft Prijagdalm

Zugänglichkeit:
Von Ainet führt ein befahrbarer Weg über das Leibnitztal zur Lebnitz-Alm (1908 m). Von dort führt ein markierter Weg über die Hochschober Hütte zum See. Gehzeit: ca. 3 Stunden.
Unterkunft: Hochschober Hütte (2332 m ü. A.), ca. 90 Gehminuten entfernt.

Fischerei:
Fischereirechte: Revierzugehörigkeit: keine.
Geschichtliches: Keine Hinweise auf Fischbestand.
Turnowsky (1946): Starkes Auftreten von Fischnährtieren, besonders unter der Eisdecke.
Fragebogenaktion: Kein Fischbestand.
Untersuchungen: Kein Fischbestand (August 1982).
Beurteilung: Voraussichtlich fischereilich nutzbar (Sauerstoffversorgung unter Eisdecke prüfen).
Literatur: Turnowsky (1946).

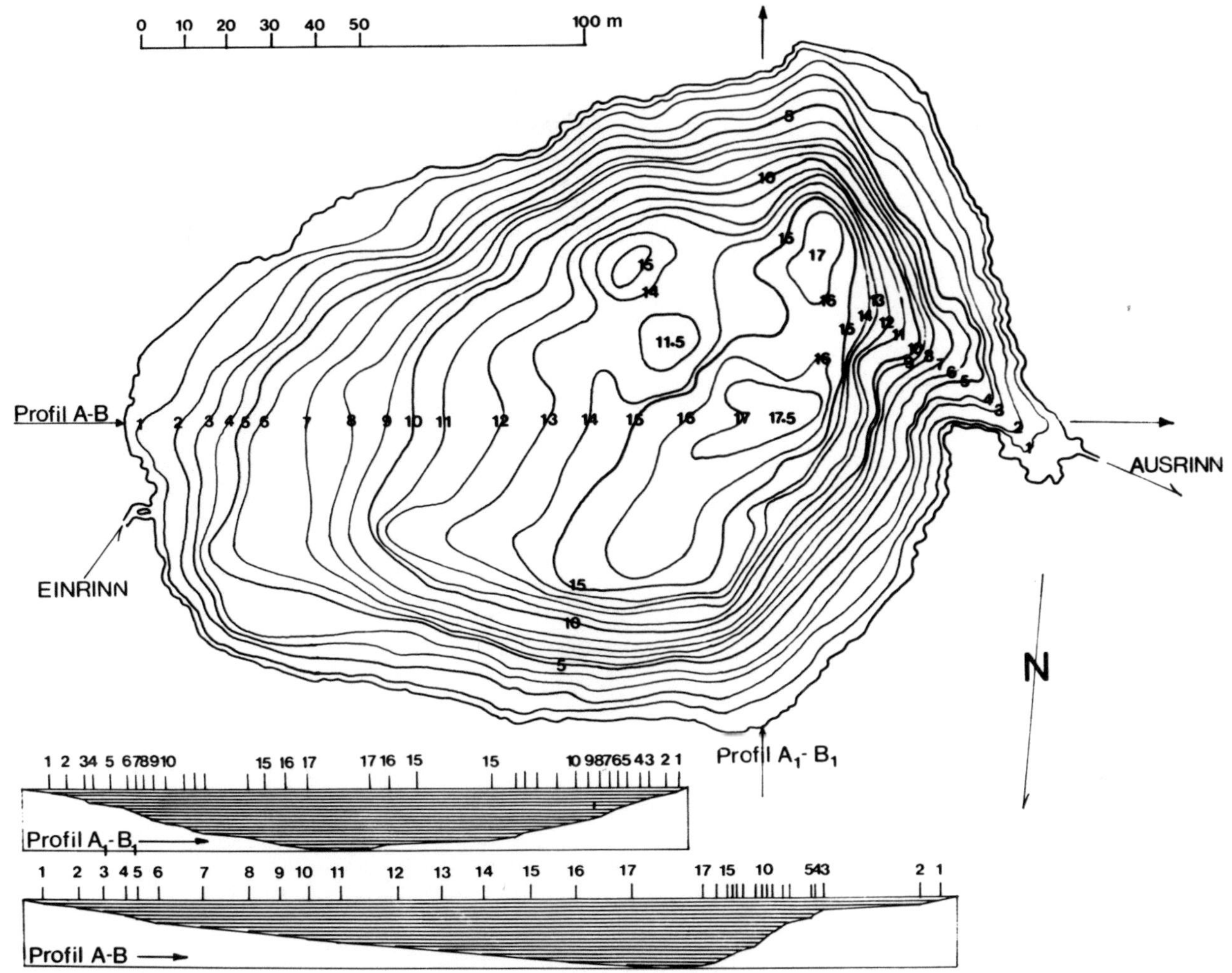

Abb. 111: Tiefenkarte des Barrenlesees (nach Vermessung 1982)

6.8.12. Alkuser See (Nr. 168); Abb.: 112, 113, F87, F88, F89, F100

Bezirk: Lienz

Gemeinde: Ainet

Geographische Lage: 2432 m ü. A.
46° 54' 20" N – 12° 44' 00" E
Schobergruppe,
ca. 1,2 km südlich der Großen Rotspitze,
ca. 350 m westlich des Trelebitsch-Törls,
nördlich oberhalb der Kunig-Alm.
Ursprung des Daber Baches.
Österreich-Karte: Nr. 179

Geologie: Höheres Ostalpin (Paragneise)

Entstehung: Karsee

Abb. 112: Topographische Lage (Ö-Karte: Nr. 179)

Einzugsgebiet: ca. 116 ha

Morphometrie:

Areal: 6,60 ha	Länge: 370 m	Breite: 300 m
Größte Tiefe: 49,0 m	Mittlere Tiefe: 20,0 m	Volumen: 1.360.000 m^3

Zu- und Abflüsse:
Zufluss: Mehrere oberirdische Zuflüsse am Nord- und Ostufer (kleine Rinnsale).
Abfluss: Ein oberirdischer Abfluss am Südufer = Daber Bach (Wasserführung ca. 50 l/s).
Der Abfluss durchfließt nach etwa 100 m einen seichten Tümpel (<0,5 ha).

Abwasserbeeinflussung: keine

Wassernutzung: Speisung eines E-Werkes mit dem Wasser aus dem Abfluss (Angabe Gemeinde Ainet).

Besitzverhältnisse: KG Alkus, E Zl 30/II, Gp 742
Eigentümer: Prijaktalpgenossenschaft

Zugänglichkeit:
Von Alkus führt ein befahrbarer Weg, wobei das letzte Teilstück des Weges ein Forstweg mit allgemeinem Fahrverbot ist, bis zur Kunig-Alm. Von dort führt ein sehr gut markierter Fußweg zum See.
Gehzeit: ca. 2 Stunden.
Unterkunft: Kunig-Alm (2000 m ü. A.), südwestlich unterhalb, ca. 1,7 km entfernt.

Fischerei:
Fischereirechte: Revierzugehörigkeit: Revier Nr. 29 (Eigenrevier).
Fischereiberechtigter: Prijaktalpgenossenschaft.
Geschichtliches: Heller (1871): Erwähnt Seesaiblinge als Fischbestand.
Turnowsky (1946): Führt neben Seesaiblingen auch Elritzen an und erwähnt sportfischereiliche Aktivitäten durch Einheimische.
Kofler (1980): Führt ebenfalls Seesaiblinge und Elritzen an und erwähnt die Befischung.
Kühtreiber (1980 mündlich): Beobachtete in den 1950er Jahren Seesaiblinge (30-40 cm).
Holzer (1980 mündlich): Weiß von einzelnen Fängen kapitaler Seesaiblinge (bis 3 kg).
Fragebogenaktion: Fischbestand: Bergforellen, Saiblinge.
Besatzmaßnahmen: keine. Hege: keine.
Nutzung: Sportfischerei – Tageskarte.
Untersuchungen: Die Befischung (August 1980) ergab insgesamt 14 Seesaiblinge (siehe Fischfangliste). Die Seesaiblinge weisen eine spezifische Form und Pigmentierung auf, sie stellen, grob gesagt, einen Zwischentypus zwischen „Normalsaibling" und „Schwarzreuter" dar. Der Ernährungszustand der untersuchten Fische ist relativ gut. Das Vorkommen von Elritzen wurde nicht beobachtet, kann aber auch nicht ausgeschlossen werden.
Beurteilung: Fischereilich nutzbar.
Literatur: Heller (1869, 1871), Kofler (1980a, b), Turnowsky (1946).

Fischfangliste:

Seesaibling Nr.	1	2	3	4	5	6	7	8	9	10	11	12	13	14
Länge (cm)	24	22	23	17	12	22	17	20	17	17	20	18	17	23
Gewicht (g)	154	108	118	47	18	93	41	72	49	55	77	58	40	124
Konditionsfaktor	1,0	1,0	0,9	0,9	0,9	0,9	0,8	0,8	1,0	1,0	0,9	1,0	0,8	1,0

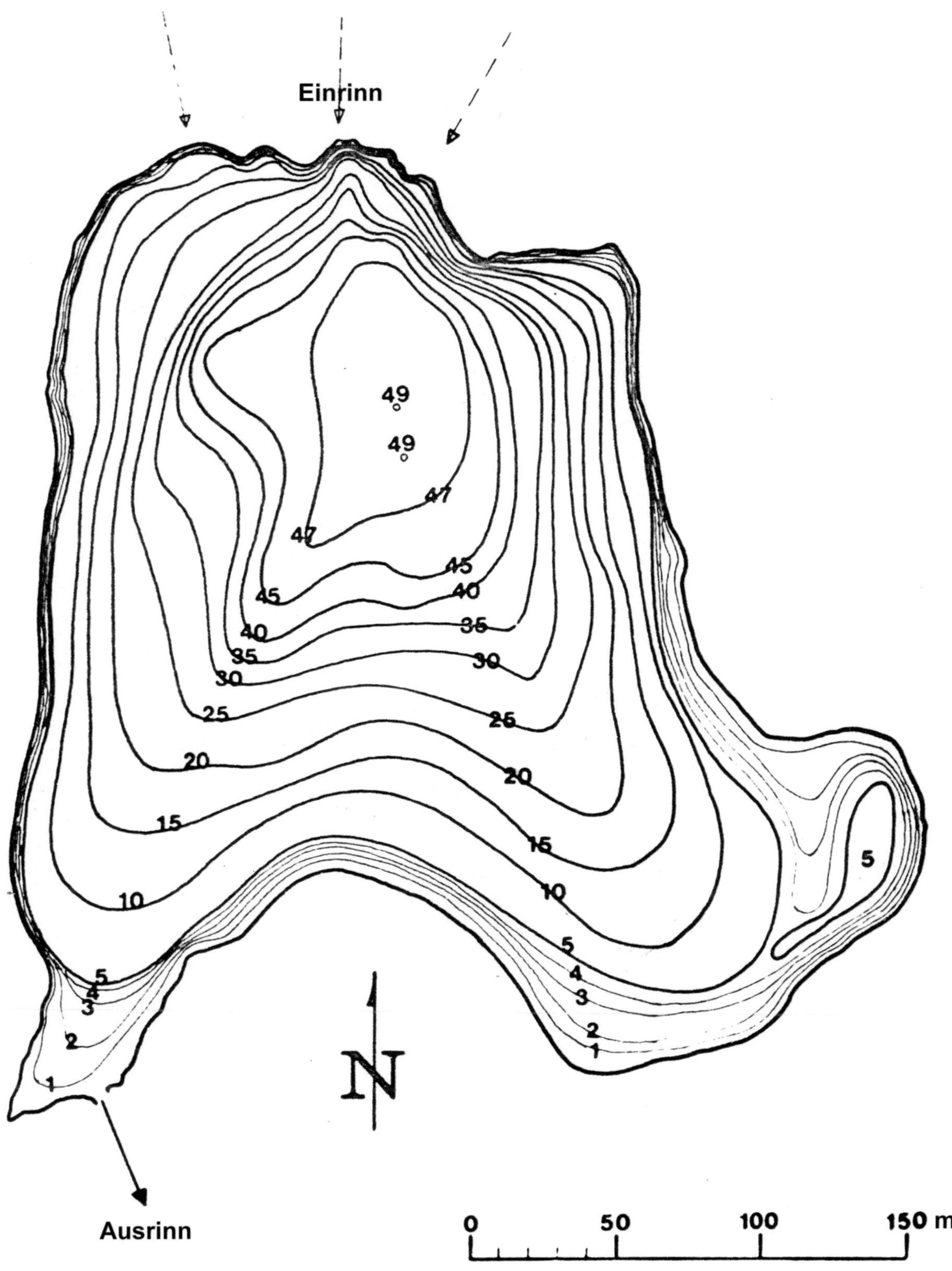

Abb. 113: Tiefenkarte des Alkusersees (nach Vermessung 1980)

6.8.13. Gartlsee (Nr. 170); Abb.: 114, 115, F90, F91, F92, F93

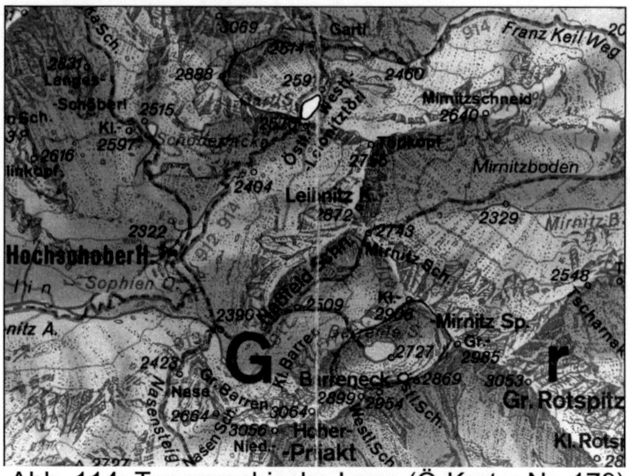

Bezirk: Lienz

Gemeinde: Nußdorf-Debant

Geographische Lage: 2571 m ü. A.
46° 55' 58" N – 12° 42' 43" E
Schobergruppe,
zwischen östlichem und westlichem Leibnitztörl.
Österreich-Karte: Nr. 179

Geologie: Altkristallin

Entstehung: Felsbeckensee

Einzugsgebiet: ca. 30 ha

Abb. 114: Topographische Lage (Ö-Karte: Nr. 179)

Morphometrie:

Areal: 1,00 ha	Länge: 176 m	Breite: 95 m
Größte Tiefe: 16,0 m	Mittlere Tiefe: 5,7 m	Volumen: 57.000 m^3

Zu- und Abflüsse:
Zufluss: Kein oberirdischer Zufluss. Einsickerungen am Nord- und Südufer.
Abfluss: Ein oberirdischer Abfluss am Westufer, mit grobem Blockwerk (Wasserführung ca. 10-20 l/s). Der Abfluss ist im weiteren Verlauf oberirdisch zumindest Streckenweise unterbrochen.

Abwasserbeeinflussung: keine

Wassernutzung: keine

Besitzverhältnisse: KG Obernußdorf, E Zl 67, Gp 869
Eigentümer: Agrargemeinschaft Hofalpe, Obernußdorf

Zugänglichkeit:
Von Debant führt ein Fahrweg über das Debanttal zur Lienzer Hütte. Von dort führt ein markierter Fußweg zum See. Gehzeit: ca. 2 Stunden.
Alternative: Von Ainet führt ein Fahrweg über das Leibnitztal zur Leibnitz-Alm (1906 m). Von dort führt ein markierter Fußweg über die Hochschober-Hütte zum See. Gehzeit: ca. 2,5 Stunden.
Unterkunft: Keine in der Nähe.

Fischerei:
Fischereirechte: Revierzugehörigkeit: ev. Revier Nr. 17a (unklar).
Fischereiberechtigter: unklar.
Geschichtliches: Keine Erwähnung eines Fischbestandes (Pesta 1929, Turnowsky 1946, Kofler 1980).
Fragebogenaktion: Kein Fischbestand.
Besatzmaßnahmen (August 1981 durch H. Schöpfer, Hüttenwirt der Hochschoberhütte): Je 100 St. Regenbogenforellen und Bachsaiblinge (ca. 10 cm Länge und 10 g Gewicht).
Untersuchungen: Die Befischung (September 1982) ergab Regenbogenforellen und Bachsaiblinge (siehe Fischfangliste). Die Fische können eindeutig dem Besatz im Vorjahr zugeordnet werden. Das Wachstum (Jahreswachstum) ist für beide Fischarten als sehr gut zu bezeichnen, wobei allerdings berücksichtigt werden muss, dass der Bestand gegenwärtig sehr dünn ist und Erstbesatz meist besonders günstige Nahrungsverhältnisse vorfindet.
Beurteilung: Fischereilich nutzbar.
Literatur: Pesta (1929), Turnowsky (1946), Kofler (1980).

Fischfangliste:

Regenbogenforelle Nr.	1	2	3	4	5	6	7	8	9
Länge (cm)	24	23	24	22	21	21	19	22	19
Gewicht (g)	150	140	161	134	106	98	87	110	74
Konditionsfaktor	1,10	1,22	1,13	1,26	1,07	1,02	1,18	1,05	1,09
Geschlecht	W	M	W	M	M	M	M	M	M

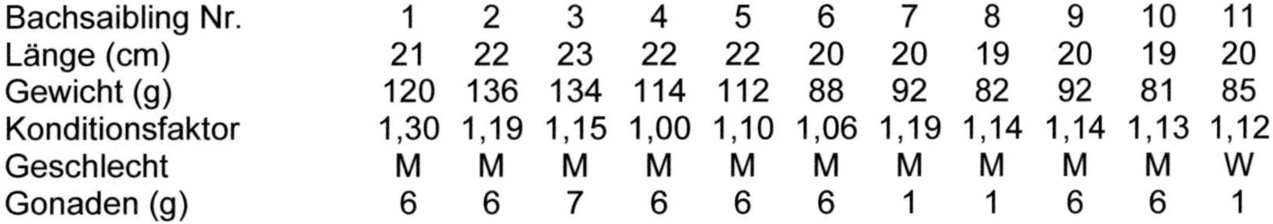

Bachsaibling Nr.	1	2	3	4	5	6	7	8	9	10	11
Länge (cm)	21	22	23	22	22	20	20	19	20	19	20
Gewicht (g)	120	136	134	114	112	88	92	82	92	81	85
Konditionsfaktor	1,30	1,19	1,15	1,00	1,10	1,06	1,19	1,14	1,14	1,13	1,12
Geschlecht	M	M	M	M	M	M	M	M	M	M	W
Gonaden (g)	6	6	7	6	6	6	1	1	6	6	1

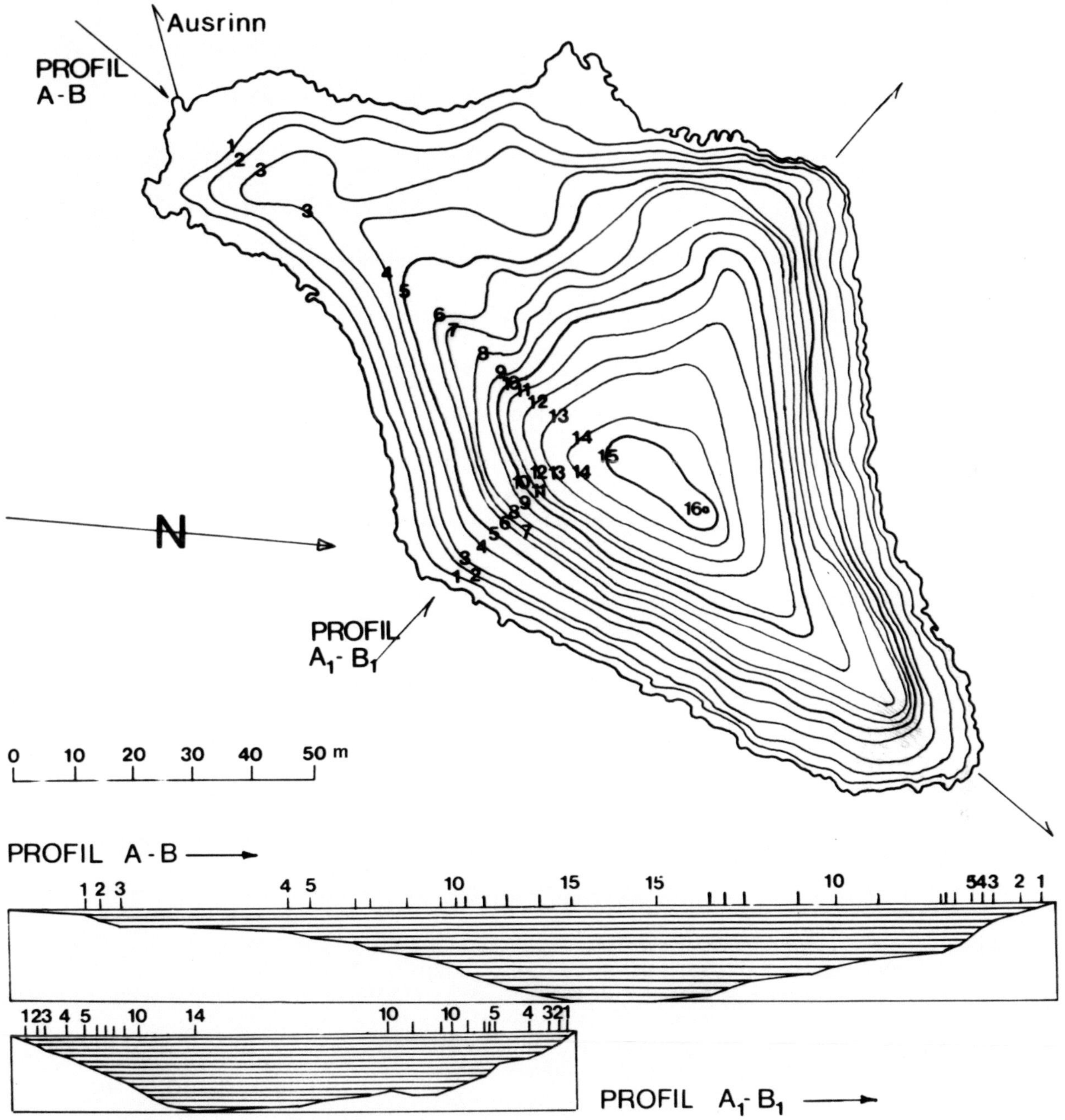

Abb. 115: Tiefenkarte des Gartlsees (nach Vermessung 1982)

6.8.14. Thurner See (Südlicher Neualplsee) (Nr. 172); Abb.: 116, 117, F94, F96, F98

Bezirk: Lienz

Gemeinde: Debant

Geographische Lage: 2438 m ü. A.
46° 53' 38" N – 12° 45' 55" E
Schobergruppe,
ca. 1,1 km östlich der Schleinitz,
südlich der Sattelköpfe.
Österreich-Karte: Nr. 179

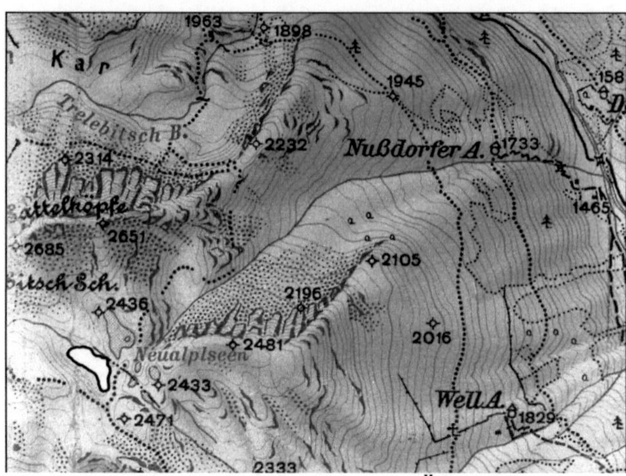

Abb. 116: Topographische Lage (Ö-Karte: Nr. 179)

Geologie: Paragneise

Entstehung: Felsbeckensee
(weitläufiges Kar mit sehr starker Gliederung)

Einzugsgebiet: ca. 50 ha

Morphometrie:

Areal: 1,80 ha	Länge: 287 m	Breite: 98 m
Größte Tiefe: 13,2 m	Mittlere Tiefe: 4,1 m	Volumen: 75.100 m^3

Zu- und Abflüsse:
Zufluss: Ein oberirdischer Hauptzufluss am Nordwestufer (Wasserführung ca. 25 l/s).
Ein oberirdischer Nebenzufluss am Nordwestufer (Wasserführung <0,5 l/s).
Abfluss: Ein oberirdischer Abfluss am Südostufer (Wasserführung entspricht etwa den Zuflüssen).

Abwasserbeeinflussung: keine

Wassernutzung: keine

Besitzverhältnisse: KG Obernußdorf, E Zl 81, Gp 853 oder 854
Eigentümer: Agrargemeinschaft Thurn

Zugänglichkeit:
Vom Zetterfeld aus führen zwei gut markierte Fußwege zum See. Das Zetterfeld ist durch eine Seilbahn oder eine Asphaltstraße (Mautstraße), die über Thurn führt, erreichbar. Gehzeit: ca. 2 Stunden.
Unterkunft: Keine in der Nähe.

Fischerei:
Fischereirechte: Revierzugehörigkeit: Revier Nr. 31 (Eigenrevier).
Fischereiberechtigter: Dipl.Ing. F. Forcher, Lienz.
Geschichtliches: Besatz erfolgte angeblich durch Mönche aus dem Pustertal (Seesaiblinge und Elritzen).
Die Angabe von „Pfrillen" (Elritzen) gilt wohl nur für den Nußdorfer See.
Die Neualplseen galten immer schon als besonders fischreich.
Fragebogenaktion: Fischbestand: Seesaiblinge und Pfrillen.
Besatzmaßnahmen: Keine im 20. Jahrhundert.
Nutzung: Die Neualplseen wurden angeblich bis 1980 von Unbefugten befischt.
Seit 1980 werden die Neualplseen bewacht und sind nahezu unbefischt (F. Forcher).
Untersuchungen: Die Befischung (August 1981) ergab insgesamt 12 Seesaiblinge (siehe Fischfangliste).
Die Fänge weisen auf eine Population mit reduziertem Größenwachstum hin (Durchschnittsgröße 22,6 cm). Der Ernährungszustand der gefangenen Fische streut stark, der durchschnittliche Konditionsfaktor spiegelt eine schlechte Nahrungssituation wieder. Die Geschlechtsreife war bei allen Seesaiblingen über 20 cm Länge, gegeben.
Die Laichzeit fällt voraussichtlich in die Monate August-September. Die für viele Hochgebirgsseen typische „Schwarzreuter"-Form wurde nicht angetroffen.
Der Thurner See ist ein reiner Seesaiblingssee.
Die gefangenen Fische wurden zur weiteren Untersuchung konserviert.
Beurteilung: Fischereilich nutzbar (Hegemaßnahmen erforderlich).
Literatur:

Fischfangliste:

Seesaibling Nr.	1	2	3	4	5	6	7	8	9	10	11	12
Länge (cm)	27	25	25	22	23	22	21	18	21	22	11	10
Gewicht (g)	116	114	153	88	106	93	79	45	76	73	10	8
Geschlecht	M	W	W	W	W	W	W	M	W	M	J	J
Gonaden (g)	2	2	8	4	8	6	2	2	3	2	-	-

Anmerkung: M = Männchen (♂), W = Weibchen (♀), J = Juvenil (nicht geschlechtsreif).

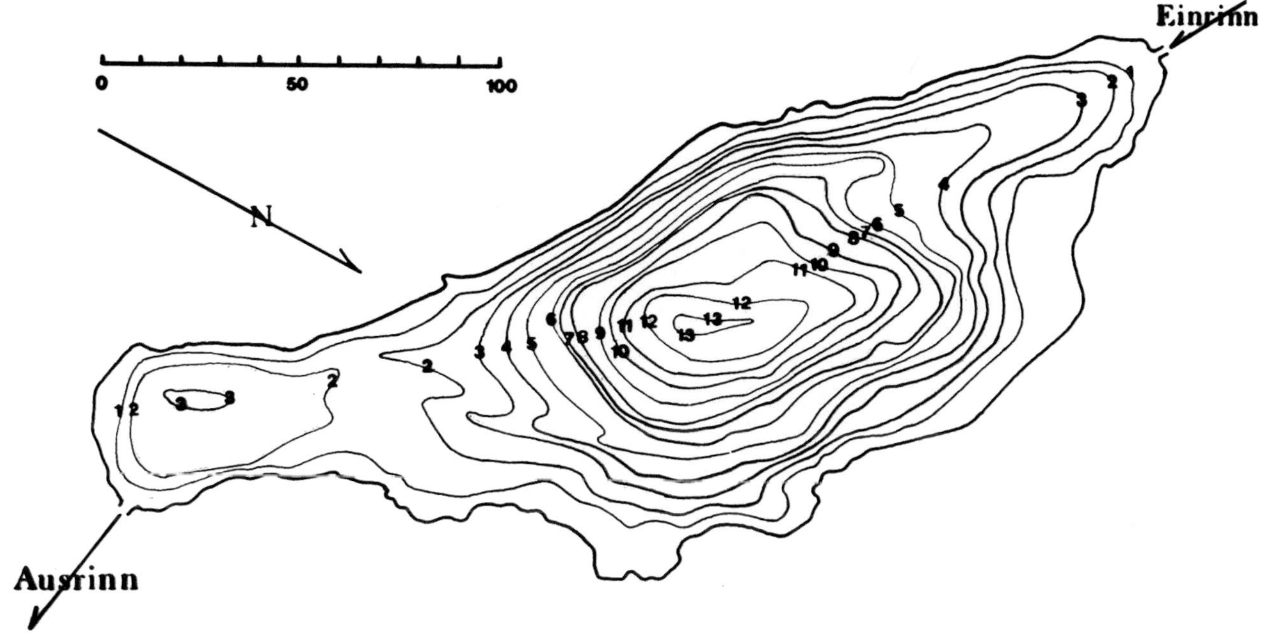

Abb. 117: Tiefenkarte des Thurner Sees (nach Vermessung 1981)

6.8.15. Nußdorfer See (Nördlicher Neualplsee) (Nr. 173); Abb.: 118-120, F95, F97, F99

Bezirk: Lienz

Gemeinde: Debant

Geographische Lage: 2436 m ü. A.
46° 53' 44" N – 12° 46' 02" E
Schobergruppe,
ca. 1,1 km östlich der Schleinitz,
südlich der Sattelköpfe.
Österreich-Karte: Nr. 179

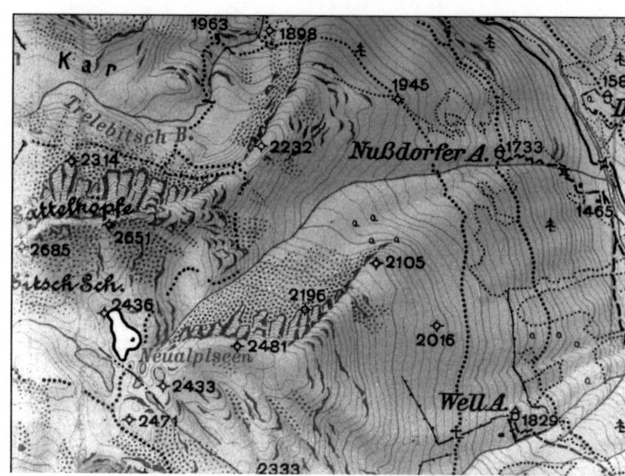

Abb. 118: Topographische Lage (Ö-Karte: Nr. 179)

Geologie: Paragneise

Entstehung: Felsbeckensee
(weitläufiges Kar mit sehr starker Gliederung)

Einzugsgebiet: ca. 20 ha

Morphometrie:

Areal: 1,90 ha	Länge: 304 m	Breite: 147 m
Größte Tiefe: 7,2 m	Mittlere Tiefe: 3,4 m	Volumen: 46.000 m^3

Zu- und Abflüsse:
Zufluss: Drei oberirdische Zuflüsse am Nord-, Ost- und Südufer (Wasserführung insgesamt ca. 3-4 l/s).
Abfluss: Ein oberirdischer Hauptabfluss am Südostufer (Wasserführung ca. 3 l/s).
Ein Nebenabfluss am Südufer (Wasserführung nicht messbar), der durch eine Vernässungszone mit wenig Gefälle in ein anderes stehendes Gewässer absickert.

Abwasserbeeinflussung: keine

Wassernutzung: keine

Besitzverhältnisse: KG Obernußdorf, E Zl 81, Gp 855
Eigentümer: Agrargemeinschaft Obriskenalpe, Obernußdorf

Zugänglichkeit:
Vom Zetterfeld aus führen zwei gut markierte Fußwege zum See. Das Zetterfeld ist durch eine Seilbahn oder eine Asphaltstraße (Mautstraße), die über Thurn führt, erreichbar. Gehzeit: ca. 2 Stunden.
Unterkunft: Keine in der Nähe.

Fischerei:
Fischereirechte: Revierzugehörigkeit: Revier Nr. 31 (Eigenrevier).
Fischereiberechtigter: Dipl.Ing. F. Forcher, Lienz.
Geschichtliches: Besatz erfolgte angeblich durch Mönche aus dem Pustertal (Seesaiblinge und Elritzen).
Die Neualplseen galten immer schon als besonders fischreich.
Fragebogenaktion: Fischbestand: Seesaiblinge und Pfrillen.
Besatzmaßnahmen: Keine im 20. Jahrhundert.
Nutzung: Die Neualplseen wurden angeblich bis 1980 von Unbefugten befischt.
Seit 1980 werden die Neualplseen bewacht und sind nahezu unbefischt (F. Forcher).
Untersuchungen: Die Befischung (August 1981) ergab insgesamt 82 Seesaiblinge und 36 Elritzen.
Bei 47 vermessenen Seesaiblingen betrug die Gesamtlänge durchschnittlich 20,44 cm (16,0-30,3 cm) und der Konditionsfaktor 0,84 (0,46-1,00), siehe Abb. 119.
Die Seesaiblinge des Nußdorfer Sees ähneln jenen des Thurner Sees. Der Nußdorfer See ist ein reiner Seesaiblingssee mit einem nicht geringen Bestand an Elritzen, die als Nahrungsergänzung zu einem guten Abwachsen der Seesaiblinge führen können.
Die Untersuchung der Fische zeigte, dass die Seesaiblinge nicht fähig sind, diese Nahrungsquelle zu nutzen. Keiner der untersuchten Seesaiblinge hatte Elritzen im Verdauungstrakt, obwohl der Ernährungszustand nicht gut ist. Der Seesaiblingsbestand scheint gegenwärtig zu dicht zu sein, um ein Größenwachstum zu erlauben, welches für die Nutzung der Elritzen als Nahrungsergänzung erforderlich wäre.

Beurteilung: Fischereilich nutzbar (Hegemaßnahmen erforderlich).
Literatur:

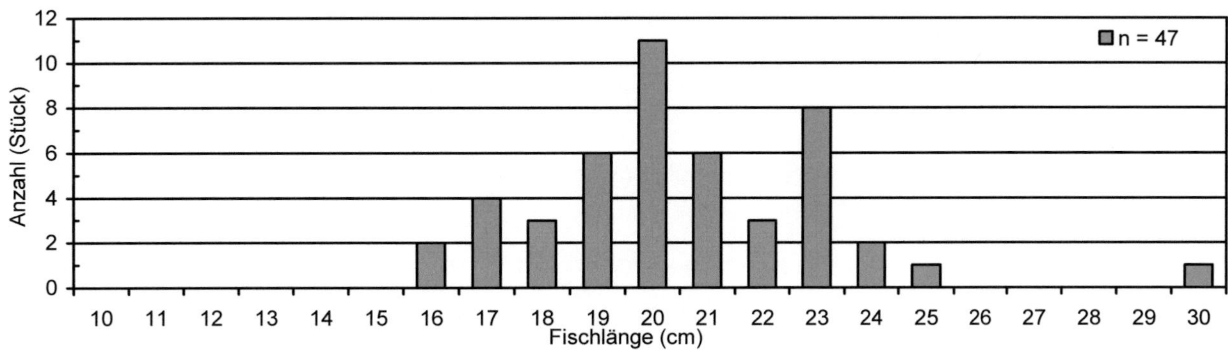

Abb. 119: Größenverteilung der Seesaiblinge aus dem Nußdorfer See nach Fängen vom August 1991

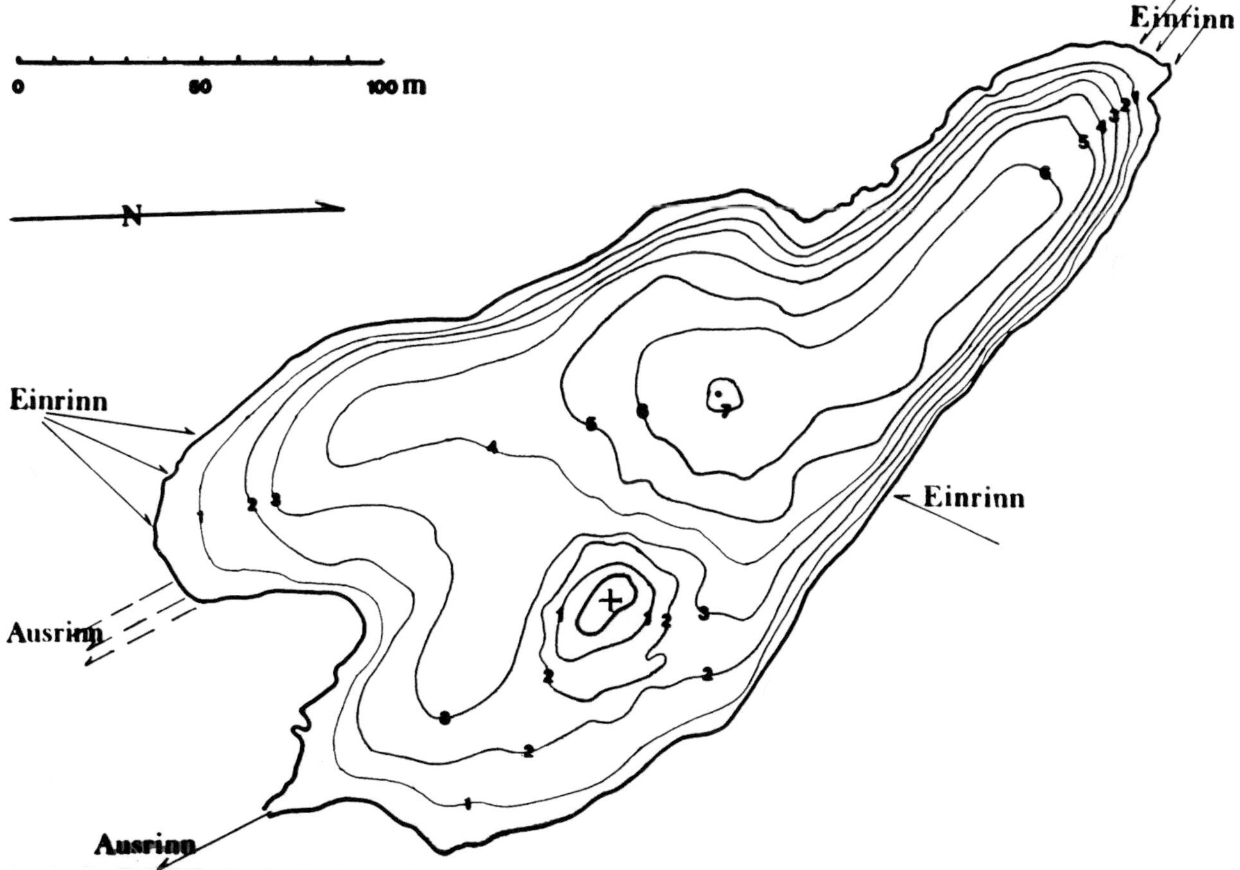

Abb. 120: Tiefenkarte des Nußdorfer Sees (nach Vermessung 1981)
Anmerkung: + = Insel.

7. ZITIERTE LITERATUR

BRETSCHKO, G. (1975): Annual benthic biomass distribution in a high-mountain lake (Vorderer Finstertaler See, Tyrol, Austria). Verh. Int. Ver. Limnol., 19: 1279-1285.

DIEM, H. (1964): Beiträge zur Fischerei Nordtirols. B. Die Fischerei in den natürlichen Gewässern in der Vergangenheit. Veröff. Museum Ferdinandeum, 43: 5-132.

EPPACHER, T. (1966): Umweltfaktoren und Lebewelt im Pelagial des Gossenköllesees (2413 m, Kühtai, Tirol). Diss. Univ. Innsbruck. 1-279.

EPPACHER, T. (1968): Physiographie und Zooplankton des Gossenköllesees. Ber. Nat. Ver. Innsbruck, 56: 31-123.

GUTMANN, V. (1955): Der Mölsersee im Wattental/Tirol. Eine hydrobiologische Studie. Diss. Univ. Innsbruck. 1-161.

GUTMANN, V. (1962): Der Mölsersee im Wattental/Tirol. Veröff. Museum Ferdinandeum, 41: 49-116.

HELLER, C. (1869): Die Seen Tirols und ihre Fischfauna. Festschrift Naturforscher-Versammlung, Innsbruck. 51-56.

HELLER, C. (1871): Die Fische Tirols und Vorarlbergs. Z. Ferdiandeum f. Tirol u. Vorarlberg, 16: 295-369.

JÄGER, P. (1978): Die Kraftwerksgruppe Sellrain-Silz und ein Überblick über die bisher im Rahmen des MAB-Projektes „Finstertaler Speicher" durchgeführten Untersuchungen. Jber. Abt. Limnol. Innsbruck, 4: 119-146.

KOFLER, A. (1980a): Fischgewässer in Osttiroler Gebirgen. Osttiroler Heimatblätter, 48: Nr. 4 (Teil 1), 5 (Teil 2), 8 (Teil 3), 9 (Teil 4).

KOFLER, A. (1980b): Zum Vorkommen von Fischen in Osttirol. Carinthia II, 170/90: 495-516.

KRAUS, H. (1980): Prognose der limnologischen Entwicklung des Finstertaler Speichers beim ersten Einstau im Jahr 1980/81. Jber. Abt. Limnol. Innsbruck, 6: 135-154.

KRAUS, H. (1981): Der Fischbestand des Hinteren Finstertaler Sees vor Überstauung. Jber. Abt. Limnol. Innsbruck, 7: 197-260.

KRAUS, H. (1982a): Die Seesaiblinge (*Salvelinus alpinus* (L.)) des Mittleren Plenderlesees. Populationsschätzung und Populationsaufbau nach ersten Ergebnissen. Jber. Abt. Limnol. Innsbruck, 8: 157-168.

KRAUS, H. (1982b): Populationsschätzung an den Seesaiblingen des Drachensees. Jber. Abt. Limnol. Innsbruck, 8: 196-203.

KRAUS, H., PECHLANER, R. & ZADERER, P. (1984): Untersuchungen zur Erfassung und Nutzung des fischereilichen Produktionspotentials von Hochgebirgsseen. Abschlußbericht zu Forschungsprojekt TD2/F82 an Amt der Tiroler Landesregierung und BM f. Wissenschaft und Forschung. MS 1-106.

LEUTELT-KIPKE, S. (1934): Ein Beitrag zur Kenntnis der hydrographischen und hydrochemischen Verhältnisse einiger Tiroler Hoch- und Mittelgebirgsseen. Arch. Hydrobiol., 27: 286-352.

MARGREITER, H. (1927): In Kühtai. Tiroler Fischer, 2: 65-67.

MARGREITER, H. (1936): Die Fische Tirols und Vorarlbergs. Wagner'sche Univ. Buchhandl., Innsbruck. Heft 4: 3-70.

MAYR, M. (1901): Das Fischereibuch Kaiser Maximilians I. Wagner'sche Univ. Buchhandl., Innsbruck.

NIEDERWOLFSGRUBER, F. (1965): Kaiser Maximilians I. Jagd- und Fischereibücher. Jagd und Fischerei in den Alpenländern im 16. Jahrhundert. Pinguin-Verlag, Innsbruck. 5-75.

NORDENG, H. (1983): Solution to the "char problem" based on Arctic char (*Salvelinus alpinus*) in Norway. Can. J. Fish. Aquat. Sci., 40: 1372-1387.

PATZELT, G. (1980): Neue Ergebnisse der Spät- und Postglazialforschung in Tirol. Österr. Geogr. Ges., Zweigver. Ibk., Jahresber., 76/77: 11-22.

PECHLANER, R. (1966a): Die Finstertaler Seen (Kühtai, Österreich). I. Morphometrie, Hydrographie, Limnophysik und Limnochemie. Arch. Hydrobiol, 62: 165-230.

PECHLANER, R. (1966b): Salmonideneinsätze in Hochgebirgsseen und -tümpeln der Ostalpen. Verh. Int. Ver. Limnol., 16: 1182-1191.

PECHLANER, R. (1969): Hochgebirgsseen als Lebensraum für Salmoniden. Zool. Anz., Suppl. 32: 750-757.

PECHLANER, R. (1979): Hochgebirgsseen in Tirol. Tirol – immer einen Urlaub wert, 14: 3-14.

PECHLANER, R. (1980): Die Forellen (*Salmo trutta fario* L.) des Gossenköllesees: Untersuchungsprogramm 1979/80; Bestandsschätzung 1979. Jber. Abt. Limnol. Innsbruck, 6: 125-132.

PECHLANER, R. (1984a): Dwarf populations of Arctic charr in high-mountain lakes in the Alps resulting from under-exploitation. In: Johnson, L. & Burns, B. (Eds.): Biology of the Arctic charr. Proc. Int. Sympos. Arctic Charr (Winnipeg 1981). Univ. Manitoba Press, Winnipeg. pp. 319-327.

PECHLANER, R. (1984b): Historical evidence for the introduction of Arctic charr into high-mountain lakes of the Alps by man. In: Johnson, L. & Burns, B. (Eds.): Biology of the Arctic charr. Proc. Int. Sympos. Arctic Charr (Winnipeg 1981). Univ. Manitoba Press, Winnipeg. pp. 549-557.

PECHLANER, R., BRETSCHKO, G., GOLLMANN, P., PFEIFER, H., TILZER, M. & WEISSENBACH, P. (1972a): The production process in two high-mountain lakes (Vorderer and Hinterer Finstertaler See, Kühtai, Austria). Proc. IBP/UNESCO Symposium on Productivity Problems (Poland 1970). pp. 239-269.

PECHLANER, R., BRETSCHKO, G., GOLLMANN, P., PFEIFER, H., TILZER, M. & WEISSENBACH, P. (1972b): Ein Hochgebirgssee (Vorderer Finstertaler See, Kühtai, Tirol) als Modell des Energietransportes durch ein limnisches Ökosystem. Verh. Dtsch. Zool. Ges., 65: 47-56.

PECHLANER, R. & ZADERER P. (1985): Interrelations betwen brown trout and chironomids in the alpine lake Gossenköllesee (Tirol). Verh. Int. Ver. Limnol., 29: 2620-2627.

PESTA, O. (1929): Der Hochgebirgssee der Alpen. Die Binnengewässer. Schweizbart, Stuttgart, 8: 1-156.

PESTA, O. (1948): Edelfische (Salmoniden) in Hochgebirgsseen. Österreichs Fischerei, 1: 61-63.

PRAPTOKARDIYO, K. (1979): Populationsdynamik und Produktion von *Cyclops abyssorum tatricus* (Kozminski, 1927) im Gossenköllesee (2413 m, Kühtai, Tirol). Diss. Abt. Limnol., Innsbruck, 15: 1-83.

REIMER, G. (1984a): Verdauungsenzymatik und Ernährung des Seesaiblings (*Salvelinus alpinus*). Diss. Univ. Wien. 1-119.

REIMER, G. (1984b): Ernährungsstrategien des Seesaiblings (*Salvelinus alpinus*) in Österreich. BFB-Bericht, Illmitz, 51: 83-88.

REIMER, G. (1985): Beiträge zur Ernährung des Seesaiblings (*Salvelinus alpinus*) in Österreich. Arch. Hydrobiol., 105: 229-238.

REIMER, G. (1986): The relationship between the digestive enzymes in arctic char, *Salvelinus alpinus* (Salminidae, Osteichthyes) and its ability to survive inextreme environments. Hydrobiologia, 133: 65-72.

STEINBÖCK, O. (1929): Hydrobiologische Forschungen in den Ostalpen. Forsch. Fortschr., 5: 415-416.

STEINBÖCK, O. (1938): Arbeiten über die Limnologie der Hochgebirgsgewässer. Int. Rev. Ges. Hydrobiol., 37: 467-509.

STEINBÖCK, O. (1949a): Der Schwarzsee ob Sölden, der höchste Fischsee der Alpen. Verh. Int. Ver. Limnol., 10: 442-450.

STEINBÖCK, O. (1949b): Fischereimöglichkeiten in Hochgebirgsseen. Verh. Int. Ver. Limnol., 10: 451-459.

STEINBÖCK, O. (1949c): Der Schwarzsee ob Sölden im Ötztal. Eine hydrobiologische Studie. Veröff. Museum Ferdinandeum, 26/29: 117-146.

STEINBÖCK, O. (1949d): Über Einsatz in Hochgebirgsseen. Schweiz. Fischereizeitung, 57: 151-153.

STEINBÖCK, O. (1950a): Probleme der Ernährung und des Wachstums bei Salmoniden. Schweiz. Fischereizeitung, 58: 76-79 + 108-111.

STEINBÖCK, O. (1950b): Richtlinien für den Einsatz in Hochgebirgsseen. Österreichs Fischerei, 3: 73-79.

STEINBÖCK, O. (1951): Die Fische der Hochgebirgsseen. Alpenvereins-Jahrbuch, 1951: 134-144.

STEINBÖCK, O. (1955): Über die Verhältnisse in der Tiefe der Hochgebirgsseen. Mem. Ist. Ital. Idrobiol., Suppl. 8: 311-343.

STEINBÖCK, O. (1959): Fragmenta limnologica alpina. De natura Tirolensi. Schlern-Schriften, 188: 113-144.

STEINER, V. (1972): Die Temperaturtoleranz des Seesaiblings (*Salvelinus alpinus* (L.); Pisces, Salmonidae). Diss. Univ. Innsbruck. 1-149.

STEINER, V. & PECHLANER, R. (1975): Mark-recapture experiments with arctic char (*Salvelinus alpinus*) in Austrian lakes. EIFAC/T. 23, Suppl. 1 (2): 672-688.

STOLZ, O. (1936): Geschichtskunde der Gewässer Tirols. Schlern-Schriften, 32: 1-510.

TURNOWSKY, F. (1946): Die Seen der Schobergruppe in den Hohen Tauern. Carinthia II., Sonderheft 8: 1-78.

UNTERKIRCHER, F. (1967): Das Tiroler Fischereibuch Maximilians I. Verlag Styria, Graz. Teil I + II.

WAGNER, B. (1975): Populationsdynamik der Oligochaeten im Vorderen Finstertaler See (2237 m, Kühtai, Tirol). Diss. Abt. Limnol., Innsbruck, 2: 1-102.

8. FARBBILDER VON FISCHEN UND SEEN

Abb. F1: Normalwüchsige Form des Seesaiblings (Foto: M. Hochleithner).

Abb. F2: Kleinwüchsige Form des Seesaiblings (Foto: V. Steiner).

Abb. F3: Großwüchsige Form des Seesaiblings (Foto: V. Steiner).

Abb. F4: Bachsaibling (Rifflsee) (Foto: V. Steiner).

Abb. F5: Seeforelle (Rifflsee) (Foto: V. Steiner).

Abb. F6: Bachforellen (Foto: M. Hochleithner).

Abb. F7: Regenbogenforelle (Rifflsee) (Foto: V. Steiner).

Abb. F8: Rutte (= Trüsche) (Foto: G. Pechlaner).

Abb. F9: Elritze (= Pfrille) (Foto: M. Hochleithner).

Abb. F10: Koppe (= Dolm) (Foto: M. Hochleithner).

Abb. F11: Eigewinnung von Regenbogenforellen für die künstliche Erbrütung (Wasensee).

Abb. F12: Eigewinnung von Seesaiblingen für die künstliche Aufzucht (ehem. Hinterer Finstertaler See).

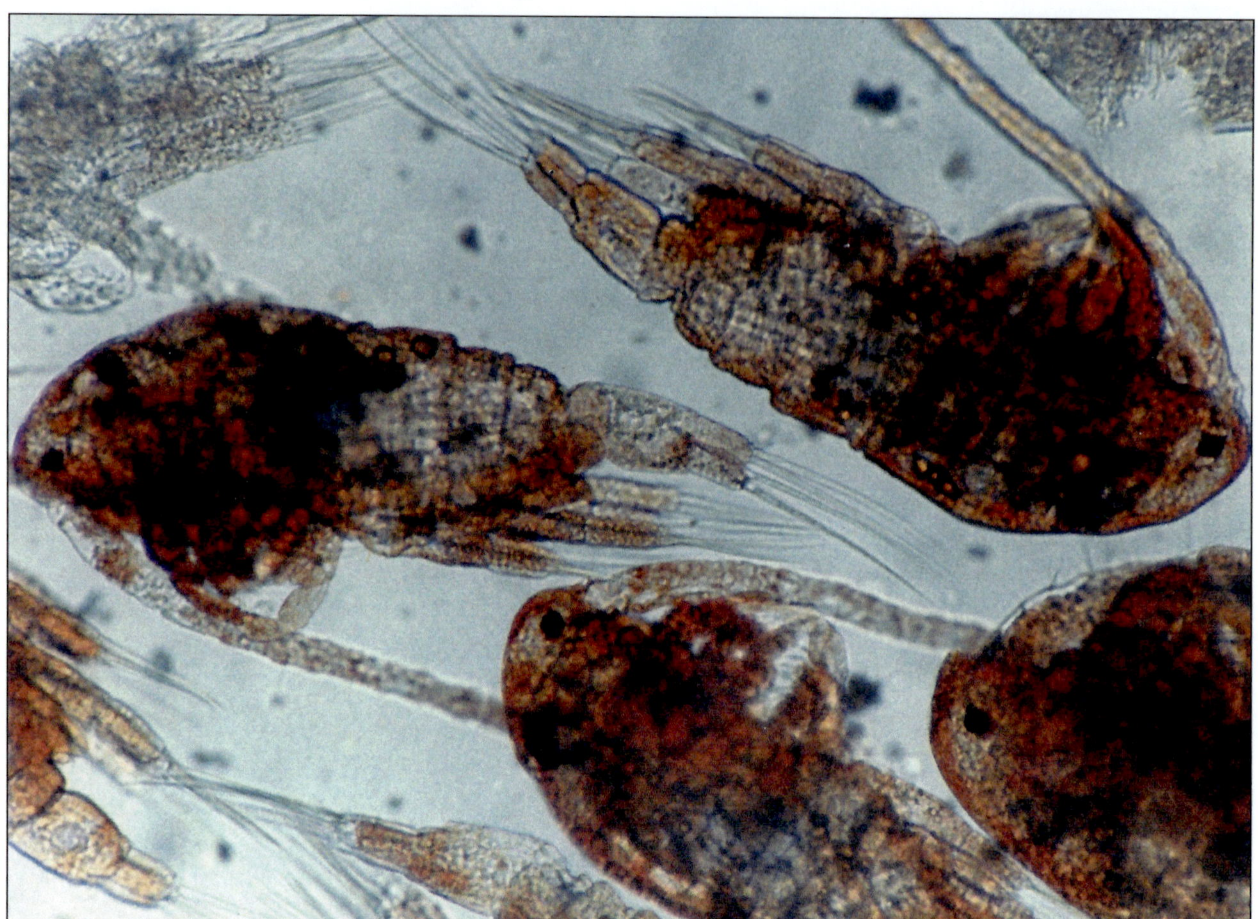

Abb. F13: Fischnährtiere – Zooplankton (Hüpferlinge) des Rastkogelsees (Foto: V. Steiner 1984).

Abb. F14: Fischnährtiere – Insektenlarven (Köcherfliegen) des Großen Drei-Seen-Sees (Foto: V. Steiner 1982).

Abb. F15: Hintersee mit Zufluss (Foto: K. Perl 1980).

Abb. F16: Weißsee im Kaunertal (Foto: K. Perl 1980).

Abb. F17: Oberer Spinnsee (Foto: K. Perl 1980).

Abb. F18: Unterer Spinnsee (Foto: K. Perl 1980).

Abb. F19: Wasensee (Foto: V. Steiner 1980).

Abb. F20: Steinsee (Foto: K. Perl 1980).

Abb. F21: Zuflussbereich des Steinsees (Foto: K. Perl 1980).

Abb. F22: Abflussbereich des Steinsees (Foto: K. Perl 1980).

Abb. F23: Oberer Seewiessee (Foto: V. Steiner 1982).

Abb. F24: Abfluss Oberer Seewiessee (Foto: V. Steiner 1982).

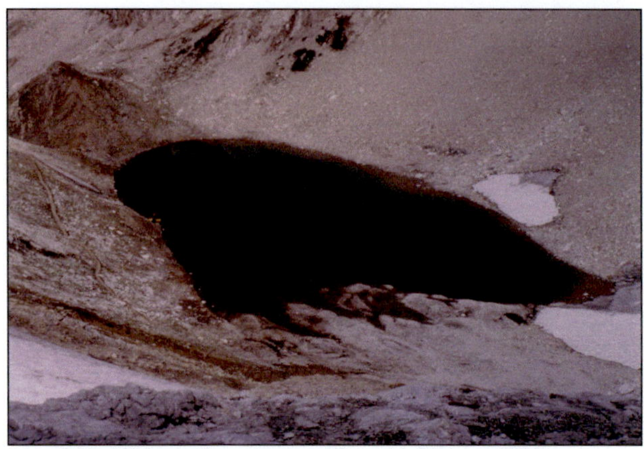
Abb. F25: Mittlerer Seewiessee (Foto: V. Steiner 1982).

Abb. F26: Abfluss Mittlerer Seewiessee (Foto: V. Steiner 1982).

Abb. F27: Unterer Seewiessee mit Memminger Hütte (Hintergrund) (Foto: V. Steiner 1982).

Abb. F28: Oberer Blankasee mit Unterem Blankasee (Hintergrund) (Foto: V. Steiner 1982).

Abb. F29: See oberhalb der Blankaseen (Foto: V. Steiner 1982).

Abb. F30: Abfluss Oberer Blankasee (Foto: V. Steiner 1982).

Abb. F31: Unterer Blankasee (Foto: V. Steiner 1982).

Abb. F32: Vordersee (Foto: K. Perl 1980).

Abb. F33: Hinterer Oberer Faselfadsee (Foto: H. Müller 1981).

Abb. F34: Bereich H.O.-H.U. Faselfadsee (Foto: H. Müller 1981).

Abb. F35: Hinterer Unterer Faselfadsee (Foto: H. Müller 1981).

Abb. F36: Abfluss H.U. Faselfadsee (Foto: H. Müller 1981).

Abb. F37: Vorderer Oberer Faselfadsee (Foto: H. Müller 1981).

Abb. F38: Bereich V.O-V.U. Faselfadsee (Foto: H. Müller 1981).

Abb. F39: Vorderer Unterer Faselfadsee (Foto: H. Müller 1981).

Abb. F40: Abfluss V.U. Faselfadsee (Foto: H. Müller 1981).

Abb. F41: Wannenkarsee (Foto: R. Pechlaner 1967).

Abb. F42: Unterer Seekarsee (Foto: R. Pechlaner 1967).

Abb. F43: Laubkarsee (Foto: V. Steiner 1983).

Abb. F44: Gaislacher See (Foto: O. Danesch 1967).

Abb. F45: Schwarzsee ob Sölden mit Rotkogeljochhütte (Hintergrund) (Foto: H. Kraus 1982).

Abb. F46: Berglersee (Foto: N. Medgyesy 1983).

Abb. F47: Winnebachsee mit Zufluss (Foto: K. Perl 1980).

Abb. F48: Drachensee mit Coburger Hütte (Hintergrund) (Foto: R. Pechlaner 1976).

Abb. F49: Grastalsee (Foto: S. Baumgartner 1981).

Abb. F50: Abfluss Grastalsee (Foto: S. Baumgartner 1981).

Abb. F51: Finstertaler Speicher mit Staudamm (Foto: TIWAG 1985).

Abb. F52: Oberer Plenderlesee (Foto: R. Pechlaner 1984).

Abb. F53: Mittlerer Plenderlesee (Foto: R. Pechlaner 1984).

Abb. F54: Unterer Plenderlesee (Foto: R. Pechlaner 1986).

Abb. F55: Hirschebensee (Foto: R. Pechlaner 1962).

Abb. F56: Rotfelssee (Foto: R. Pechlaner 1971).

Abb. F57: Gossenköllesee mit Limnologischer Station (links) und Geirneggsee (Hintergrund) (Foto: R. Pechlaner 1979).

Abb. F58: Rifflsee mit Zufluss (Foto: V. Steiner 1980).

Abb. F59: Mittelberglessee (Foto: V. Steiner 1983).

Abb. F60: Moalandlsee (Foto: V. Steiner 1982).

Abb. F61: Goßer Drei-Seen-See (Foto: V. Steiner 1982).

Abb. F62: Krummer See (Foto: V. Steiner 1983).

Abb. F63: Kugleter See (Foto: V. Steiner 1983).

Abb. F64: Brechsee (Foto: V. Steiner 1983).

Abb. F65: Mölser See (Foto: V. Steiner 1980).

Abb. F66: Lichtsee (Foto: W. Gschwenter 1969).

Abb. F67: Kraspessee (Foto: V. Steiner 1983).

Abb. F68: Hundstalsee (Foto: V. Steiner 1983).

Abb. F69: Junssee (Foto: V. Steiner 1982).

Abb. F70: Mittlerer Wildalpensee (Foto: H. Hochleithner 2012).

Abb. F71: Unterer Wildalpensee (Foto: H. Hochleithner 2012).

Abb. F72: Zireiner See (Foto: R. Pechlaner 1987).

Abb. F73: Abfluss Zireiner See (Foto: R. Pechlaner 1987).

Abb. F74: Grauer See (Foto: K. Perl 1980).

Abb. F75: Schwarzer See (Foto: K. Perl 1980).

Abb. F76: Grüner See (Foto: K. Perl 1980).

Abb. F77: Löbbensee (Foto: K. Perl 1980).

Abb. F78: Wildensee (Foto: K. Perl 1980).

Abb. F79: Obersee mit Staller-Sattel-Hütte (Foto: G. Wagner 1973).

Abb. F80: Mondsee (Foto: K. Perl 1980).

Abb. F81: Schwarzsee bei Hopfgarten (Foto: K. Perl 1980).

Abb. F82: Ochsensee (Foto: K. Perl 1980).

Abb. F83: Dorfer See mit Zufluss (Foto: H. Müller 1981).

Abb. F84: Abfluss Dorfer See (Foto: H. Müller 1981).

Abb. F85: Barrenlesee (Foto: V. Steiner 1982).

Abb. F86: Abfluss Barrenlesee (Foto: V. Steiner 1982).

Abb. F87: Alkuser See (Foto: V. Steiner 1980).

Abb. F88: Abfluss Alkuser See (Foto: V. Steiner 1980).

Abb. F89: Seesaiblinge d. Alkuser Sees (Foto: V. Steiner 1980).

Abb. F90: Gartlsee (Foto: V. Steiner 1982).

Abb. F91: Regenbogenf. d. Gartlsees (Foto: V. Steiner 1982).

Abb. F92: Abfluss Gartlsee (Foto: V. Steiner 1982).

Abb. F93: Bachsaiblinge d. Gartlsees (Foto: V. Steiner 1982).

Abb. F94: Thurner See (S. Neualplsee) (Foto: H. Müller 1981).

Abb. F95: Nußdorfer See (N. Neualplsee) (Foto: H. Müller 1981).

Abb. F96: Zufluss Thurner See (Foto: H. Müller 1981).

Abb. F97: Abfluss Nußdorfer See (Foto: H. Müller 1981).

Abb. F98: Seesaiblinge d. Thurner Sees (Foto: H. Müller 1981).

Abb. F99: Seesaiblinge d. Nußdorfer Sees (Foto: H. Müller 1981).

Abb. F100: Transport per Hubschrauber (Foto: V. Steiner).

Abb. F101: Gepäcktransport zu Fuß (Foto: V. Steiner).

Abb. F102: Vorbereiten der Netze (Foto: V. Steiner).

Abb. F103: Auslegen der Netze (Foto: W. Oberladstätter).

Abb. F104: Vorbereiten der Verpflegung (Foto: N. Schulz).

9. ANHANG

Langsee (Spronser Seengruppe); Abb.: 121, 122, 123, F105, F106, F107, F108

Bezirk: Bozen (Südtirol)

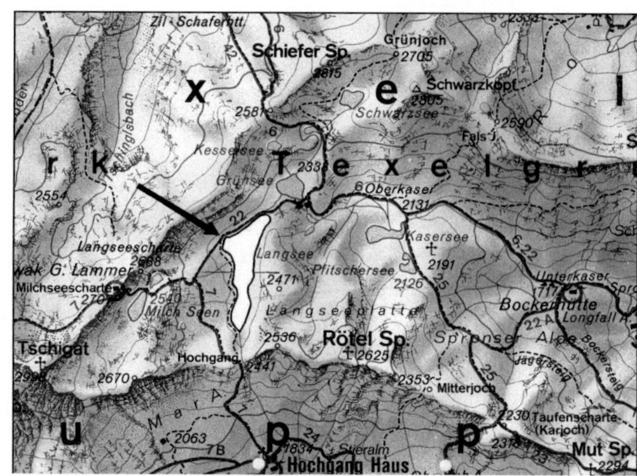

Abb. 121: Topographische Lage (Südtirol/Italien)

Gemeinde: Dorf Tirol

Geographische Lage: 2338 m ü. A.
46° 43' 36" N – 11° 05' 00" E
Texelgruppe,
ca. 1 km östlich des Großen Lammer,
nördlich des Hochgang,
oberhalb der Spronser Alpe.

Geologie: Gneise, Glimmerschiefer

Entstehung: Felsbeckensee
Die gut sichtbaren Moränenreste bewirken einen Staueffekt im Abflussbereich und stellen eine erhebliche Beeinflussung der Seebeckenmorphologie dar, sind aber letztlich nicht seebildend.

Einzugsgebiet: ca. 220 ha

Morphometrie:

Areal: 20,05 ha	Länge: 1091 m	Breite: 310 m
Größte Tiefe: 49,0 m	Mittlere Tiefe: 12,9 m	Volumen: 2.583.000 m^3

Zu- und Abflüsse:
Zufluss: Ein oberirdischer Hauptzufluss am Nordwestufer, mit deutlicher Deltabildung.
Dieser entspringt aus den oberhalb liegenden Milchseen und teilt sich in mehrere Arme auf.
Mehrere temporäre Nebenzuflüsse aus kleineren Tümpeln und Schneefeldern.
Wasserführung der oberirdischen Zuflüsse insgesamt ca. 50 l/s.
Abfluss: Ein oberirdischer Abfluss am Nordufer (Wasserführung ca. 70 l/s).

Abwasserbeeinflussung: Geringfügig durch Almwirtschaft.

Wassernutzung: Der See ist für Bewässerungszwecke gestaut und kann ca. 2 m abgesenkt werden. Die Absenkung erfolgt meist im Herbst.

Besitzverhältnisse: Gemeinde Dorf Tirol, Gp 1652
Eigentümer:

Zugänglichkeit:
Von Dorf Tirol führen gute und markierte Fußwege, entweder über die Bockerhütte oder den Jägersteig zur Oberkaser-Alm. Von dort führt ein guter Fußweg über den Grünsee zum See. Gehzeit: ca. 3-4 Stunden ab Dorf Tirol.
Unterkunft: Oberkaser-Alm, östlich unterhalb, ca. 1 km und 30 Gehminuten entfernt.

Fischerei:
Fischereirechte: Revierzugehörigkeit: Fischwasser Nr. 256 (Alle Seen im Spronser Tal).
Fischereiberechtigter: Graf Th. Khuen, Schloss Auer, Dorf Tirol.
Pächter: Sportfischereiverein Dorf Tirol.
Geschichtliches: Fischereiliches Interesse bereits seit Ende des 15. Jahrhunderts belegt.
Zu dieser Zeit war der See offenbar noch fischlos.
Im 19. Jahrhundert werden Seesaiblinge und Bachforellen in den Spronser Seen erwähnt, jedoch nicht speziell für den Langsee. Aus mündlicher Überlieferung ist bekannt, dass der Langsee bereits in den ersten Jahrzehnten des 20. Jahrhunderts über einen starken Seesaiblingsbestand verfügte.
Bewirtschaftung: Vor 1978 wurde der Seesaiblingsbestand ohne Hegemaßnahmen befischt.
Nach 1978 erfolgte Stützung mit Besatzmaßnahmen durch den Sportfischereiverein.

Besatzmaßnahmen: 1978: ca. 500 kg 1:1 Bachforellen und Bachsaiblinge (20-30 cm).
1981 + 1983: ca. 60 + 110 kg derselben Besatzqualität.

Untersuchungen: Die Befischung (Juli-August 1985) ergab insgesamt 91 Seesaiblinge, 133 Bachforellen und 1 Bachsaibling. Das Gesamtgewicht der gefangenen Fische betrug rund 50 kg, dadurch wurde der Fischbestand des Langsees um ca. 2,5 kg/ha reduziert.
Die meisten der untersuchten Bachforellen hatten Insekten im Verdauungstrakt, einige auch Fische. Die meisten der untersuchten Seesaiblinge hatten Insekten im Verdauungstrakt, einige auch Zooplankton. Der Konditionsfaktor lag im Durchschnitt für Seesaiblinge bei 0,9, für Bachforellen bei 1,0, und für den Bachsaibling bei 0,9.
Das Geschlechterverhältnis lag bei den Seesaiblingen und Bachforellen bei etwa 1:1.
Eine natürliche Reproduktion findet aber nur bei den Seesaiblingen statt.

Beurteilung: Fischereilich nutzbar (Hegemaßnahmen erforderlich).

Literatur: Moeser K., Fischereiunterricht an den Spronser Wildsseen, 1498.

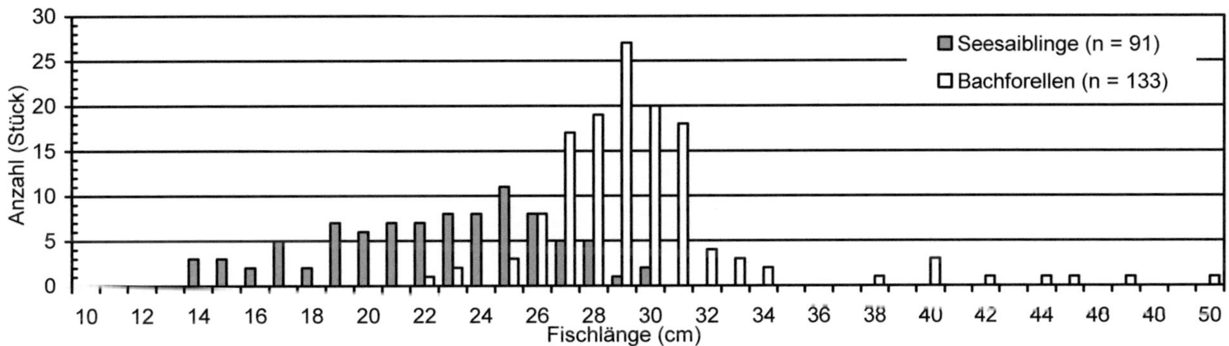

Abb. 122: Größenverteilung der Saiblinge und Forellen des Langsees nach Fängen vom Juli-August 1985

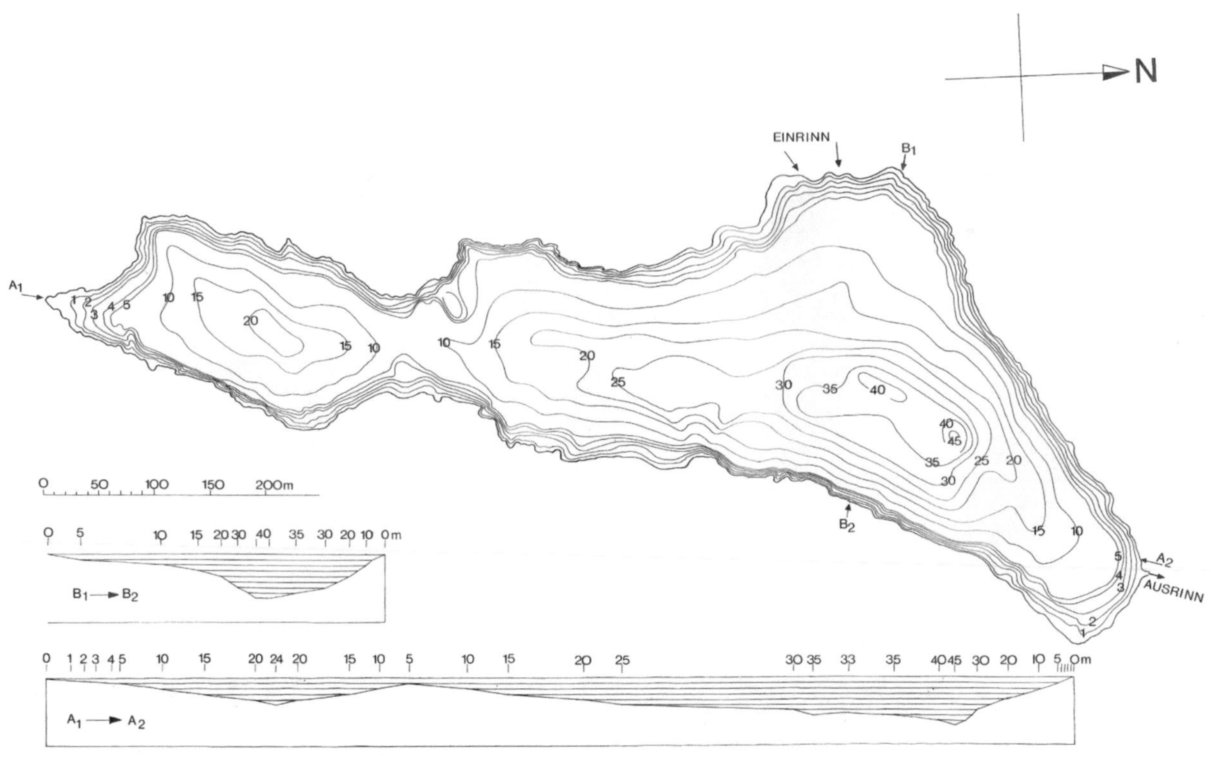

Abb. 123: Tiefenkarte des Langsees (nach Vermessung 1985)

Abb. F105: Langsee Richtung Süden (Foto: V. Steiner 1985).

Abb. F106: Langsee Richtung Norden (Foto: V. Steiner 1985).

Abb. F107: Fische d. Langsees (Foto: V. Steiner 1985).

Abb. F108: Abflussbereich des Langsees (Foto: V. Steiner 1985).

NACHWORT

Da die erste Auflage bereits seit Jahren vergriffen und eine Weiterführung der doch äußerst aufwendigen Untersuchungen bis heute nicht erfolgte ist es an der Zeit eine Neuauflage mit einem größeren Auflagevolumen vorzulegen um die auch heute noch aktuellen Informationen einem größeren Leserkreis zugänglich zu machen.

Inzwischen hat sich auch bei der Einstellung zum Thema Fischerei in Hochgebirgseen ein Wandel – weg von einer Bewirtschaftung in Richtung Naturschutz – vollzogen.

Aus heutiger Sicht sind die Hochgebirgsseen vor allem als Genreservat zur Wahrung wertvoller autochthoner Fischarten von Bedeutung und Interesse. Im Wesentlichen betrifft dies die postglazial in unsere Niederungsseen eingewanderten und in der Folge in diese hochgelegenen Gewässer eingesetzten Seesaiblinge.

Die ehemals starken Seesaiblingsbestände der Niederungsseen wurden in den letzten Jahrzehnten vor allem durch fehlerhafte Bewirtschaftung stark beeinträchtigt, zumeist bis auf Restbestände reduziert. Ein Wiederaufbau der Bestände ist gerade bei dieser Fischart äußerst schwierig und ist auch bis heute noch nicht gelungen. Deshalb ist diese heimische Fischart heute als besonders gefährdet zu betrachten.

Die Seesaiblinge in Hochgebirgsseen sind wegen der ungünstigen Nahrungsverhältnisse durchwegs kleinwüchsig, aber in einigen Fällen in dichten bis sehr dichten Beständen vorhanden. Aufgrund zuverlässiger Angaben kamen bis zum Zeitpunkt der Untersuchungen auch vereinzelt kapitale Fische mit bis zu mehreren Kilogramm Körpergewicht vor (z.B.: Alkuser See – Osttirol).

Wie sich in mehreren Fällen zeigt besteht eine große Gefahr, durch Besatz mit anderen Fischarten die Seesaiblingsbestände auch in Hochgebirgsseen zu vernichten. Die Fischbestände in diesen kleinen Gewässern reagieren äußerst empfindlich auf jegliche äußere oder fremde Einwirkung.

Gerade aus diesem Grund ist die Sicherung der Fischbestände in den Hochgebirgsseen von sehr großer Bedeutung, wobei eine umfassende Bestandserhebung aller in Frage kommender Gewässer als essentielle Grundlage für gezielte Schutzmaßnahmen besonders wichtig erscheint.

Nach Präsentation der ersten Auflage dieses Berichtes war von der Tiroler Landesregierung die Weiterführung der Untersuchungen mit vollständiger Erfassung aller 181 durchnummerierten und ausgewählten Hochgebirgsseen vorgesehen, sowie die Publikation der Ergebnisse in einem zweiten Teil. Zudem zeigte sich ein großes Interesse derartige Erhebungen nach diesem Programm auch an Hochgebirgsseen außerhalb von Nord- und Osttirol durchzuführen. Dazu ist es aus mehreren Gründen bis heute leider nicht gekommen.

Eine Ausnahme bildet ein Hochgebirgssee in Südtirol – der Langsee in der Texelgruppe oberhalb von Dorf Tirol – welcher im Auftrag des Fischereivereines Dorf Tirol nach dem vorgegeben Programm im Jahr 1985 untersucht wurde. Da die Ergebnisse für diesen See bisher noch nicht publiziert wurden sind sie in dieser Auflage nun im Anhang dargestellt.

Innsbruck 2012, Dr. Volker Steiner

FACHBÜCHER

aktuell – kompakt – umfassend

356 Seiten, ISBN 3-9500968-3-3

300 Seiten, ISBN 3-9500968-8-0

152 Seiten, ISBN 3-9500968-4-1

172 Seiten, ISBN 3-9500968-6-8

Im Buchhandel oder bei: ***AquaTech*** *Publications*

www.aqua-tech.eu